新工科机器人工程专业规划教材

Robotics: Planning, Control and Application

机器人学

——规划、控制及应用

贾瑞清 周东旭 谢明佐 刘晓萍 卢继霞 马 飞 编著

清华大学出版社
北京

内 容 简 介

本书以机器人学，特别是围绕6轴机械臂的基础理论而策划编写。主要内容包括机器人学的概况，坐标变换、运动学、静力学、动力学、机器人控制和运动规划。同时，随着理论学习的进度，本书结合有关的软件（如MATLAB）和桌面6轴机械臂等实验设备精心设计了互动实验课程。每一章都配备了一定数量的精品练习题和实验课，大部分实验课程的内容保持实时更新，读者可以通过扫描实验课中的二维码在有关网站下载配套资料。通过循序渐进的学习、练习和互动实验，将机器人的理论学习过程变成理论与实践相结合的互动的、渐进的、融会贯通的过程，深入浅出且事半功倍。最后，结合所学的机器人学相关知识综合讨论了典型的桌面6轴机械臂的控制和应用等问题，帮助读者将学习到的理论快速应用到实践环节，夯实基础，培养能力。

本书适合作为机器人学相关专业的高年级本科生和研究生的教材，也适合作为从事机器人技术研究和开发人员的参考书。

图书在版编目(CIP)数据

机器人学：规划、控制及应用/贾瑞清等编著. —北京：清华大学出版社，2020.11（2024.7重印）
新工科机器人工程专业规划教材
ISBN 978-7-302-55661-9

Ⅰ.①机…　Ⅱ.①贾…　Ⅲ.①机器人学—高等学校—教材　Ⅳ.①TP24

中国版本图书馆CIP数据核字(2020)第100057号

责任编辑： 冯　昕
封面设计： 常雪影
责任校对： 赵丽敏
责任印制： 丛怀宇

出版发行： 清华大学出版社
网　　址： https://www.tup.com.cn，https://www.wqxuetang.com
地　　址： 北京清华大学学研大厦A座　　**邮　　编：** 100084
社 总 机： 010-83470000　　**邮　　购：** 010-62786544
投稿与读者服务： 010-62776969，c-service@tup.tsinghua.edu.cn
质量反馈： 010-62772015，zhiliang@tup.tsinghua.edu.cn
印 装 者： 天津鑫丰华印务有限公司
经　　销： 全国新华书店
开　　本： 185mm×260mm　　**印　　张：** 12.5　　**字　　数：** 295千字
版　　次： 2020年11月第1版　　**印　　次：** 2024年7月第3次印刷
定　　价： 39.80元

产品编号：084304-01

前言

FOREWORD

人工智能、机器人、智能制造、创新设计等名词已经成为人们日常生活中的热门话题，有关机器人的各种各样的社会交流活动也引起了人们对机器人的兴趣，尤其是激起了学生们了解和学习机器人的热情。随着机器人技术的快速发展，有关机器人的教科书也层出不穷。然而，机器人学是机械、电子、计算机等多学科融合的产物，仅通过一两本教科书的学习就完全掌握机器人技术还是具有很大挑战性的。同时，人们也注意到，平时所观看的眼花缭乱的机器人表演，并不能代替我们系统地学习和掌握机器人理论及技术。

为什么大多数人觉得与机器人相关的理论及技术难以掌握？从体系上而言，机器人学并不像其他学科那么完善，这可能是难学的原因之一；另一原因更可能是学习或教学模式与这门课程不相称，如没有实际的机器人操作实验室或方便的实验用品，学习训练用的相应软件也不完整，从而导致学习的成本和时间代价被无形抬高，最终得出的结论是机器人课程难学。近年来，机器人技术在各个行业的成功应用大大推动了机器人理论及技术的发展，尤其是在高等教育和职业培训方面，更是呈现了如雨后春笋般的发展。人们对机器人学的兴趣也越来越浓厚，尤其是儿童和家长们也情不自禁地加入到学习机器人的行列中，这种情况自然导致相关的机器人教育理论与装备快速发展。

大量实践表明，实际的操作和训练对学习机器人学具有极大的帮助。学生可以通过边学习理论知识，边进行实验及操作，达到事半功倍的学习效果。本书尝试结合配套的桌面机器人实验器材，把机器人理论学习与实验过程密切联系起来，从而使机器人的学习成为既有理论又有实践的互动过程。学生可以在充分的实验操作基础上，快速理解和逐步掌握有关机器人的理论及技术。

本书主要讨论机械臂的结构及其控制，包括空间变换、机械臂运动学、静力学、动力学、运动控制和路径规划等。为了提高学习效率和激发学生的学习兴趣，本书将机械臂基本原理与技术的学习过程建立在桌面机械臂实体与虚拟软件一对一的基础上。例如，机械臂运动学的实验可以在虚拟环境中实现，也可以借助实体机械臂完成真实的操作。本书及配套的机器人实物和实验内容，力图应用简明扼要、深入浅出的图文和实验教具来阐述有关机器人的知识，使学生的学习效率大大提高。

本书内容划分为8章，每一章都配有练习题，供机器人学课程检验所学内容。另外，每一章节后面都配有相关实验课的内容介绍，这些实验都可以在虚拟实验室中实现，并以6轴桌面机械臂实体为主要实验设备让学生可以进行实际的操作和编程训练，具体的实验内容可以在相关网站下载，并且大部分的实验内容是互动和实时更新的。通过理论学习与具体实验相结合，帮助学生深入理解所学的书本知识，并将其应用到实际问题中。有条件的学校还可以结合工业级机器人实验系统进行更深入的操作和训练。

本书的主要内容如下：

第1章概述，主要介绍了机械臂的基本原理、零部件及其结构，并说明了机器人基础理论准备和学习方法。

第2章空间变换，主要介绍了刚体的位姿分析和坐标变换，并在此基础上系统地讨论了几种其他的坐标变换表示方法。这些内容是机器人学的基础数学知识，需要牢固掌握。

第3章运动学，详细描述了机器人系统各关节的坐标系建立和连杆的DH参数，并系统地推导了典型机械臂的正逆运动学模型。这些内容是机器人学的重点内容，也是后续学习必须掌握的基础内容。

第4章静力学，采用牛顿-欧拉迭代原理介绍了机械臂各个关节的静力学计算，并推导了典型机械臂的静力学模型，还讨论了雅可比矩阵在静力学中的应用。

第5章动力学，主要介绍了欧拉-拉格朗日方程和牛顿-欧拉迭代算法，并分别应用这两种方法推导机械臂各个关节的动力学计算和动力学模型。

第6章讨论机械臂运动控制，应用古典控制理论实现对机械臂单关节和多关节的空间运动控制，并介绍了基于状态空间的控制和机器人系统的稳定性。

第7章分析运动轨迹规划，从关节空间和笛卡儿空间两个角度进行机器人的轨迹规划，根据期望点序列完成多项式的计算，实现机械臂的空间操作、示教操作等。

第8章详细讲解了如何将机器人学中的运动学等相关理论应用于一台小型桌面机械臂，并控制桌面机械臂实现点位控制及轨迹控制；同时还讲解了桌面机械臂的运动控制系统原理，以解决桌面机械臂运动的准确性和平稳性问题。

本书由贾瑞清教授、卢继霞副教授、马飞博士、周东旭硕士、谢明佐硕士、刘晓萍硕士等合作研究与编写。其中，第1、3、4章由贾瑞清编写；第2、5章由马飞和贾瑞清合作编写；第6章由卢继霞和贾瑞清合作编写；第7章由刘晓萍编写；第8章由周东旭编写。本书配套的实验项目及实验程序由谢明佐和刘晓萍合作设计与编写。

作者衷心感谢所有对本书的准备提供帮助的人。感谢刘欢硕士、宣鹏程硕士、王乾博士、张钧嘉硕士、董会硕士、高鹏硕士、郭晶硕士在本书编写过程中提供的实验和测试技术支持；感谢贾敏博士协助制作本书的插图和对本书的技术策划；特别感谢美国TGL总裁王磊先生对本书写作过程中提供的全方位支持。

编著者

2020年5月 于北京

目录

CONTENTS

第 1 章

概 述

迄今为止，机器人及有关控制技术已经成功应用于各行各业。在汽车制造业，机器人占工业机器人总量的一半，如由机械臂将钢板送入冲压机等生产设备，既稳定了产品质量，又避免了工伤事故；在电子行业，电路的贴片、分捡等都可由机器人来完成；在塑胶和铸造行业，机器人可以在注塑机或砂型机旁高强度、高精度、高效率地完成作业；在冶金和化工行业机器人的应用也较为广泛；在食品行业，自动午餐机、牛肉切割机器人等也显示了巨大的威力；在玻璃铸造业，无论是平板玻璃，还是空心玻璃，机器人作业都是较好的选择；即使在家电行业也离不开机器人，如销售量较大的地板清洁机器人；在教育行业，许多大学开设了机器人工程专业，相应的科研机构也在快速发展中。这对机器人教育的研究提出了极大的挑战，同时也为机器人教育创造了难得的发展机遇。

1.1 机器人学

机器人学是一门综合性的学科，包含材料学、力学、机械设计、计算机视觉、语音控制学和传感器技术等。从研究对象上来定义，机器人学是对能代替人类完成体力活动和决策制定的机器人的研究。多年来，人们都致力于寻求自己的替身，使其在各种情况下能模仿人类与周围环境进行互动。为达到这一目标，人类在机器人学领域上坚持不懈地进行相关研究，这些努力也使机器人学取得了相应的进展，并为后续的研究提供了重要的依据。

虽说机器人学具有深厚的文化基础，但它仍然是一门年轻的学科，进入大学课堂也是近几十年的事情。由于涉及很多学科，至今机器人学并没有形成比较完整的体系，不同的专业从不同的角度都对机器人学这门学科进行了研究，也做出了各自的贡献。由于近年来各国智能制造的兴起，机器人学也受到了人们的格外关注，对于有兴趣研究或从事机器人设计的学生，从三维空间理解机械臂的运动学、静力学、动力学、控制及其路径规划是必不可少的学习内容。根据目前课堂的实践情况来看，还是有不少的学生反映机器人学或工业机器人的有关知识难以理解和掌握。为了解决这一问题，我们需要回到问题的本质上，从新的角度来研究机器人学，提供一种切实有效的学习方法和学习模式。

1.2 机器人机械结构

机械结构是机器人的重要组成部分。机器人可以分为具有移动基座的移动机器人和具有固定基座的机械臂两大类。其中，具有移动基座的机器人样式比较多，如轮式、履带式、步行机器人等；而具有固定基座的机械臂种类也较多，根据机械臂的自由度，可以分为4自由度、5自由度和6自由度机械臂等。虽然机器人学涉及的学科很广，如机械、电子、信息通信、计算机科学及自动控制等，但不论是具有固定基座的机械臂，还是具有移动基座的移动机器人，其控制过程的建模与规划都是机器人学的主题。迄今为止，各种各样的机器人已经获得了成功的实际应用，如机械臂的机械结构由一系列连杆形成开式运动链（串联）或闭式运动链（并联），通过转动或滑动关节（其中每一个关节提供一个自由度），加上控制器和执行软件等，组装成各种工业机器人。图1.1～图1.4所示为一些工业机器人，其中，图1.1为典型的SCARA串联式机械臂，图1.2为典型的DELTA并联式机械臂，图1.3和图1.4为典型的串联式6轴工业机械臂。它们的具体结构读者可以从多种渠道进行了解。实际上，许多移动机器人的建模都是以机械臂的运动学和动力学为基础的，所以，有关机械臂的建模与控制理论就成为机器人学的精髓。

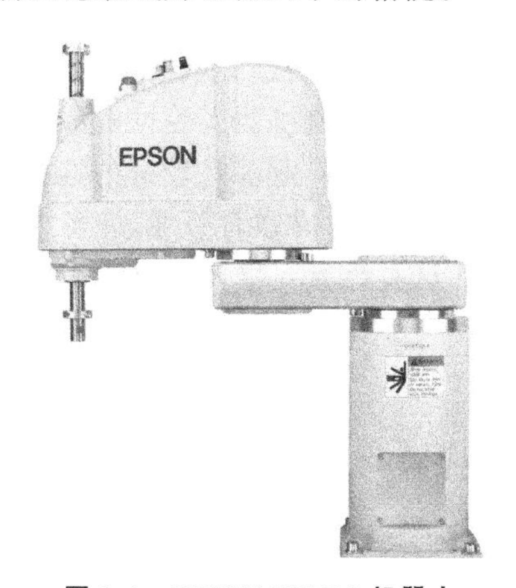

图1.1 EPSON SCARA机器人

资料来源：https://global.epson.com/products/robots/

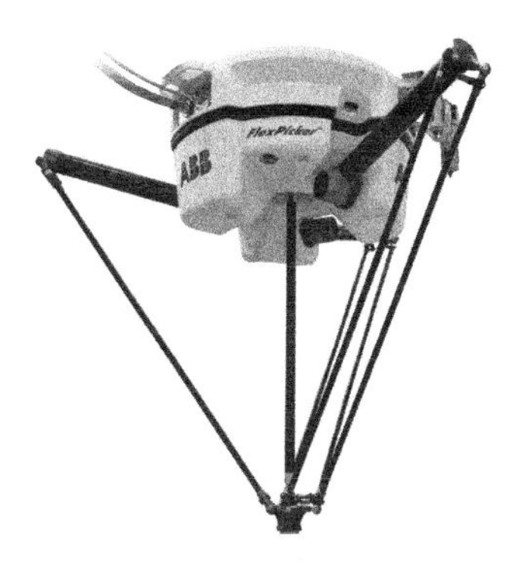

图1.2 ABB IRB DELTA 360机器人

资料来源：https://new.abb.com/

图1.3 ABB IRB 4600机器人

资料来源：https://new.abb.com/

图1.4 KR QUANTEC KUKA机器人

资料来源：http://kuka.robot-china.com/

1.3　机器人驱动器

机器人驱动器是用来使机器人发出动作的动力机构。机器人驱动器可以将电能、液压能和气压能转化为机器人的动力。常见的机器人驱动器主要有以下几种：电气驱动器，包括直流伺服电动机、步进电动机和交流伺服电动机；液压驱动器，可以分为电液步进马达和油缸；气动驱动器，包括气缸和气动马达；特种驱动器，包括压电体、超声波马达、橡胶驱动器和形状记忆合金等。

各种类型的驱动器都有各自的优缺点，总体而言，驱动器具有以下特点：

1）惯量低

工业机器人的最大特点是空间移动，而移动就难免与零部件的惯性发生矛盾，尤其是加速和快速地移动情况。这就要求安装于机械臂上的所有部件必须考虑惯性对机械臂的运动特性影响，尽可能在设计阶段就减少零部件的惯性对运动控制的负面影响。

2）功重比大

功重比大要求驱动电动机和传动机构的输出功率大并且效率高，而驱动机构本身所占的重量要小。这一点与传统的机电一体化装备设计有很大的不同，因为安装于机械臂上的许多驱动机构是随着机器人一起移动的，没有足够的功重比将会造成运动机构的传动效率大大降低。

3）能承受过载和传递脉冲转矩

工业机器人的工作环境和要求完成的任务是变化的，具有很大的不确定性，所以工业机器人必须具有足够的承受过载和传递脉冲转矩的能力，比如有些安装任务要求机器人能够传递脉冲转矩，以完成特殊的组装工艺。

4）能产生大的加速度

工业机器人的运动特性是执行器在机器人工作空间各种位置和姿态的反复移动和转换，这就要求机器人必须有足够的加速和减速能力。

5）速度范围大

为了提高社会经济效益，要求工业机器人的应用范围广并且适应性强，而速度范围大是工业机器人最基本的性能要求。

6）能高精度轨迹追踪和高精度定位

随着工业4.0和工业机器人技术的成熟和快速发展，越来越多的行业都开始应用工业机器人进行有关的作业，反过来也要求工业机器人的动态性能和控制精度越来越高。

在实际工业机器人的设计和应用中，选择合适的驱动器是关键的一步，需要从位置精度、可靠性、操作速度和成本等多方面来考虑。

1.4　机器人传感器

为了检测作业对象、环境或机器人与它们的关系，一般在机器人上安装传感器进行定位和控制，实现类似人类的感知作用，这对自动化生产乃至整个智能制造行业都具有重要的意义。机器人传感器分为内部传感器和外部传感器，是将机器人对内部和外部环境感知的物理量变换为电量输出的装置。

1.4.1 内部传感器

内部传感器是用来检测机器人本身状态的传感器，一般安装在机器人自身中，包括位置传感器、速度传感器、加速度传感器和力觉传感器等。

1）位置传感器

位置传感器也称为位移传感器，它的功能在于把检测出的位移量转换成电信号。位移量可以为直线移动，也可以为角度转动。比较常用的位置传感器有电位式位移传感器、光电编码器、增量式编码器等。

2）速度传感器

速度传感器用于测量机器人关节平移运动和旋转运动的速度。比较常用的速度传感器有测速发电机和增量式光电编码器等。

3）加速度传感器

加速度无法直接测量，通常是将其通过质量块转化为对力、应变或位移的测量，从而得到加速度的值。较常见的加速度传感器有应变片加速度传感器、伺服加速度传感器、压电感应加速度传感器等。

4）力觉传感器

力觉传感器是用来检测机器人的手臂和手腕所产生的力或其所受反力的传感器。手臂部分和手腕部分的力觉传感器可用于控制机器人手所产生的力，在费力的工作中及限制性作业、协调作业等方面是有效的，特别是在镶嵌类的装配工作中，它是一种特别重要的传感器。扭矩传感器是一种可以让机器人知道力的传感器，可以对机器人手臂上的力进行监控，根据数据分析，对机器人接下来的行为进行指导。

1.4.2 外部传感器

外部传感器是用来检测机器人所处环境及目标状态特征的传感器，使机器人和环境发生交互作用，包括碰撞传感器、安全传感器、视觉传感器和语音传感器等。下面简要介绍几种机器人传感器，具体内容可参考相关资料。

1）碰撞传感器

机器人最大的要求就是安全，要营造一个安全的工作环境，就必须让机器人识别什么是不安全。使用碰撞传感器，可以让机器人理解自己碰到了某种东西，并且发送一个信号暂停或者停止机器人的运动。

2）安全传感器

与碰撞传感器不同，安全传感器可以让工业机器人感觉到周围存在的物体，避免机器人与其他物体发生碰撞。

3）视觉传感器

视觉传感器目前有二维视觉传感器和三维视觉传感器。二维视觉传感器主要是一个摄像头，它可以完成对物体运动的检测及定位等功能。二维视觉传感器已经出现了很长时间，如许多智能相机可以配合协调工业机器人的行动路线，根据接收到的信息对机器人的行为进行调整。

三维视觉传感器逐渐兴起。三维视觉系统必须具备两台摄像机且在不同角度进行拍摄，这样物体的三维模型可以被检测识别出来。相比于二维视觉传感器，三维视觉传感器可以更加直观地展现环境事物。

4）语音传感器

语音信号识别是比较成熟的技术。语音传感器利用一个语音识别系统，首先对语音信号进行识别，然后对结果进行编码和破译等，最终转换成相应的电信号，从而达到语音传感的目的。利用语音传感器有助于实现人机对话。

除了上述传感器以外，机器人传感器还有其他的许多特殊功能的传感器，如焊接缝隙追踪传感器（要想做好焊接工作，就需要配备一个这样的传感器）、触觉传感器等。传感器为工业机器人带来了各种"感觉"，这些"感觉"帮助机器人变得更加智能化，工作精确度更高。

1.5　机器人控制

控制的目的是使被控对象产生控制者所期望的行为方式，在工业机器人学中就是使机械臂通过准确、重复的运动，完成指定的任务。机器人控制系统是机器人的"大脑"，是决定机器人功能和性能的主要因素。例如，工业机器人控制系统，其主要任务就是控制工业机器人在工作空间中的运动位置、姿态、轨迹、操作顺序及动作的时间等。事实上，机器人控制系统是一个与机构学、运动学和动力学密切相关的、耦合紧密的、非线性和时变的多变量控制系统，一般由计算机和伺服控制器组成。

对于机器人控制而言，我们需要知道系统动态特性的数学描述，即建立数学模型。这一模型能描述系统输入量、输出量及内部各变量之间的关系，从而揭示出系统结构及其参数与其性能之间的内在关系。

1.5.1　二阶线性系统

二阶线性系统是包含两个独立状态变量的动态系统，其数学模型是二阶线性常微分方程。二阶系统的解的形式可由对应传递函数的分母多项式 $P(s)$ 来判别和划分。$P(s)$ 的一般形式为变换算子 s 的二次三项代数式，经标准化后可将代数方程 $P(s)=0$ 作为特征方程，其解有以下 3 种情况：

(1) 特征方程有一对不相等的实根，称为过阻尼系统，系统的阶跃响应为非振荡过程。

(2) 特征方程有一对复根，称为欠阻尼系统，系统的阶跃响应为衰减的振荡过程。

(3) 特征方程有一对相等的实根，称为临界阻尼系统，系统的阶跃响应为非振荡过程。

1.5.2　反馈控制

在机器人控制中，建立高性能控制系统的唯一方法就是利用关节传感器的反馈，这种利用反馈的控制系统称为闭环控制系统。在机器人系统中，轨迹生成器向控制系统输入我们期望机械臂所有关节达到的位置、速度和加速度信息，闭环控制系统将机械臂的实际输出量检测出来，经过物理转化后再反馈到输入端，与给定值进行比较，并利用比较后的偏差信号，以一定的控制规律产生控制作用，抑制内部或外部扰动对输出量的影响，逐步减小以至消除这一偏差，从而实现要求的控制性能。

反馈控制抑制扰动能力强，对参数变化不敏感，并能获得满意的动态特性和控制精度，但同时也增加了系统的复杂性，如果闭环系统参数的选取不适当，系统可能会产生振荡，甚至失稳而无法正常工作，这是机器人控制系统设计中必须要解决的重要问题。

1.5.3 PID 控制器

PID(proportion，integration，differentiation)控制器由比例单元 P、积分单元 I 和微分单元 D 组成，如图 1.5 所示。通过 k_p，k_i 和 k_d 3 个参数的设定完成控制器的设计，这 3 个参数的大小决定了 PID 控制器比例、积分和微分控制作用的强弱。PID 控制器主要适用于基本线性和动态特性不随时间变化的系统。

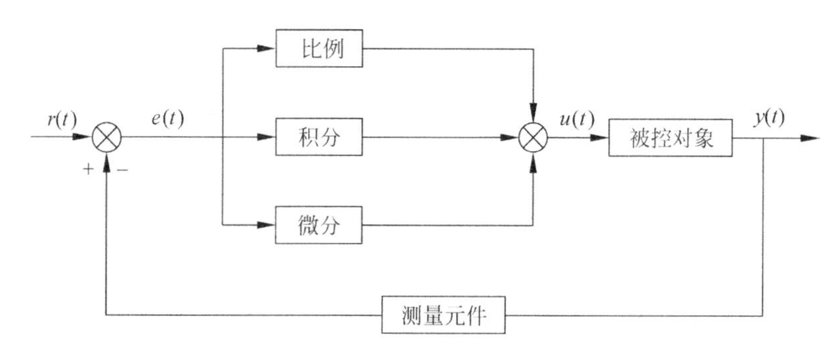

图 1.5 PID 控制器原理图

PID 控制器的输入一般是系统输出与一个参考值的差值，即控制偏差，然后把这个差值用于计算新的控制量，目的是让系统的输出达到或者保持在输入的目标值。

1.5.4 力控制

在机器人应用领域中，利用力传感器作为反馈装置，将力反馈信号与位置控制(或速度控制)输入信号相结合，通过相关的力和位置混合算法，实现力和位置的混合控制技术，简称力控制。力控制是在正确的位置控制基础上进一步的控制内容，其目的是为机器人增加触觉功能。在当前机器人的应用中，力控制一般与视觉技术相结合，共同组成机器人的视觉和触觉功能。

力控制技术主要分为关节力控制技术和末端力控制技术。其中关节力控制指机器人各关节均具备一个力/力矩传感器，而末端力控制指机器人末端装有一个力传感器(1～6 维传感器)。在研究机器人的力控制时，需要分别按照应用项目的工艺要求进行相关的设计和研究。

1.6 机器人路径规划

机器人路径规划是根据其作业任务的要求，计算出预期的运动路径。任务不同，其运动路径也不同。例如，对于抓放作业的机器人，需要描述机械臂的起点和终点(点到点运动)；而对于要完成弧焊作业的机器人，不仅要规定机械臂的起点和终点，还需要指明两点之间的若干中间点(路径点)，使其必须沿特定的路径(连续路径)运动。这里所说的"点"，实际上是指在三维空间具有确定位置和姿态的笛卡儿坐标系。我们在使用机器人时，会指定一系列参数，以描述期望的路径。

机器人路径规划分为两种：关节空间规划和笛卡儿空间规划。前者主要涉及关节的位移、速度及加速度，后者主要考虑机械臂末端的位置、姿态及其对时间的导数。

1.7 虚拟实验室

虚拟实验室是指基于虚拟现实技术生成的适于进行虚拟实验的实验系统。虚拟实验室可以是某一现实实验室的真实实现，也可以是虚拟构想的实验室，即虚拟实验室对现实实验室进行模拟。在虚拟实验室中，实验者不但可以体验在真实实验室中进行实验操作的感觉，而且能更直观地获取一些在真实实验室不能直接观察到的实验量。本书后面的章节将会介绍如何将基于 v-rep 的虚拟实验室应用于机器人学的学习中。

仿真是指对一个未知事物或未知现象，在分析其原理后，构建数学模型，将数学模型在仿真环境中进行仿真，之后与真实实验结果对比：如果与真实的实验结果相同，则认为该数学模型和仿真模型正确或相对正确；如果与真实实验结果相差较远，则认为该数学模型和仿真模型不正确。因此仿真是一个从未知到已知探索的过程。

虚拟实验室中的虚拟是指在已经明晰了相关的数学模型是正确无误的情况下，将该数学模型可视化来模拟真实的物体或环境。我们是在知道并且确定了数学模型是正确的或相对正确的情况下，用该数学模型虚拟真实的物理环境。因此虚拟是一个从已知到已知的过程。

仿真和虚拟二者有相同或相似的地方，如到了仿真后期模型逐渐确定，它的一些表现会跟虚拟很像，就会给人一种错觉，即一些商用的仿真软件可以用来当作虚拟工具，这是不准确的，二者其实南辕北辙。以机器人例子来说明，如对机器人运动学模型的参数调整：仿真的参数调整就是调整运动学模型中的参数(如机器人臂长等)，这些参数调整都是针对这个运动学模型本身，是为了优化这个运动学模型而进行的参数调整；虚拟的参数调整则是调整这个运动学参数模型对外部环境的一些参数，如起始停止速度、起始停止位置等，而其运动学模型本身是不变的。因为我们认为这个模型是对的和最优的，如果我们再去修改运动学模型，就超出了虚拟实验的范围。

相对于传统实验室，虚拟实验室具有以下优点：

(1) 低成本。与传统实验室相比较，学校和教育机构能够在资金、空间和人员配置方面以更低的运行成本提供相对完善的实验环境。

(2) 多权限。虚拟实验室允许多个学生在同一时间使用同一实验室设备。

(3) 灵活性。虚拟实验室允许学生在不同的时间和不同的地点使用实验设备；不同实验需求的不同组件可以较自由地安装和替换；可以选择性地改变可调参数，进行发散性实验和良性错误实验；可以与新的网络教学方法相结合。

(4) 不可见量可观察性。传统的实验不能观察到某些重要的、位于系统内部且不可观察的量，而在虚拟实验室可以将一些不可观察的量呈现出来，并且弱化一些不重要的、随机的和令人困惑的信息，使结果更加直观；还可以将一些变量之间的关系直观地呈现出来。

(5) 安全性。对于一些特殊的、危险的教学实验环境，虚拟实验是更好的选择。

虚拟实验室具有如下不足：

(1) 触觉信息缺失。虚拟实验室和远程实验室无法提供对于自然、技术和工程学科实验而言很重要的触觉信息，这在一定程度上阻碍了学习过程。

(2) 良性错误事件缺失。在传统实验中，一些良性错误事件，如出现设备故障或出现测量误差，能帮助学生理解一些重要的概念及调整相应的实验策略；而在虚拟实验中，除非进行相关的研究和构建相应的良性错误模型算法，否则不会出现此类良性错误事件。

1.8 机器人应用

机器人目前已经在工业、农业、建筑业、商业、旅游业及国防等领域获得越来越普遍的应用；而对于机器人教学而言，我们的需求在于更适合教学的桌面机器人产品，从这类机器人入手，更有利于进行相关知识的学习。

1.8.1 桌面机器人系列

桌面机器人这个概念是最近几年才真正提出来的，可以看成是一个比较新的分类和领域。这类机器人的主要特点有以下 3 个：

1) 体积小、轻量化

相比于一般的工业机器人，桌面机器人具有体积小、轻量化等特点，它的整体设计非常紧凑，能够很好地实现协同工作，应用在教学上也能更好地为学校所采纳和接受。

2) 性价比高

一般工业机器人会要求非常极致的性能，这同时也会带来高不可攀的售价，对于普通人而言是一个非常高的门槛，也阻碍了很多人对机器人进行更深入的学习。应运而生的桌面机器人在这方面具有很好的优势，其价格低廉，性能也远远超过了教学需求。

3) 实用性强

这里所说的实用性是专门针对教学和学习方面的，桌面机器人的所有配件都是通过特殊设计的，它非常小巧，同时也非常易用。现在也有人在桌面机器人上做一些二次开发，使其与一些开源平台相互配合，达到更好的学习和应用效果。

1.8.2 智能制造教学实验系统

当前,全球制造业正加快迈向数字化、智能化时代,智能制造对制造业竞争力的影响越来越大。我们首先需要研究智能制造(或智慧工厂)的基本要素或定义:传统的过程智能化聚集了设计过程、制造计划管理、销售管理、物资管理、供应链管理及人力资源管理,而智能制造还应包括预先研究阶段,产品的运行、服务、维护、检测和客户的意见。显然,产品发展是动态迭代和局部微迭代过程的集合,智能制造模式有利于产品的升级换代,也符合全制造服务周期产品模式。

智能制造的基本要素为包括预研阶段、创新决策、开发与设计、工艺与制造、生产计划与管理、物流与供应、营销交付、运行维护、用户服务与体验、全制造周期效益与绿色评估。可以说符合以上内容的制造模式为智能制造或智慧工厂的基本要求。

然而,从目前的情况来看,智能制造方面的专业人员是相对稀缺的,而人才孵化的责任自然应该由各大高校来承担。我们通过调研得知,智能制造科学是各大高校计划陆续开展的教学内容。智能制造是跨学科、尖端技术和虚拟技术的综合体,传统的教学模式已经不能胜任,以合理的成本研发完备的智能制造教学实验平台及配套教材,并应用于各大高校的有关专业是亟待解决的问题,也是未来教学与职业培训的必备实验室装备。由此可见,智能制造教学实验系统是各大高校急需的教学科研成套装备,有关技术及设备的研发将会具有很大的市场和应用空间。由此可以看到,智能制造教学实验系统是实践工业 4.0 的缩影版本,而相关的建设规范也需要在实践中不断完善。

1.9 机器人操作系统(ROS)

机器人操作系统 ROS(robot operation system)是一个机器人软件平台。它并不是一个独立完整的操作系统,但能为异质计算机集群提供类似操作系统的功能。其中,计算机集群(简称集群)是一种计算机系统,它通过将一组松散集成的计算机软件或硬件连接在一起,来高度紧密地协作完成计算工作。在某种意义上,它可以被看成一台计算机。

ROS 是开源的,它是用于机器人的一种后操作系统,或者说次级操作系统。ROS 提供类似操作系统所提供的功能,主要包含硬件抽象描述、底层驱动程序管理、公用功能的执行、程序间的消息传递、程序发行包管理;它也提供一些工具程序和代码库,用于获取、建立、编写和运行多机整合的程序;ROS 设计的首要目标是在机器人研发领域提高代码的复用概率,ROS 是一种分布式处理框架(又名 Nodes),这种可执行文件能被单独设计,并且运行时松散耦合,这些过程可以封装到数据包(package)和堆栈 ROS 中,以便共享和分发;ROS 还支持代码库的联合系统,使协作也能被分发。上述所有的工作都由 ROS 的基础工具实现。

以上对 ROS 进行了简单的介绍,感兴趣的读者可以参考更专业的书籍和资料。

小　结

作为本书的开篇，本章首先从机器人学的定义开始，简要地介绍了机器人的结构、驱动器、传感器，以及机器人的控制和路径规划等，对目前机器人常用的一些传感器也做了分类介绍；然后介绍了虚拟实验室，并将其与仿真做了对比，进一步说明了虚拟实验室在机器人学中的重要作用；最后介绍了机器人应用，主要针对的是桌面机器人系列，同时结合智能制造引申出智能制造教学实验系统的概念，对应了机器人教学方面的一个发展趋势。

练 习 题

1.1　请给出工业机器人的定义，并说明工业机器人有哪几种分类方法。

1.2　简述工业机器人由哪些子系统构成。

1.3　简要说明 SCARA 和 DELTA 机器人的机械结构及其特点(参见图 1.1 和图 1.2)。

1.4　简要说明 6 自由度工业机械臂的机械结构及其特点(参见图 1.3 和图 1.4)。

1.5　简述工业机器人常用的传感器及其分类。

1.6　简述虚拟和仿真的区别与联系，以及虚拟实验室的优点和缺点。

1.7　简述计算机控制程序在工业机器人设备上的功能和作用。

1.8　随着智能制造的逐步升级，工业机器人的应用受到高度重视，简述你认为在制造业大量应用工业机器人应注意的问题。

1.9　简述智慧工厂作为一个系统工程主要包括哪些单元和功能。

1.10　简述工业机器人控制过程有什么特点。

1.11　工业机器人已经发展为独特形态的机械电子程序一体化的工业设备，简述你认为在未来智慧工厂的应用场景。

1.12　工业机器人仍然是一门正在快速发展的科学和技术，简述你认为工业机器人哪些方面还需要在技术上进行创新或改进。

实 验 题

扫描二维码可以浏览第 1 章实验的基本内容。

1.1　工业机器人初识与组装

我们在学习机器人学这门课程时，需要对工业机器人有一个初步的认识。这个认识不只是书中理论上的内容，还包括实际的工业机器人到底是什么样子的，它又是如何组成的。目前，工业机器人应用中比较常见的一种是6轴工业机械臂。同时，由于工业机器人本身体积庞大和不安全因素并不方便应用于教学领域，因此，本实验主要采用桌面级6轴机械臂来进行讲解，方便我们更直观地对工业机器人的结构和组装有一个初步的了解。

1.2　工业机器人仿真系统组成

在学习机器人学的过程中，我们经常需要利用一些软件工具进行机器人功能的仿真，以便更加直观地理解机器人系统的特点及运动学特性。本实验中所采用的工业机器人仿真系统主要由MATLAB和v-rep组成。通过一个简单的模型搭建来完成MATLAB和v-rep的联合仿真，帮助读者通过实验初步了解基于这两个软件的机器人仿真系统。

第1章教学课件

第 2 章 空间变换

为了实现机器人在三维空间的运动控制，必须由一套数学模型来描述各个机械臂的关节在三维空间的位置和姿态(简称位姿)。机械臂执行器(简称执行器)在三维空间最多有6个自由度，即3个平移自由度和3个转动自由度。而相应的坐标变换是本章学习的重点。在机器人学中有各种各样的空间变换描述方法，如齐次变换矩阵、欧拉角法、轴和角及单位四元数等，这些都是目前比较流行的表示方法。为了方便空间构思，我们可以借助虚拟实验室来描述有关的空间变换过程。

2.1 刚体位姿分析

一个刚体在三维空间的位姿可以由3个平移坐标和3个转动坐标确定，3个平移坐标确定刚体的位置，而3个转动坐标确定刚体的方向或姿态。我们用一个与刚体固定在一起的坐标系来替代刚体，则3个平移坐标确定了坐标系的原点位置，而3个转动坐标确定了坐标系的方向或姿态。坐标系的运动过程就等同于刚体的运动过程，从而刚体的运动可以由6个坐标来完整描述。

2.1.1 位置描述

在讨论机械臂的运动学时，往往涉及执行器、连杆、工具和加工件等在三维空间的位姿描述，除了要给每个零部件建立一个坐标系外，还需要建立一个固定的坐标系，也称为参考坐标系。在图2.1的空间位姿描述图中，XYZ 坐标系称为固定参考系，O 为原点；而 UVW 称为运动坐标系，O 为运动坐标系的原点。假如已知两坐标系之间的相对运动，则相应刚体上任意点 P 相对参考系的运动也可以计算出来。

刚体上任意一点 P 相对固定参考系 F 的位置可以用三维矢量 $\boldsymbol{P}$ 表示，P_x，P_y，P_z 分别为点 P 相对固定参考系 F 的分量，定义为

$$[\boldsymbol{P}]_F = [P_x \quad P_y \quad P_z]^{\mathrm{T}} \tag{2.1}$$

式中，下标 F 表示矢量 $\boldsymbol{P}$ 的参考坐标系；P_x，P_y，P_z 分别为矢量 $\boldsymbol{P}$ 在参考坐标系的投影；上标 T 表示矩阵转置。为方便书写和表示而定义，转置矩阵与原始矩阵的关系如下：

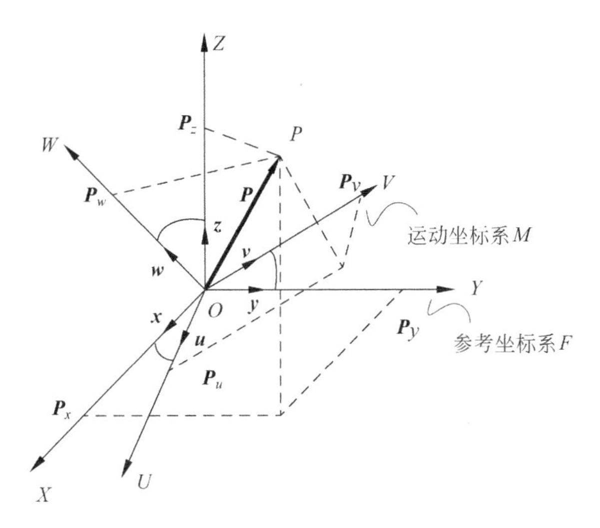

图 2.1　空间位姿描述

$$\begin{bmatrix} P_x \\ P_y \\ P_z \end{bmatrix} = [P_x \quad P_y \quad P_z]^{\mathrm{T}} \tag{2.2}$$

如果定义 $\boldsymbol{x}, \boldsymbol{y}, \boldsymbol{z}$ 为参考系坐标轴的单位方向矢量，则矢量 $\boldsymbol{P}$ 还可以表示为

$$\boldsymbol{P} = P_x\boldsymbol{x} + P_y\boldsymbol{y} + P_z\boldsymbol{z} \tag{2.3}$$

式中，参考坐标系的单位矢量 $\boldsymbol{x}, \boldsymbol{y}, \boldsymbol{z}$ 分别为

$$[\boldsymbol{x}]_F = [1 \quad 0 \quad 0]^{\mathrm{T}} \tag{2.4a}$$

$$[\boldsymbol{y}]_F = [0 \quad 1 \quad 0]^{\mathrm{T}} \tag{2.4b}$$

$$[\boldsymbol{z}]_F = [0 \quad 0 \quad 1]^{\mathrm{T}} \tag{2.4c}$$

2.1.2　姿态描述

为了描述刚体的姿态或者转动，考虑一个运动坐标系 M 相对于固定参考系 F 相对运动，暂且认为这两个坐标系具有共同的原点，如图 2.1 所示。定义 U, V, W 为运动坐标系 M 的 3 个坐标轴，$\boldsymbol{u}, \boldsymbol{v}, \boldsymbol{w}$ 分别为相应的单位方向矢量；运动坐标系 M 中的单位矢量 $\boldsymbol{u}, \boldsymbol{v}, \boldsymbol{w}$ 在固定参考系 F 中的投影关系为

$$\boldsymbol{u} = u_x\boldsymbol{x} + u_y\boldsymbol{y} + u_z\boldsymbol{z} \tag{2.5a}$$

$$\boldsymbol{v} = v_x\boldsymbol{x} + v_y\boldsymbol{y} + v_z\boldsymbol{z} \tag{2.5b}$$

$$\boldsymbol{w} = w_x\boldsymbol{x} + w_y\boldsymbol{y} + w_z\boldsymbol{z} \tag{2.5c}$$

式中，u_x, u_y, u_z 分别为单位矢量 $\boldsymbol{u}$ 相对固定参考系 F 在 X, Y, Z 坐标轴上的投影；v_x，v_y, v_z 和 w_x, w_y, w_z 分别为 $\boldsymbol{v}$，$\boldsymbol{w}$ 在 X, Y, Z 坐标轴的投影。相对于运动坐标系 M，刚体上一点 P 可以被描述为

$$\boldsymbol{P} = P_u\boldsymbol{u} + P_v\boldsymbol{v} + P_w\boldsymbol{w} \tag{2.6}$$

式中，P_u, P_v, P_w 分别是矢量 $\boldsymbol{P}$ 相对运动坐标系 M 在 $\boldsymbol{U}, \boldsymbol{V}, \boldsymbol{W}$ 坐标轴上的投影。

将式(2.5a)～式(2.5c)代入式(2.6)并整理，可以得到

$$\boldsymbol{P}=(P_u u_x+P_v v_x+P_w w_x)\boldsymbol{x}+(P_u u_y+P_v v_y+P_w w_y)\boldsymbol{y}+(P_u u_z+P_v v_z+P_w w_z)\boldsymbol{z} \tag{2.7}$$

对比式(2.3)和式(2.7)，可得矢量 $\boldsymbol{P}$ 相对固定参考系 F 在 X,Y,Z 坐标轴上的投影为

$$P_x=P_u u_x+P_v v_x+P_w w_x \tag{2.8a}$$

$$P_y=P_u u_y+P_v v_y+P_w w_y \tag{2.8b}$$

$$P_z=P_u u_z+P_v v_z+P_w w_z \tag{2.8c}$$

式(2.8a)～式(2.8c)可以用矩阵的形式表示为

$$[\boldsymbol{P}]_F=\boldsymbol{Q}[\boldsymbol{P}]_M \tag{2.9}$$

式中，$[\boldsymbol{P}]_F$ 和 $[\boldsymbol{P}]_M$ 分别为矢量 $\boldsymbol{P}$ 在固定参考系 F 和运动坐标系 M 中的三维矢量；矩阵 $\boldsymbol{Q}$ 为 3×3 旋转变换矩阵。通过旋转矩阵 $\boldsymbol{Q}$ 可以将矢量 $\boldsymbol{P}$ 在运动系 M 中的投影转换为在固定参考系 F 中的投影。具体表达式如下：

$$[\boldsymbol{P}]_F=\begin{bmatrix}P_x\\P_y\\P_z\end{bmatrix} \tag{2.10}$$

$$[\boldsymbol{P}]_M=\begin{bmatrix}P_u\\P_v\\P_w\end{bmatrix} \tag{2.11}$$

$$\boldsymbol{Q}=\begin{bmatrix}u_x & v_x & w_x\\u_y & v_y & w_y\\u_z & v_z & w_z\end{bmatrix} \tag{2.12}$$

假设运动坐标系 M 与固定参考系 F 重合，M 绕 Z 轴旋转 α 角，如图 2.2 所示。旋转后运动坐标系 M 的单位矢量可以用其在固定参考系 F 中的分量来描述，具体表达式如下：

$$[\boldsymbol{u}]_F=[\mathrm{c}\alpha \quad \mathrm{s}\alpha \quad 0]^{\mathrm{T}} \tag{2.13a}$$

$$[\boldsymbol{v}]_F=[-\mathrm{s}\alpha \quad \mathrm{c}\alpha \quad 0]^{\mathrm{T}} \tag{2.13b}$$

$$[\boldsymbol{w}]_F=[0 \quad 0 \quad 1]^{\mathrm{T}} \tag{2.13c}$$

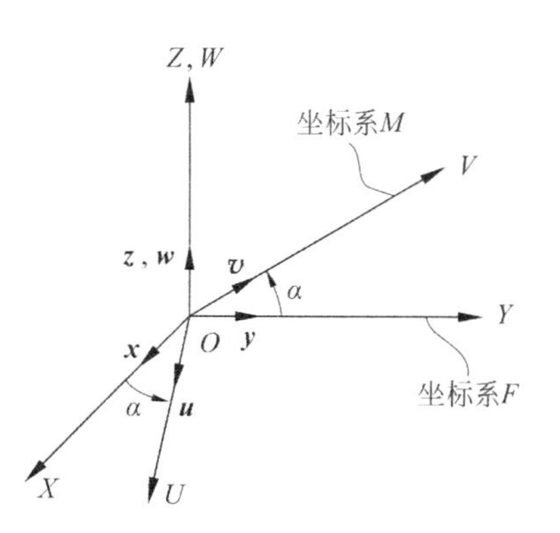

图 2.2 M 绕 Z 轴旋转 α 角

式中，s=sin，c=cos。由此可得旋转矩阵 $\boldsymbol{Q}$ 表示如下：

$$\boldsymbol{Q}_Z=\begin{bmatrix}\mathrm{c}\alpha & -\mathrm{s}\alpha & 0\\\mathrm{s}\alpha & \mathrm{c}\alpha & 0\\0 & 0 & 1\end{bmatrix} \tag{2.14}$$

同理可得，绕 Y 轴旋转 β 角和绕 X 轴旋转 γ 角所得的旋转矩阵表示如下：

$$\boldsymbol{Q}_Y=\begin{bmatrix}\mathrm{c}\beta & 0 & \mathrm{s}\beta\\0 & 1 & 0\\-\mathrm{s}\beta & 0 & \mathrm{c}\beta\end{bmatrix} \tag{2.15}$$

$$Q_X=\begin{bmatrix}1 & 0 & 0\\0 & c\gamma & -s\gamma\\0 & s\gamma & c\gamma\end{bmatrix}\tag{2.16}$$

2.1.3 旋转矩阵的特性

通过旋转矩阵 $\boldsymbol{Q}$ 可以实现将矢量$\boldsymbol{P}$ 在运动坐标系 M 中的投影转换为在固定参考系 F 中的投影。实际上，利用旋转矩阵 $\boldsymbol{Q}$ 的特性，可以实现更多的变换，如逆变换，即实现将矢量 $\boldsymbol{P}$ 在固定参考系 F 中的投影转换为在运动坐标系 M 中的投影。下面来讨论旋转矩阵 $\boldsymbol{Q}$ 的一些特性。

首先，旋转矩阵 $\boldsymbol{Q}$ 中的第一列参数是单位矢量 $\boldsymbol{u}$ 在固定参考系 F 中的投影；第二列和第三列参数分别是单位矢量$\boldsymbol{v}$ 和 $\boldsymbol{w}$ 在固定参考系 F 中的投影。矢量 $\boldsymbol{u}$、$\boldsymbol{v}$ 和 $\boldsymbol{w}$ 为单位矢量，因此矢量本身的点乘为 1，如式(2.17)所示；且矢量 $\boldsymbol{u}$、$\boldsymbol{v}$ 和 $\boldsymbol{w}$ 为运动坐标系 M 坐标轴的单位方向矢量，因此这三个矢量相互垂直，即相互正交，两两点乘为 0，如式(2.18)所示；同时，由于坐标系的特性，单位矢量的相互叉乘可以得到另一单位矢量，如式(2.19)所示。

$$\boldsymbol{u}^{\mathrm{T}}\boldsymbol{u}=\boldsymbol{v}^{\mathrm{T}}\boldsymbol{v}=\boldsymbol{w}^{\mathrm{T}}\boldsymbol{w}=1\tag{2.17}$$

$$\boldsymbol{u}^{\mathrm{T}}\boldsymbol{v}=\boldsymbol{v}^{\mathrm{T}}\boldsymbol{u}=\boldsymbol{u}^{\mathrm{T}}\boldsymbol{w}=\boldsymbol{w}^{\mathrm{T}}\boldsymbol{u}=\boldsymbol{v}^{\mathrm{T}}\boldsymbol{w}=\boldsymbol{w}^{\mathrm{T}}\boldsymbol{v}=0\tag{2.18}$$

$$\boldsymbol{u}\times\boldsymbol{v}=\boldsymbol{w},\quad \boldsymbol{v}\times\boldsymbol{w}=\boldsymbol{u},\quad \boldsymbol{w}\times\boldsymbol{u}=\boldsymbol{v}\tag{2.19}$$

从旋转矩阵 $\boldsymbol{Q}$ 的正交特性，可以得出旋转矩阵 $\boldsymbol{Q}$ 的秩等于 1，即旋转矩阵 $\boldsymbol{Q}$ 乘以本身的转置矩阵 $\boldsymbol{Q}^{\mathrm{T}}$ 等于单位矩阵 $\boldsymbol{E}$，即

$$\boldsymbol{Q}^{\mathrm{T}}\boldsymbol{Q}=\boldsymbol{Q}\boldsymbol{Q}^{\mathrm{T}}=\boldsymbol{E}\tag{2.20}$$

根据式(2.20)，我们可以通过转置矩阵来得到旋转矩阵 $\boldsymbol{Q}$ 的逆矩阵 $\boldsymbol{Q}^{-1}$，即

$$\boldsymbol{Q}^{-1}=\boldsymbol{Q}^{\mathrm{T}}\tag{2.21}$$

2.2 坐 标 变 换

空间中任意点 P 在不同坐标系中的描述是不同的，为了阐明从一个坐标系的描述到另一个坐标系的描述关系，需要讨论这种坐标变换的数学问题。

设空间中任意点 P 在固定参考系 F 和运动坐标系 M 中的位置矢量分别为 $\boldsymbol{P}$ 和 $\boldsymbol{P}'$。运动坐标系 M 的原点为 O_M，用位置矢量 $\boldsymbol{O}$ 描述它相对于固定参考系 F 的位置，如图 2.3 所示。三者有如下关系：

$$\boldsymbol{P}=\boldsymbol{O}+\boldsymbol{P}'\tag{2.22}$$

若 $\boldsymbol{P}'$在运动坐标系 M 中是已知的，即$[\boldsymbol{P}']_M$ 是已知的，用旋转矩阵 $\boldsymbol{Q}$ 描述 M 相对于 F 的方位，则 $\boldsymbol{P}'$在固定参考系 F 中可表示为$[\boldsymbol{P}']_F=\boldsymbol{Q}[\boldsymbol{P}']_M$，由式(2.22)可得矢量 $\boldsymbol{P}$ 在固定参考系 F 中可表

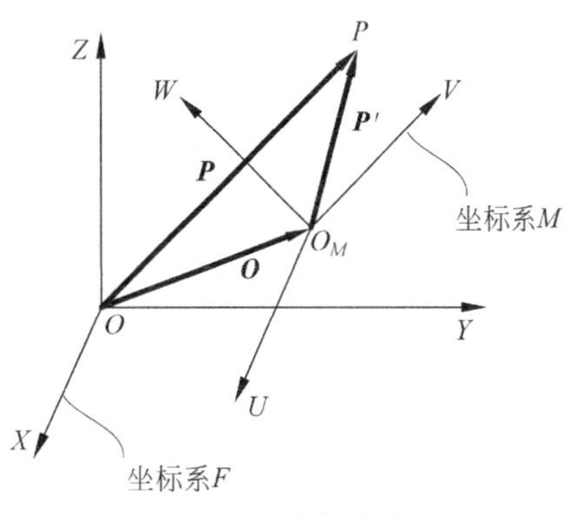

图 2.3　坐标变换

示为

$$[\boldsymbol{P}]_F=[\boldsymbol{O}]_F+\boldsymbol{Q}[\boldsymbol{P}']_M \tag{2.23}$$

上式表示了点 P 从运动系 M 到固定参考系 F 的坐标变换，包括坐标平移和坐标旋转。

例题 2.1　已知运动坐标系 M 的初始位置与固定参考系 F 重合，首先运动坐标系 M 相对于固定参考系 F 的 Z 轴转 45°，再沿固定参考系 F 的 X 轴移动 8 个单位，并沿固定参考系 F 的 Y 轴移动 6 个单位。假设点 P 在运动坐标系 M 的描述为 $[\boldsymbol{P}]_M=[3\quad 7\quad 0]^{\mathrm{T}}$，求点 P 在固定参考系 F 中的描述 $[\boldsymbol{P}]_F$。

解：运动坐标系 M 相对于固定参考系 F 的平移变换为 $[\boldsymbol{O}]_F=[8\quad 6\quad 0]^{\mathrm{T}}$。

运动坐标系 M 相对于固定参考系 F 的旋转变换由旋转矩阵表示，即

$$\boldsymbol{Q}=\begin{bmatrix}\cos 45^\circ & -\sin 45^\circ & 0\\ \sin 45^\circ & \cos 45^\circ & 0\\ 0 & 0 & 1\end{bmatrix}$$

点 P 在固定参考系 F 中的描述为 $[\boldsymbol{P}]_F=[\boldsymbol{O}]_F+\boldsymbol{Q}[\boldsymbol{P}]_M$

$$[\boldsymbol{P}]_F=\begin{bmatrix}8\\6\\0\end{bmatrix}+\begin{bmatrix}\cos 45^\circ & -\sin 45^\circ & 0\\ \sin 45^\circ & \cos 45^\circ & 0\\ 0 & 0 & 1\end{bmatrix}\begin{bmatrix}3\\7\\0\end{bmatrix}=\begin{bmatrix}5.172\\13.071\\0\end{bmatrix}$$

了解了基本的坐标变换之后，可以将式(2.23)表示成等价的齐次变换形式，即

$$\begin{bmatrix}[\boldsymbol{P}]_F\\1\end{bmatrix}=\begin{bmatrix}\boldsymbol{Q} & [\boldsymbol{O}]_F\\ \boldsymbol{0}^{\mathrm{T}} & 1\end{bmatrix}\begin{bmatrix}[\boldsymbol{P}']_M\\1\end{bmatrix} \tag{2.24}$$

式中，$\boldsymbol{0}=[0\quad 0\quad 0]^{\mathrm{T}}$，将式(2.24)写成如下简化矩阵形式：

$$\begin{bmatrix}\boldsymbol{P}\\1\end{bmatrix}_F=\boldsymbol{T}\begin{bmatrix}\boldsymbol{P}'\\1\end{bmatrix}_M \tag{2.25}$$

式中，齐次坐标 $\begin{bmatrix}\boldsymbol{P}\\1\end{bmatrix}_F$ 和 $\begin{bmatrix}\boldsymbol{P}'\\1\end{bmatrix}_M$ 分别为 4×1 的列矢量，与式(2.23)中的维数不同，加入了第 4 个元素 1。$\boldsymbol{T}$ 是 4×4 的矩阵，称为**齐次变换矩阵**，具有如下形式：

$$\boldsymbol{T}=\begin{bmatrix}\boldsymbol{Q} & [\boldsymbol{O}]_F\\ \boldsymbol{0}^{\mathrm{T}} & 1\end{bmatrix} \tag{2.26}$$

齐次变换矩阵式(2.26)综合地表示了平移变换和旋转变换。注意到矩阵 $\boldsymbol{T}$ 作为 4×4 的矩阵是辅助完成平移和旋转的组合变换，所以一个三维矢量 $\boldsymbol{P}$ 在必要时可以加入第 4 个元素 1，以后我们将不再强调一个矢量是三维或四维的，而是完全取决于具体计算过程的需要。

设运动坐标系 M 相对于固定参考系 F 有一个位移为 $[a\quad b\quad c]^{\mathrm{T}}$ 的平移，则坐标变换可用平移齐次变换矩阵表示如下：

$$\boldsymbol{T}_{\mathrm{t}}=\begin{bmatrix}1 & 0 & 0 & a\\ 0 & 1 & 0 & b\\ 0 & 0 & 1 & c\\ 0 & 0 & 0 & 1\end{bmatrix} \tag{2.27}$$

若运动坐标系 M 相对于固定参考系 F 的 X，Y，Z 轴分别做转角为 θ 的旋转，则该坐标

变换可用旋转齐次变换矩阵分别表示如下：

$$\boldsymbol{T}_{\mathrm{r}x}=\begin{bmatrix}1 & 0 & 0 & 0\\ 0 & \mathrm{c}\theta & -\mathrm{s}\theta & 0\\ 0 & \mathrm{s}\theta & \mathrm{c}\theta & 0\\ 0 & 0 & 0 & 1\end{bmatrix} \tag{2.28}$$

$$\boldsymbol{T}_{\mathrm{r}y}=\begin{bmatrix}\mathrm{c}\theta & 0 & \mathrm{s}\theta & 0\\ 0 & 1 & 0 & 0\\ -\mathrm{s}\theta & 0 & \mathrm{c}\theta & 0\\ 0 & 0 & 0 & 1\end{bmatrix} \tag{2.29}$$

$$\boldsymbol{T}_{\mathrm{r}z}=\begin{bmatrix}\mathrm{c}\theta & -\mathrm{s}\theta & 0 & 0\\ \mathrm{s}\theta & \mathrm{c}\theta & 0 & 0\\ 0 & 0 & 1 & 0\\ 0 & 0 & 0 & 1\end{bmatrix} \tag{2.30}$$

对于一般均含有平移和旋转的坐标变换，齐次变换矩阵可由下式求得

$$\boldsymbol{T}=\boldsymbol{T}_{\mathrm{t}}\boldsymbol{T}_{\mathrm{r}} \tag{2.31}$$

例题 2.2　将例题 2.1 用齐次变换矩阵的方法求解。

解：由已知条件可知，运动坐标系 M 相对固定参考系 F 的齐次变换矩阵为

$$\boldsymbol{T}=\begin{bmatrix}\cos 45^\circ & -\sin 45^\circ & 0 & 8\\ \sin 45^\circ & \cos 45^\circ & 0 & 6\\ 0 & 0 & 1 & 0\\ 0 & 0 & 0 & 1\end{bmatrix}$$

点 P 在固定参考系 F 中的描述为 $[\boldsymbol{P}]_F=\boldsymbol{T}[\boldsymbol{P}]_M$，即

$$[\boldsymbol{P}]_F=\begin{bmatrix}\cos 45^\circ & -\sin 45^\circ & 0 & 8\\ \sin 45^\circ & \cos 45^\circ & 0 & 6\\ 0 & 0 & 1 & 0\\ 0 & 0 & 0 & 1\end{bmatrix}\begin{bmatrix}3\\ 7\\ 0\\ 1\end{bmatrix}=\begin{bmatrix}5.172\\ 13.071\\ 0\\ 1\end{bmatrix}$$

分析与讨论

从例题 2.2 可以看出，其计算结果与例题 2.1 的结果相同；但是我们在实际解题时会发现，用齐次坐标变换矩阵求解的过程更简洁，求解速度也更快。

在进行坐标变换时需要我们注意的是，坐标系的运动相对于固定坐标系和相对于运动坐标系的变换顺序不同往往会导致不同的计算结果，即坐标变换与变换的顺序和坐标系有关。下面具体举例说明。

例题 2.3　已知运动坐标系 M 的初始位置与固定参考系 F 重合，固定在 M 上的点 P 有 $[\boldsymbol{P}]_M=[7\quad 3\quad 2]^{\mathrm{T}}$。经历如下变换过程：相对于固定参考系 F，首先平移 $[4\quad -3\quad 7]^{\mathrm{T}}$；其次绕 Z 轴旋转 90°；最后绕 Y 轴旋转 90°。求变换后该点相对于固定参考系 F 的坐标。

解：表示该变换的齐次变换矩阵为

$$\boldsymbol{T}=\boldsymbol{T}_{\mathrm{r}y}\boldsymbol{T}_{\mathrm{r}z}\boldsymbol{T}_{\mathrm{t}}$$

即

$$
\boldsymbol{T}=\begin{bmatrix}0&0&1&0\\0&1&0&0\\-1&0&0&0\\0&0&0&1\end{bmatrix}\begin{bmatrix}0&-1&0&0\\1&0&0&0\\0&0&1&0\\0&0&0&1\end{bmatrix}\begin{bmatrix}1&0&0&4\\0&1&0&-3\\0&0&1&7\\0&0&0&1\end{bmatrix}=\begin{bmatrix}0&0&1&7\\1&0&0&4\\0&1&0&-3\\0&0&0&1\end{bmatrix}
$$

则变换后点 P 相对于固定参考系 F 的坐标为

$$
[\boldsymbol{P}]_F=\boldsymbol{T}[\boldsymbol{P}]_M=\begin{bmatrix}0&0&1&7\\1&0&0&4\\0&1&0&-3\\0&0&0&1\end{bmatrix}\begin{bmatrix}7\\3\\2\\1\end{bmatrix}=\begin{bmatrix}9\\11\\0\\1\end{bmatrix}
$$

例题 2.4　已知运动坐标系 M 的初始位置与固定参考系 F 重合，固定在 M 上的点 P 有 $[\boldsymbol{P}]_M=[7\quad 3\quad 2]^{\mathrm{T}}$。经历如下变换过程：相对于固定参考系 F，首先平移 $[4\quad -3\quad 7]^{\mathrm{T}}$；其次绕 Y 轴旋转 90°；最后绕 Z 轴旋转 90°。求变换后该点相对于固定参考系 F 的坐标。

解：表示该变换的齐次变换矩阵为

$$
\boldsymbol{T}=\boldsymbol{T}_{\mathrm{rz}}\boldsymbol{T}_{\mathrm{ry}}\boldsymbol{T}_{\mathrm{t}}
$$

即

$$
\boldsymbol{T}=\begin{bmatrix}0&-1&0&0\\1&0&0&0\\0&0&1&0\\0&0&0&1\end{bmatrix}\begin{bmatrix}0&0&1&0\\0&1&0&0\\-1&0&0&0\\0&0&0&1\end{bmatrix}\begin{bmatrix}1&0&0&4\\0&1&0&-3\\0&0&1&7\\0&0&0&1\end{bmatrix}=\begin{bmatrix}0&-1&0&3\\0&0&1&7\\-1&0&0&-4\\0&0&0&1\end{bmatrix}
$$

则变换后点 P 相对于固定参考系 F 的坐标为

$$
[\boldsymbol{P}]_F=\boldsymbol{T}[\boldsymbol{P}]_M=\begin{bmatrix}0&-1&0&3\\0&0&1&7\\-1&0&0&-4\\0&0&0&1\end{bmatrix}\begin{bmatrix}7\\3\\2\\1\end{bmatrix}=\begin{bmatrix}0\\9\\-11\\1\end{bmatrix}
$$

分析与讨论

由例题 2.3 和例题 2.4 可以看出，由于坐标系转动变换顺序不同，会导致相对固定参考系的计算结果不同。这是必然的，因为矩阵的乘法不具有交换性质。另外，变换矩阵的左乘和右乘的运动解释是不同的：若运动是相对固定坐标系而言的，则变换顺序为从右向左，即左乘；若运动是相对运动坐标系而言的，则变换顺序为从左向右，即右乘。

2.3　固定角和欧拉角

前面只给出了 3×3 的旋转矩阵来表示姿态，用了 9 个元素来描述其特征。事实上，由于旋转矩阵是标准正交阵，这 9 个元素之间不是完全独立的。这就意味着，只要 3 个参数构成的最简表达式就足以描述一个刚体在空间中的姿态。本节将给出两种常用的姿态表示法：XYZ 固定角和 ZYZ 欧拉角。

2.3.1　XYZ 固定角

用 XYZ 固定角描述的旋转可以通过三组基本的旋转合成得到。将坐标系绕固定坐标系的 X 轴旋转角度 φ，此旋转可以用式(2.16)定义的矩阵 $\boldsymbol{Q}_X$ 来描述；将坐标系绕固定坐标系的 Y 轴旋转角度 θ，此旋转可以用式(2.15)定义的矩阵 $\boldsymbol{Q}_Y$ 来描述；将坐标系绕固定坐标系的 Z 轴旋转角度 ϕ，此旋转可以用式(2.14)定义的矩阵 $\boldsymbol{Q}_Z$ 来描述。

需要注意的是每一次的旋转都是绕着固定参考坐标系的坐标轴，我们规定这种姿态的表示法为 **XYZ 固定角**。有时候我们也常用 RPY 角指代这种表示法，这来源于航空领域中方向的表示，称为滚动-俯仰-偏航角，用来指示飞行器姿态的典型改变。如图 2.4 所示，表示相对固结于飞行器质心的固定坐标系定义的旋转。但是我们在使用中应注意，这个术语经常与其他不同的相关问题有不同的约定。

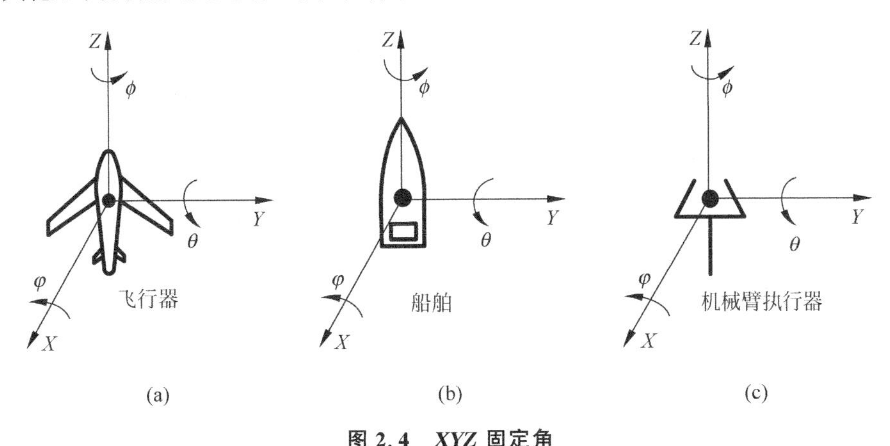

图 2.4　XYZ 固定角

(a) 飞行器的 RPY 角；(b) 船舶的 RPY 角；(c) 机械臂执行器的 RPY 角

最终坐标系的方位通过相对固定坐标系旋转的合成得到，因此可以通过左乘基本旋转矩阵来计算，即

$$\boldsymbol{Q}=\boldsymbol{Q}_Z\boldsymbol{Q}_Y\boldsymbol{Q}_X=\begin{bmatrix} \mathrm{c}\phi\mathrm{c}\theta & \mathrm{c}\phi\mathrm{s}\theta\mathrm{s}\varphi-\mathrm{s}\phi\mathrm{c}\varphi & \mathrm{c}\phi\mathrm{s}\theta\mathrm{c}\varphi+\mathrm{s}\phi\mathrm{s}\varphi \\ \mathrm{s}\phi\mathrm{c}\theta & \mathrm{s}\phi\mathrm{s}\theta\mathrm{s}\varphi+\mathrm{c}\phi\mathrm{c}\varphi & \mathrm{s}\phi\mathrm{s}\theta\mathrm{c}\varphi-\mathrm{c}\phi\mathrm{s}\varphi \\ -\mathrm{s}\theta & \mathrm{c}\theta\mathrm{s}\varphi & \mathrm{c}\theta\mathrm{c}\varphi \end{bmatrix} \tag{2.32}$$

假设 RPY 角是如下给定旋转矩阵的逆解：

$$\boldsymbol{Q}=\begin{bmatrix} q_{11} & q_{12} & q_{13} \\ q_{21} & q_{22} & q_{23} \\ q_{31} & q_{32} & q_{33} \end{bmatrix} \tag{2.33}$$

将式(2.32)和式(2.33)相比较，可知，当 $\theta\in(-\pi/2,\pi/2)$时，有

$$\phi=\operatorname{atan2}(q_{21},q_{11}) \tag{2.34a}$$

$$\theta=\operatorname{atan2}\left(-q_{31},\sqrt{q_{32}^2+q_{33}^2}\right) \tag{2.34b}$$

$$\varphi=\operatorname{atan2}(q_{32},q_{33}) \tag{2.34c}$$

当 $\theta \in (\pi/2, 3\pi/2)$ 时，有

$$\phi = \text{atan2}(-q_{21}, -q_{11}) \tag{2.35a}$$

$$\theta = \text{atan2}(-q_{31}, \sqrt{q_{32}^2 + q_{33}^2}) \tag{2.35b}$$

$$\varphi = \text{atan2}(-q_{32}, -q_{33}) \tag{2.35c}$$

2.3.2 ZYZ 欧拉角

用 ZYZ 欧拉角描述的旋转可以通过如图 2.5 所示的基本旋转合成得到。

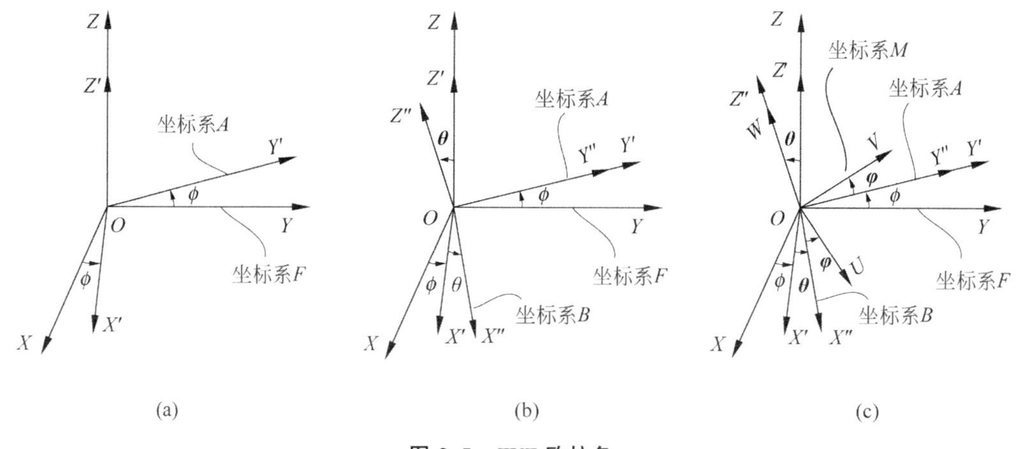

图 2.5 ZYZ 欧拉角

假设所描述的坐标系在初始状态时与固定参考系 F 完全重合，将该坐标系绕固定参考系 F 的 Z 轴旋转角度 ϕ，此旋转可以用式(2.14)定义的矩阵 $\boldsymbol{Q}_Z$ 来描述；将当前坐标系 A 绕 Y' 轴旋转角度 θ，此旋转可以用式(2.15)定义的矩阵 $\boldsymbol{Q}_{Y'}$ 来描述；将当前坐标系 B 绕 Z'' 轴旋转角度 φ，此旋转可以用式(2.14)定义的矩阵 $\boldsymbol{Q}_{Z''}$ 来描述。

与上一种表示法不同，在这种表示法中，每次都是绕当前坐标系的各轴旋转，而不是绕固定参考坐标系的各轴旋转。这样 3 个一组的旋转被称为**欧拉角**。注意，每次旋转所绕的轴的姿态取决于上一次的旋转。

最终运动坐标系 M 的姿态通过相对于当前坐标系旋转的合成得到，因此可以通过右乘基本旋转矩阵来计算，即

$$\boldsymbol{Q} = \boldsymbol{Q}_Z \boldsymbol{Q}_{Y'} \boldsymbol{Q}_{Z''} = \begin{bmatrix} c\phi c\theta c\varphi - s\phi s\varphi & -c\phi c\theta s\varphi - s\phi c\varphi & c\phi s\theta \\ s\phi c\theta c\phi + c\phi s\varphi & -s\phi c\theta s\varphi + c\phi c\varphi & s\phi s\theta \\ -s\theta c\varphi & s\theta s\varphi & c\theta \end{bmatrix} \tag{2.36}$$

确定相应于给定旋转矩阵的欧拉角集合，对逆运动学问题求解有很大的帮助。假定旋转矩阵为

$$\boldsymbol{Q} = \begin{bmatrix} q_{11} & q_{12} & q_{13} \\ q_{21} & q_{22} & q_{23} \\ q_{31} & q_{32} & q_{33} \end{bmatrix} \tag{2.37}$$

将式(2.36)和式(2.37)相比较，考虑元素(1,3)和(2,3)，假定 $q_{13}\neq 0, q_{23}\neq 0$，有

$$\phi=\operatorname{atan2}(q_{23}, q_{13})$$

式中，$\operatorname{atan2}(y, x)$为两个自变量的反正切函数。求元素(1,3)和(2,3)的平方和，并利用元素(3,3)得到

$$\theta=\operatorname{atan2}\left(\sqrt{q_{13}^2+q_{23}^2}, q_{33}\right)$$

选择$\sqrt{q_{13}^2+q_{23}^2}$项的系数为正，将 θ 的取值范围限定在$(0,\pi)$内。由此考虑元素(3,2)和(3,1)，有

$$\varphi=\operatorname{atan2}(q_{32},-q_{31})$$

故，所求解为

$$\phi=\operatorname{atan2}(q_{23}, q_{13}) \tag{2.38a}$$

$$\theta=\operatorname{atan2}\left(\sqrt{q_{13}^2+q_{23}^2}, q_{33}\right) \tag{2.38b}$$

$$\varphi=\operatorname{atan2}(q_{32},-q_{31}) \tag{2.38c}$$

若在$(-\pi,0)$中选择 θ，得到

$$\phi=\operatorname{atan2}(-q_{23},-q_{13}) \tag{2.39a}$$

$$\theta=\operatorname{atan2}\left(-\sqrt{q_{13}^2+q_{23}^2}, q_{33}\right) \tag{2.39b}$$

$$\varphi=\operatorname{atan2}(-q_{32}, q_{31}) \tag{2.39c}$$

式(2.39)与式(2.38)的解的效果是一样的。当 $\theta=0$ 或 π，即 $\sin\theta=0$ 时，连续的旋转 ϕ 和 φ 是绕当前坐标系的平行轴进行的，只能确定 ϕ 和 φ 的和或差。

2.4 轴 和 角

在机器人学中，绕空间中某一轴旋转指定角度的表达式除了有旋转矩阵和欧拉角之外，还可以采用4个参数进行表示。令 $\boldsymbol{e}=[e_x \quad e_y \quad e_z]^{\mathrm{T}}$ 为关于固定参考系 F 的旋转轴的单位矢量。为了导出表示绕轴 $\boldsymbol{e}$ 旋转角度 α 的旋转矩阵 $\boldsymbol{Q}(\boldsymbol{e},\alpha)$，方便的做法是对绕固定参考系的坐标轴的基本旋转进行合成。如果旋转是绕轴 $\boldsymbol{e}$ 逆时针方向进行的，则角度为正。

如图2.6所示，按照如下步骤将轴 $\boldsymbol{e}$ 进行旋转，需要注意旋转始终是绕相对固定坐标系的轴进行的：

(1) 先绕 Z 轴转 $-\gamma$ 角，再绕 Y 轴转 $-\beta$ 角，从而使 $\boldsymbol{e}$ 与 Z 轴一致。

(2) 绕 Z 轴转 α 角。

(3) 重排使与 $\boldsymbol{e}$ 的初始指向一致，方法是先绕 Y 轴转 β 角，再绕 Z 轴转 γ 角。

由此可得，最终的旋转矩阵为

$$\boldsymbol{Q}(\boldsymbol{e},\alpha)=\boldsymbol{Q}_Z(\gamma)\boldsymbol{Q}_Y(\beta)\boldsymbol{Q}_Z(\alpha)\boldsymbol{Q}_Y(-\beta)\boldsymbol{Q}_Z(-\gamma) \tag{2.40}$$

通过单位矢量 $\boldsymbol{e}$ 的分量 e_x, e_y 和 e_z，我们可以将 $\sin\alpha, \cos\alpha, \sin\beta, \cos\beta$ 表达成 e_x, e_y, e_z 的表达式，进而可得

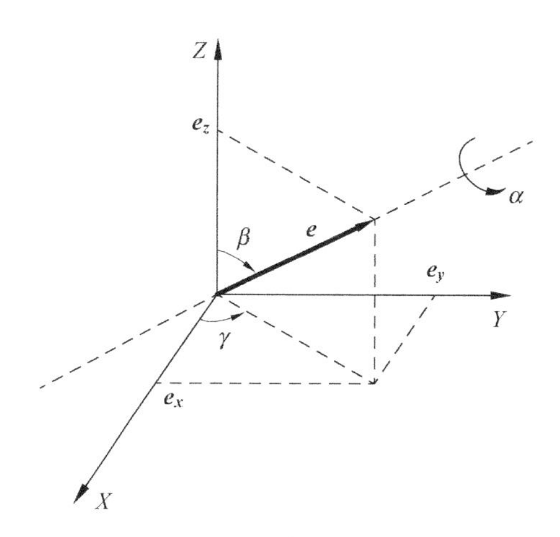

图 2.6 绕 $\boldsymbol{e}$ 轴旋转 α 角度

$$\boldsymbol{Q}(\boldsymbol{e},\alpha)=\begin{bmatrix} e_x^2(1-c\alpha)+c\alpha & e_xe_y(1-c\alpha)-e_z s\alpha & e_xe_z(1-c\alpha)+e_y s\alpha \\ e_xe_y(1-c\alpha)+e_z s\alpha & e_y^2(1-c\alpha)+c\alpha & e_ye_z(1-c\alpha)-e_x s\alpha \\ e_xe_z(1-c\alpha)-e_y s\alpha & e_ye_z(1-c\alpha)+e_x s\alpha & e_z^2(1-c\alpha)+c\alpha \end{bmatrix} \tag{2.41}$$

式中，$c\alpha=\cos\alpha$，$s\alpha=\sin\alpha$。

由式(2.41)还可以得到

$$\boldsymbol{Q}(-\boldsymbol{e},-\alpha)=\boldsymbol{Q}(\boldsymbol{e},\alpha)$$

由此表明，绕 $-\boldsymbol{e}$ 旋转 $-\alpha$ 与绕 $\boldsymbol{e}$ 旋转 α 没有区别，所以，这种表示不是唯一的。

参考式(2.33)，我们容易得到问题的逆解为

$$\alpha=\arccos\left(\frac{q_{11}+q_{22}+q_{33}-1}{2}\right) \tag{2.42}$$

$$\boldsymbol{e}=\frac{1}{2\sin\alpha}\begin{bmatrix} q_{32}-q_{23} \\ q_{13}-q_{31} \\ q_{21}-q_{12} \end{bmatrix} \tag{2.43}$$

从式(2.43)可以看出，转角 α 不能为 0。

2.5 单位四元数

轴和角的表达式不是唯一的，这个不足之处可以通过一个不同的 4 参数表达式来弥补，即单位四元数。四元数由复数扩展而来，表示为 $\boldsymbol{Q}(w,\boldsymbol{v})$，其中

$$w=\cos\frac{\alpha}{2} \tag{2.44}$$

$$\boldsymbol{v}=\sin\frac{\alpha}{2}\boldsymbol{e} \tag{2.45}$$

式中，w 称为四元数的标量部分；而 $\boldsymbol{v}=[v_x \quad v_y \quad v_z]^{\mathrm{T}}$ 称为四元数的矢量部分。它们受到以下条件的约束：

$$w^2+v_x^2+v_y^2+v_z^2=1 \tag{2.46}$$

因而将其称为单位四元数。它与轴和角的表达式不同,绕$-\boldsymbol{e}$旋转$-\alpha$的四元数与绕$\boldsymbol{e}$旋转α的四元数并不相同,这就解决了上述轴和角的表示中不唯一的问题。由式(2.41)~式(2.46)可得,相应于给定四元数的旋转矩阵有以下形式:

$$\boldsymbol{Q}(w,\boldsymbol{v})=\begin{bmatrix}2(w^2+v_x^2)-1 & 2(v_xv_y-wv_z) & 2(v_xv_z+wv_y)\\ 2(v_xv_y+wv_z) & 2(w^2+v_y^2)-1 & 2(v_yv_z-wv_x)\\ 2(v_xv_z-wv_y) & 2(v_yv_z+wv_x) & 2(w^2+v_z^2)-1\end{bmatrix} \tag{2.47}$$

同样,参考式(2.33),我们可以得到问题的逆解为

$$w=\frac{1}{2}\sqrt{q_{11}+q_{22}+q_{33}+1} \tag{2.48}$$

$$\boldsymbol{v}=\frac{1}{2}\begin{bmatrix}\operatorname{sgn}(q_{32}-q_{23})\sqrt{q_{11}-q_{22}-q_{33}+1}\\ \operatorname{sgn}(q_{13}-q_{31})\sqrt{q_{22}-q_{33}-q_{11}+1}\\ \operatorname{sgn}(q_{21}-q_{12})\sqrt{q_{33}-q_{11}-q_{22}+1}\end{bmatrix} \tag{2.49}$$

在式(2.49)中,当$(q_{ij}-q_{ji})\geqslant 0$时,$\operatorname{sgn}(q_{ij}-q_{ji})=1$;而当$(q_{ij}-q_{ji})<0$时,$\operatorname{sgn}(q_{ij}-q_{ji})=-1$。

小　　结

本章首先主要介绍了机器人学的数学基础,包括空间任意点的位置和姿态的表示,平移和旋转的坐标变换,并进一步说明了齐次坐标变换。这些有关空间一点的变换方法,为空间物体的变换和逆变换建立了基础。然后,除了用旋转矩阵表示姿态,还介绍了几种其他的姿态表示法,如轴和角以及单位四元数等。本章的内容是后面学习相关知识的基础,需要牢固掌握。

练　习　题

2.1　用一个描述旋转或平移的变换矩阵分别左乘和右乘一个表示坐标系的变换矩阵,所得到的结果是否相同?为什么?请分别用计算方法和作图方法举例说明。

2.2　矢量$\boldsymbol{P}$相对于固定坐标系F绕Z轴旋转θ角,然后绕X轴旋转φ角。求按上述顺序完成旋转的旋转矩阵$\boldsymbol{Q}$。

2.3　运动坐标系M的位置变化如下:初始时,运动坐标系M与固定参考系F重合,使运动坐标系M绕W轴旋转θ角,然后绕U轴旋转φ角。求旋转矩阵$\boldsymbol{Q}$,使对$[\boldsymbol{P}]_M$的描述变为对$[\boldsymbol{P}]_F$的描述。

2.4　当$\theta=30°$,$\varphi=45°$时,求练习题2.2和练习题2.3中的旋转矩阵。

2.5　已知运动坐标系M是由固定参考系F经过以下变换来的:

(1) 绕Z轴旋转45°;

(2) 沿矢量 $\boldsymbol{P}=[3\quad 5\quad 7]^{\mathrm{T}}$ 平移；

(3) 绕 X 轴旋转 30°。

试计算：

(1) 固定参考系 F 与运动坐标系 M 之间的齐次变换矩阵；

(2) 若运动坐标系 M 中有一矢量 $\boldsymbol{r}_M=[10\quad 20\quad 30]^{\mathrm{T}}$，求其在固定参考系 F 中的坐标；

(3) 固定参考系 F 中有一矢量 $\boldsymbol{r}_F=[10\quad 20\quad 30]^{\mathrm{T}}$，求其在运动坐标系 M 中的坐标。

2.6 将坐标系首先绕 X 轴旋转 45°；其次绕 Y 轴旋转 30°；最后绕 Z 轴旋转 60°。试计算用固定角表达的坐标系的最终旋转矩阵 $\boldsymbol{Q}$。

2.7 假设固定角表达的旋转矩阵为

$$\boldsymbol{Q}=\begin{bmatrix}0.87 & -0.50 & 0.00\\ 0.43 & 0.75 & -0.50\\ 0.25 & 0.43 & 0.87\end{bmatrix}$$

试计算以固定角表达的绕 X 轴旋转角度 φ，绕 Y 轴旋转角度 θ 和绕 Z 轴旋转角度 ϕ。

2.8 将坐标系首先绕 Z 轴旋转 30°；其次绕 Y'轴旋转 60°；最后绕 Z''轴旋转 60°。试计算用欧拉角表达的坐标系的最终旋转矩阵 $\boldsymbol{Q}$。

2.9 假设欧拉角表达的旋转矩阵为

$$\boldsymbol{Q}=\begin{bmatrix}0.87 & -0.43 & 0.25\\ 0.50 & 0.75 & -0.43\\ 0.00 & 0.50 & 0.87\end{bmatrix}$$

试计算以欧拉角表达的绕 Z 轴旋转角度 φ，绕 Y'轴旋转角度 θ 和绕 Z''轴旋转角度 ϕ。

2.10 试计算旋转矩阵为与练习题 2.7 的旋转矩阵相同的对应的轴和角，即旋转矩阵 $\boldsymbol{Q}(\boldsymbol{e},\alpha)$中的角度 α 和矢量 $\boldsymbol{e}$。

2.11 试计算旋转矩阵为与练习题 2.9 的旋转矩阵相同的单位四元数，即旋转矩阵 $\boldsymbol{Q}(w,\boldsymbol{v})$中的标量 w 和矢量$\boldsymbol{v}$ 。

实验题

扫描二维码可以浏览第 2 章实验的基本内容。

2.1 虚拟实验室中的坐标变换

在对空间刚性物体进行位姿描述时，通常给该物体固结一个坐标系，用这个坐标系来代表该物体的位姿。当物体的位姿发生变化时，对应的坐标系也在发生变换。为了可以直观地观察到坐标变换过程，本实验介绍如何在虚拟实验室中操作和观察坐标系统的变换情况。

本实验中所应用的虚拟实验室是基于 v-rep 建立的，通过逼真和沉浸的三维场景、简单直观的操作以及快速的矩阵计算，来帮助读者学习坐标变换的数学基础，强化基础概念，培养三维空间坐标变换的思维能力。

2.2　位姿矩阵与欧拉角的转换

机械臂末端执行器的位姿矩阵，也就是齐次变换矩阵，综合地表示了平移变换和旋转变换。由此，我们可以通过位姿矩阵的第 4 列得到其位置矢量，而姿态信息是一个 3×3 的旋转矩阵，无法直接判断具体的姿态角，因而，我们需要将姿态矩阵转换为欧拉角。本实验应用 MATLAB 设计了位姿矩阵与欧拉角的转换，我们可以通过运行 MATLAB 代码，输入位姿矩阵，得到相应的位置和姿态角信息，帮助读者掌握姿态矩阵和欧拉角之间的转换过程。

第 2 章教学课件

第 3 章 运动学

机器人的运动学即以机械臂末端执行器相对于固定参考系的空间几何描述为基础，研究机械臂末端执行器的位置和姿态与各关节变量之间的关系。机器人运动学主要进行机械臂末端执行器的位移分析、速度分析和加速度分析。我们目前所研究的机械臂是开环空间连杆机构，通过各连杆的相对位置变化、速度变化和加速度变化，可使末端执行部件达到不同的空间位姿，得到不同的速度和加速度，从而完成期望的工作要求。

机器人运动学包括正运动学和逆运动学。正运动学即给定机械臂各关节变量，计算机械臂末端执行器的位置和姿态；逆运动学即已知机械臂末端执行器的位置和姿态，计算机械臂对应的各个关节变量。

在研究机械臂的运动学之前，为了便于处理其复杂的几何形状，首先需要在机械臂的每一个连杆上分别设置一个连杆坐标系，然后描述这些连杆坐标系之间的关系。下面我们从连杆坐标系和 DH(Denavit-Hartenberg)参数开始，对机器人运动学进行相关学习和研究。

3.1 连杆坐标系和 DH 参数

机械臂由一系列关节和连杆组成，这些关节可能是滑动的或者旋转的，它们可以按任意的顺序放置并处于任意平面。为了控制机械臂末端执行器相对于基座的运动，需要找出两者对应的坐标系之间的关系。这一关系可以通过所有连杆的坐标系之间的坐标转换以递归方式形成的总体描述来获得。也就是说，将从基座到第一个连杆，从第一个连杆到第二个连杆，直至到最后一个连杆的所有坐标变换结合起来，即可得到机械臂的总变换矩阵。为了达到这一目的，我们首先研究某两个连续连杆之间的相对位置和姿态，即两个连续连杆所对应的坐标系之间的坐标变换。通常情况下，连杆的坐标系是可以任意选取的，但我们在这里设定一些规则，以便高效地确定连杆坐标系。首先，做一个统一规定：一个连杆靠近基座的一端称为始端，而靠近机械臂执行机构的一端称为末端。

参看图 3.1，对于一组串联的连杆机构，可以按照如下步骤确定 DH 参数：

(1) 从基座为连杆 0 开始，对连杆和关节进行编号，连杆 $i-1$ 和连杆 i 之间的关节编号为 $i(i=1,2,3,\cdots,n)$。

(2) 假设将关节 i 的轴线确定为坐标轴 Z_i，方向任选。

(3) 先假设坐标系原点 O_i 的位置在 Z_i 轴和 Z_{i+1} 轴的公垂线与 Z_i 轴的交点上，如果

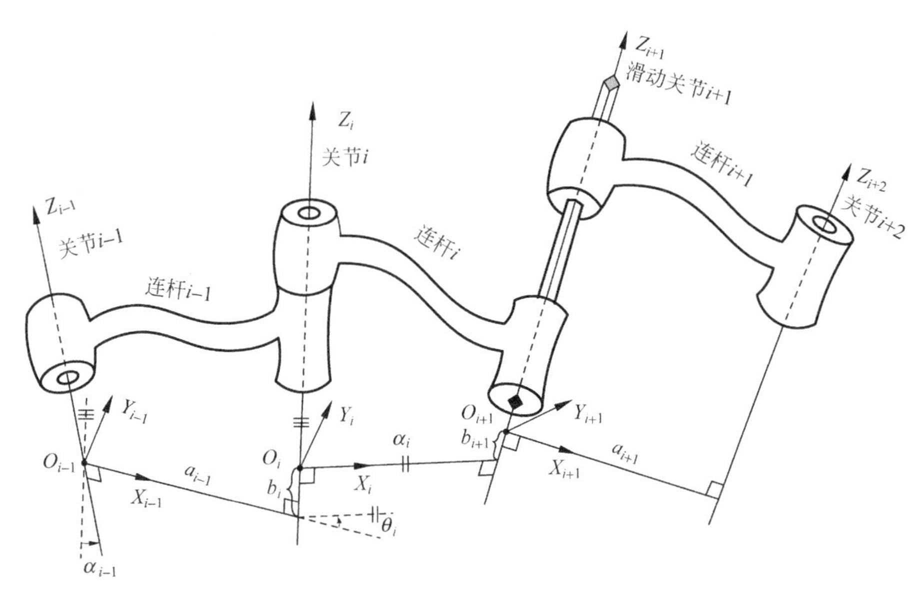

图 3.1 空间连杆 DH 参数

Z_i 轴和 Z_{i+1} 轴相交,则坐标系原点 O_i 的位置在 Z_i 轴和 Z_{i+1} 轴的交点。

(4) 假设 X_i 轴为 Z_i 轴和 Z_{i+1} 轴的公垂线,方向从 Z_i 轴指向 Z_{i+1} 轴,如果 Z_i 轴和 Z_{i+1} 轴相交,则规定 X_i 轴垂直于 Z_i 轴和 Z_{i+1} 轴所在的平面,方向任选。后面将会看到,X_i 轴的选取与连杆坐标系建模方法有关。

(5) Y_i 轴可由右手坐标法则来确定。

需要注意的是,以上的坐标系确定步骤并没有给出下列 5 种情况中连杆坐标系的唯一确定解:

(1) 坐标系替代连杆作为数学描述工具,需要将整个坐标系与连杆在某一点固定,但目前并没有确定坐标系在连杆上的固定位置,即坐标系可以固定在一个连杆的始端或末端,甚至固定在前一个连杆的末端。

(2) 对于机械臂执行器坐标系 n,其原点和 X_n 的方向可以任意选取。

(3) 当两个连续连杆的 Z 轴是平行关系时,它们的公垂线不是唯一确定的。

(4) 当两个连续连杆的 Z 轴是相交关系时,X_i 轴的方向不是唯一的。

(5) 当关节 $i+1$ 是滑动关节时,只有 Z_{i+1} 轴的方向是确定的,而原点 O_{i+1} 是任意的。

以上这些不确定性可以加以利用,达到简化机械臂数学模型的目的,如取坐标系 1 在初始位置时与坐标系 0 完全重合;取执行器坐标系 e 的各个轴平行于坐标系 n 的对应轴等。

各连杆的坐标系确定后,我们用 4 个参数来表达坐标系 i 相对于坐标系 $i-1$ 或坐标系 $i+1$ 的位置和姿态,即 DH 参数,具体定义如下:

(1) 连杆长度 a_i:沿 X_i 轴的方向,Z_i 轴和 Z_{i+1} 轴之间的距离。

(2) 连杆扭角 α_i:绕 X_i 轴的方向,Z_i 轴和 Z_{i+1} 轴之间的夹角。

(3) 连杆偏距 b_i:沿 Z_i 轴的方向,X_{i-1} 轴和 X_i 轴之间的距离。

(4) 关节转角 θ_i:绕 Z_i 轴的方向,X_{i-1} 轴和 X_i 轴之间的夹角。

以上 4 个参数中,连杆偏距 b_i 和关节转角 θ_i 确定了连杆 $i-1$ 与连杆 i 的相对位置,若

关节 i 为转动副,则 θ_i 为关节变量;若关节 $i+1$ 为移动副,则 b_{i+1} 为关节变量。连杆长度 a_i 和连杆扭角 α_i 描述了连杆 i 的尺寸和形状,通常是常量。因此,对于给定的关节 i,其 DH 参数中有 1 个为关节变量,其余 3 个为常量。另外,虽然定义了 4 个相邻连杆的 DH 参数确定方法,但这不足以完整描述一组连杆的数学关系。这是由于这里只定义了两两相邻连杆的相对关系,并没有指明坐标系在连杆上的固定位置和转角方向等参数。只有当坐标系与相应的连杆固定后,并且规定了转角的方向等,这个坐标系才能代表该连杆用于相关的计算。这就是下面要讨论的基于 DH 参数的建模方法。

3.2 三种 DH 坐标系建模方法

关于 DH 坐标系建模方法[1-4],不同的文献采用的方法是有区别的,本节先对这种区别做一个简单的说明。DH 方法的本质是一种建立相邻连杆之间的数学关系,在这种数学建模方法中,每一个连杆都需要对应一个标号的坐标系,用后一个坐标系相对于前一个坐标系的位置和姿态的数学语言,即**齐次变换矩阵**,来描述相邻两个坐标系(即相邻两个连杆)之间的定量数学关系。每一个连杆都需要对应一个标号的坐标系,因此这个坐标系所放置的位置不同就会产生不同的 DH 坐标系建模方法。

实际上,对于具体的一台机械臂用一种 DH 坐标系建模方法就足够了。但是由于工业机器人学的发展历史,陆续开发出了三种常用的建模方法。我们在此以关节型串联机械臂来具体阐述三种 DH 坐标系建模方法的区别。每个广义连杆的两端都有两个关节,两个关节有轴线,两个轴线又有公垂线(这里假设为一般情况,即轴线不相交,一定存在公垂线),公垂线与这个连杆的两个轴线都各有一个交点。这里我们重新说明一下关于连杆描述的统一规定:一个连杆靠近基座的一端称为始端,而靠近机械臂执行机构的另一端称为末端,则公垂线与始端关节轴线的交点称为始端交点,公垂线与末端关节轴线的交点称为末端交点。第一种方法是把所有连杆对应标号的坐标系原点放置在末端交点所建立的 DH 模型,称为标准型 DH 方法;第二种方法是把所有连杆对应标号的坐标系原点放置在始端交点所建立的 DH 模型,称为改进型 DH 方法。还有一种 DH 建模方法不同于上述的改进型和标准型 DH 方法,是由印度学者萨哈(S K SAHA)教授提出来的,称为萨哈 DH 方法;这种方法没有将连杆对应标号的坐标系原点放置在该连杆所对应的始端交点或末端交点,而是放置在前面上游连杆所对应的末端交点上。由于这三种方法在实际机械臂控制代码的编写中都有应用[5-28],我们需要对三种方法进行详细的讲解和对比,以便深入理解并区分这三种方法各自的特点。为了便于区分三种方法的数学描述,本书用不同的下标(i,j,k)来分别表示对应的建模方法,即用 $X_kY_kZ_k$ 代表萨哈 DH 坐标系;用 $X_jY_jZ_j$ 代表标准型 DH 坐标系;而用 $X_iY_iZ_i$ 代表改进型 DH 坐标系。

3.2.1 标准型 DH 方法

标准型 DH 方法是把所有连杆对应标号的坐标系原点放置在末端交点所建立的 DH 模型。图 3.2 中用大黑点表示坐标系 j 与连杆 j 的末端固定,依此类推。这种方法的坐标系

变换顺序是坐标系 $j-1$ 先绕着 Z_{j-1} 轴旋转和平移，再绕着 X_j 轴平移和旋转，到达坐标系 j 的位置。

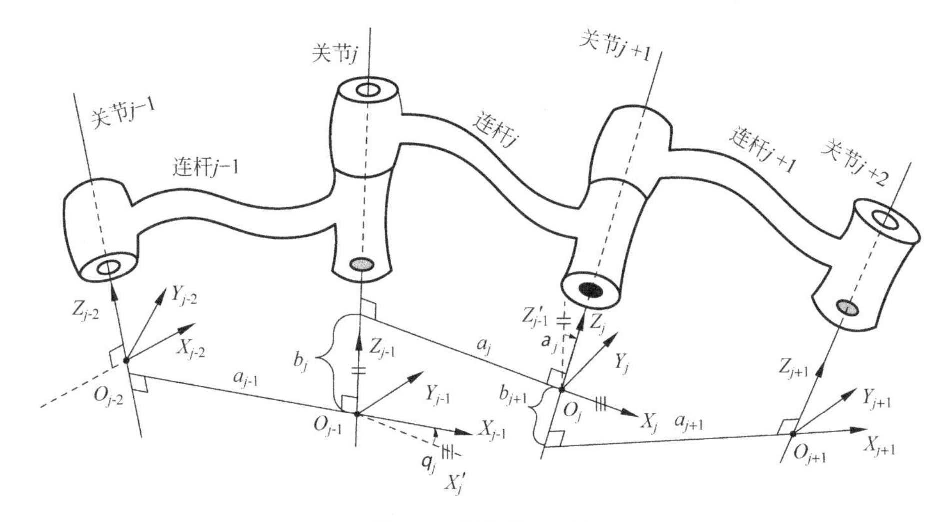

图 3.2 标准型 DH 法

在标准型 DH 方法中，坐标系 $j-1$ 到坐标系 j 的变换顺序和 DH 参数的定义如下：

(1) 关节转角 θ_j：将坐标系 $j-1$ 的 X_{j-1} 轴绕 Z_{j-1} 轴旋转角度 θ_j，使 X_{j-1} 轴和 X_j 轴相互平行；

(2) 连杆偏距 b_j：将坐标系 $j-1$ 沿 Z_{j-1} 轴平移距离 b_j，使 X_{j-1} 轴和 X_j 轴共线；

(3) 连杆长度 a_j：将坐标系 $j-1$ 沿 X_j 轴平移距离 a_j，使 O_{j-1} 点和 O_j 点重合；

(4) 连杆扭角 α_j：将坐标系 $j-1$ 的 Z_{j-1} 轴绕 X_j 轴旋转角度 α_j，使 Z_{j-1} 轴和 Z_j 轴重合。

3.2.2 改进型 DH 方法

改进型 DH 方法是把所有连杆对应标号的坐标系原点放置在始端交点所建立的 DH 模型中。图 3.3 中用大黑点表示坐标系 i 与连杆 i 的始端固定，依此类推。除此之外，这种方法与标准型 DH 方法的坐标系变换顺序也不同，其变换过程是坐标系 $i-1$ 先绕着 X_{i-1} 轴旋转和平移，再绕着 Z_i 轴旋转和平移，到达坐标系 i 的位置。

在改进型 DH 方法中，坐标系 $i-1$ 到坐标系 i 的变换顺序和 DH 参数的定义如下：

(1) 连杆扭角 α_{i-1}：将坐标系 $i-1$ 的 Z_{i-1} 轴绕 X_{i-1} 轴旋转角度 α_{i-1}，使 Z_{i-1} 轴和 Z_i 轴平行。

(2) 连杆长度 a_{i-1}：将坐标系 $i-1$ 沿 X_{i-1} 轴平移距离 a_{i-1}，使 Z_{i-1} 轴和 Z_i 轴共线。

(3) 关节转角 θ_i：将坐标系 $i-1$ 的 X_{i-1} 轴绕 Z_i 轴旋转角度 θ_i，使 X_{i-1} 轴和 X_i 轴相互平行。

(4) 连杆偏距 b_i：将坐标系 $i-1$ 沿 Z_i 轴平移距离 b_i，使 X_{i-1} 轴和 X_i 轴重合。

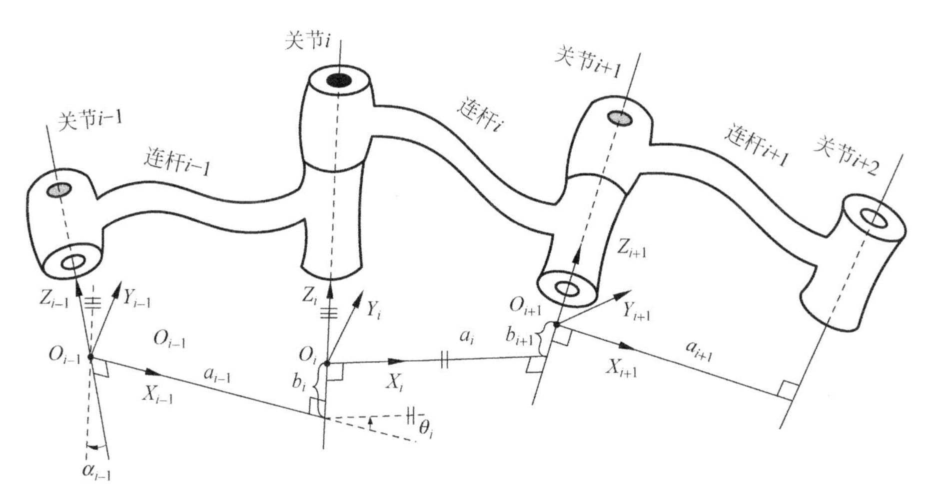

图 3.3 改进型 DH 法

3.2.3 萨哈 DH 方法

应用萨哈 DH 方法建模时，连杆 k 对应标号的坐标系原点 O_k 的放置位置不同于前两种，它是在连杆 $k-1$ 所对应的末端交点处。图 3.4 中用大黑点表示坐标系 k 与连杆 $k-1$ 的末端固定，依此类推。这里需要说明的是，前两种方法在说明坐标系变换的过程时，都是从坐标系 $k-1$ 变换到坐标系 k，但是，这里用坐标系 k 变换到坐标系 $k+1$ 的过程来阐述会更易于理解。其变换过程是坐标系 k 先绕着 Z_k 轴旋转和平移，再绕着 X_{k+1} 轴平移和旋转，到达坐标系 $k+1$ 的位置。

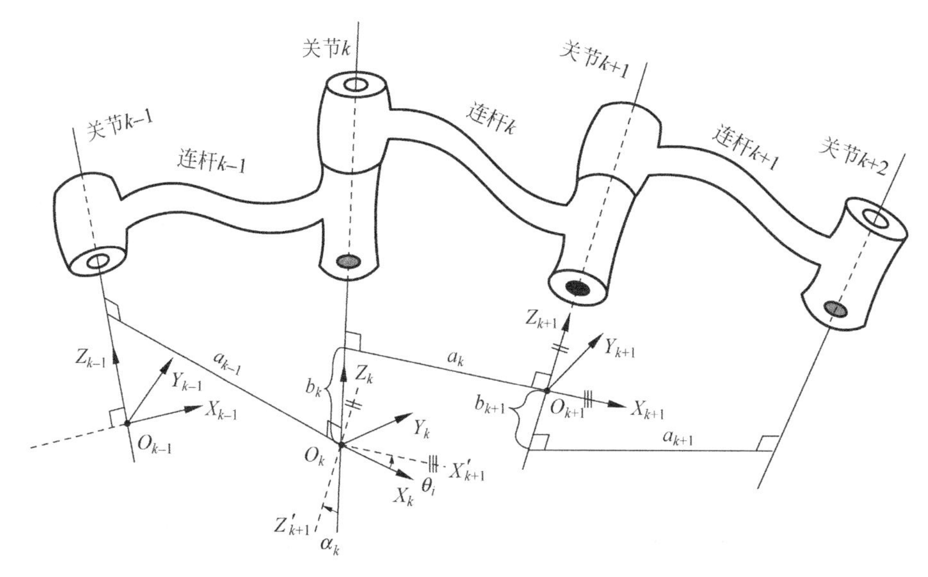

图 3.4 萨哈 DH 法

在萨哈 DH 方法中，坐标系 k 到坐标系 $k+1$ 的变换顺序和 DH 参数的定义如下：

(1) 连杆偏距 b_k：将坐标系 k 沿 Z_k 轴平移距离 b_k，使 X_k 轴和 X_{k+1} 轴相交。

(2) 关节转角 θ_k：将坐标系 k 的 X_k 轴绕 Z_k 轴旋转角度 θ_k，使 X_k 轴和 X_{k+1} 轴共线。

(3) 连杆长度 a_k：将坐标系 k 沿 X_{k+1} 轴平移距离 a_k，使 O_k 点和 O_{k+1} 点重合。

(4) 连杆扭角 α_k：将坐标系 k 的 Z_k 轴绕 X_{k+1} 轴旋转角度 α_k，使 Z_k 轴和 Z_{k+1} 轴重合。

实际上，萨哈 DH 方法是将标准 DH 方法进行了一些修改，将标准 DH 方法中各个坐标系轴的下标加 1，以求在图 3.4 中的图形表示在整体上的整洁，即坐标系 k 与连杆 k 在图形上是绘制在一处的，但实际上坐标系 k 与连杆 $k-1$ 的末端是固定在一起的，与连杆 k 并不固连。

3.3 正运动学

虽然不同的建模方法都可以用于运动学的建模，但它们之间变换矩阵的参数运算过程是不一样的，并且各有特点。如改进型 DH 方法可以借用大量已有的 MATLAB 机械臂计算程序代码；而萨哈 DH 方法的坐标系变换矩阵的参数简明便于记忆，如它的每一坐标系变换矩阵的参数表示了下一个坐标系原点的位置和姿态。考虑到实际应用情况，本节将分别应用改进型 DH 方法和萨哈 DH 方法进行正运动学的讨论和建模。由于标准型 DH 建模方法的应用逐渐被其他方法所替代，这里就不再赘述。

3.3.1 基于改进型 DH 建模方法的正运动学

在 3.2 节已经详细说明了机器人连杆坐标系的建立步骤和 4 个连杆参数的定义，即 DH 参数。本节将导出改进型 DH 方法相邻连杆间坐标变换的一般表达式，并将这些变换关系联系起来，求出连杆 n 相对于连杆 0 的位置和姿态，即建立运动学方程。

为了导出坐标变换的表达式，下面我们对坐标系 $i-1$ 分 4 步进行变换，最终到达坐标系 i 的位置，也就是将整个变换过程依据 4 个连杆参数分 4 步进行。这里我们需要借助 3 个中间坐标系来辅助理解变换过程，即坐标系 P、坐标系 Q 和坐标系 R，具体定义如图 3.5 所示。

变换过程依次如下：

(1) 将坐标系 $i-1$ 绕 X_{i-1} 轴旋转 α_{i-1}，得到坐标系 R。

(2) 将坐标系 R 沿 X_{i-1} 轴平移 a_{i-1}，得到坐标系 Q。

(3) 将坐标系 Q 绕 Z_i 轴旋转 θ_i，得到坐标系 P。

(4) 将坐标系 P 沿 Z_i 轴平移 b_i，坐标系 $i-1$ 与坐标系 i 重合。

相邻连杆间的这种关系可以由表示连杆 i 对连杆 $i-1$ 相对位置的 4 个齐次变换来描述。根据坐标系变换的法则，坐标系 i 相对于坐标系 $i-1$ 的齐次变换矩阵可表示如下：

$$ {}^{i-1}_{\ \ i}\boldsymbol{T} = {}^{i-1}_{\ \ R}\boldsymbol{T}\,{}^{R}_{Q}\boldsymbol{T}\,{}^{Q}_{P}\boldsymbol{T}\,{}^{P}_{i}\boldsymbol{T} \tag{3.1} $$

考虑每一个变换矩阵，式(3.1)可以写成如下形式：

$$ {}^{i-1}_{\ \ i}\boldsymbol{T} = \boldsymbol{T}_{\mathrm{rx}}(\alpha_{i-1})\boldsymbol{T}_{\mathrm{tx}}(a_{i-1})\boldsymbol{T}_{\mathrm{rz}}(\theta_i)\boldsymbol{T}_{\mathrm{tz}}(b_i) \tag{3.2} $$

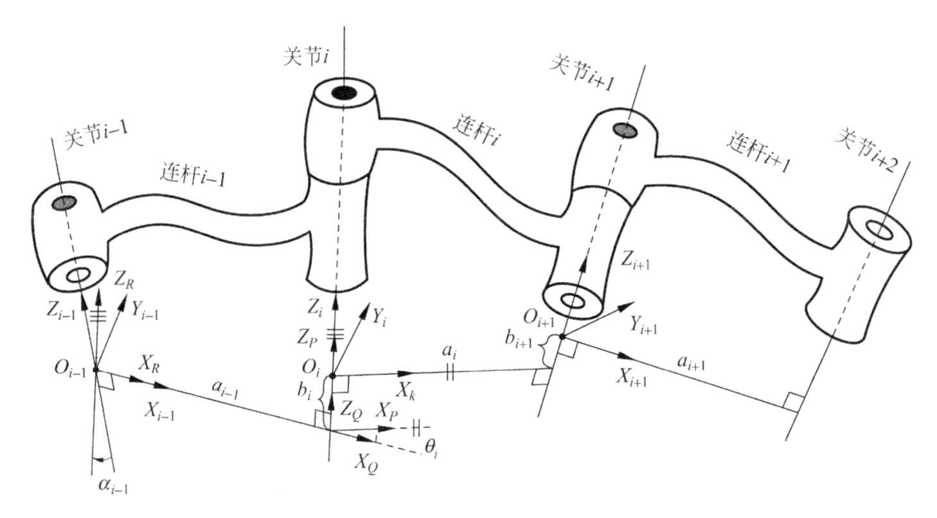

图 3.5 中间坐标系的定位

通过矩阵连乘计算得到最终${}^{i-1}_{i}\boldsymbol{T}$的一般表达式如下：

$$
{}^{i-1}_{i}\boldsymbol{T}=\begin{bmatrix} c\theta_i & -s\theta_i & 0 & a_{i-1} \\ s\theta_i c\alpha_{i-1} & c\theta_i c\alpha_{i-1} & -s\alpha_{i-1} & -s\alpha_{i-1}b_i \\ s\theta_i s\alpha_{i-1} & c\theta_i s\alpha_{i-1} & c\alpha_{i-1} & c\alpha_{i-1}b_i \\ 0 & 0 & 0 & 1 \end{bmatrix} \tag{3.3}
$$

至此，可以由式(3.3)计算出改进型 DH 方法各个连杆变换矩阵，由此即可直接建立运动学方程，具体操作就是把这些连杆变换矩阵连乘得到坐标系 n 相对于坐标系 0 的变换矩阵，即

$$
{}^{0}_{n}\boldsymbol{T}={}^{0}_{1}\boldsymbol{T}\,{}^{1}_{2}\boldsymbol{T}\,{}^{2}_{3}\boldsymbol{T}\cdots{}^{n-1}_{n}\boldsymbol{T} \tag{3.4}
$$

式中，变换矩阵${}^{0}_{n}\boldsymbol{T}$为一个关于 n 个关节变量的函数，因此，只要已知机械臂各关节变量的值，就可以计算出矩阵${}^{0}_{n}\boldsymbol{T}$，也就是末端连杆相对于基坐标系的位置和姿态。

下面给出两个例题，以便大家更深入地理解基于改进型 DH 方法连杆坐标系的建立过程。

例题 3.1 对于平面三连杆机械臂，试建立每个关节处的坐标系，列出其改进型 DH 坐标系参数。

解：对平面三连杆机械臂的每个关节标注出相应坐标系，如图 3.6 所示，其中 a_i 和 $\theta_i(i=1,2,3)$分别是连杆长度和关节转角。

由图 3.6 可以列出其 DH 参数，见表 3.1。

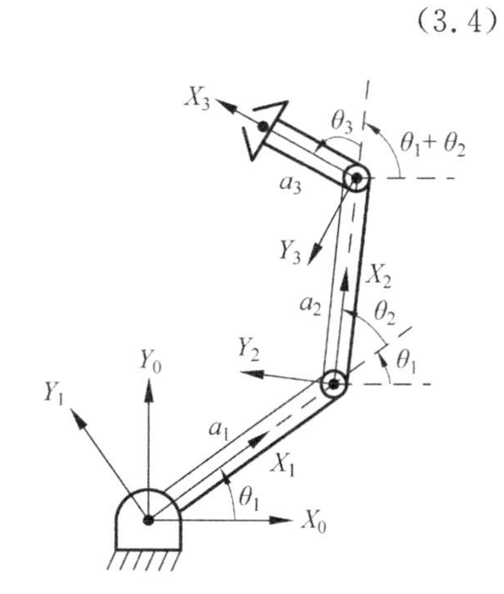

图 3.6 平面三连杆机械臂连杆坐标系

表 3.1 平面三连杆机械臂 DH 参数

i	α_{i-1}	a_{i-1}	b_i	θ_i
1	0	0	0	θ_1
2	0	a_1	0	θ_2
3	0	a_2	0	θ_3

例题 3.2 如图 3.7 所示的转动-移动-转动(revolute-prismatic-revolute)三自由度机械臂,转动关节变量为 θ_1 和 θ_3,其中的移动关节伸缩变量为 b_2。试建立每个关节处的坐标系,列出其改进型 DH 坐标系参数。

解: 对此机械臂每个关节标注出相应坐标系,如图 3.8 所示。当第一个关节变量为 $\theta_1=0$ 时,规定坐标系 0 和 1 重合,所以此处没有特殊标明坐标系 0,默认其与坐标系 1 在开始时各个坐标轴完全重合。

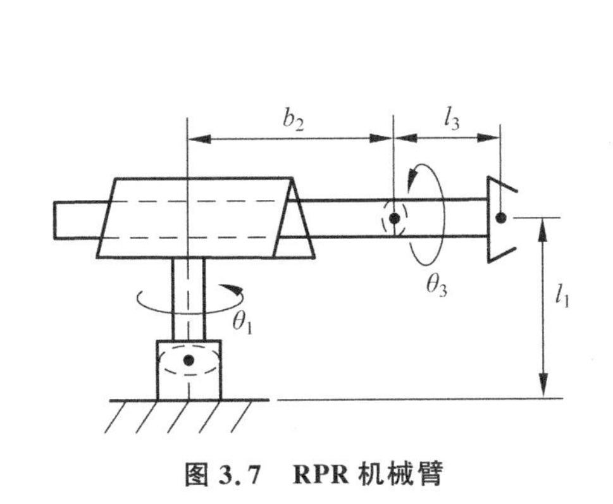

图 3.7 RPR 机械臂

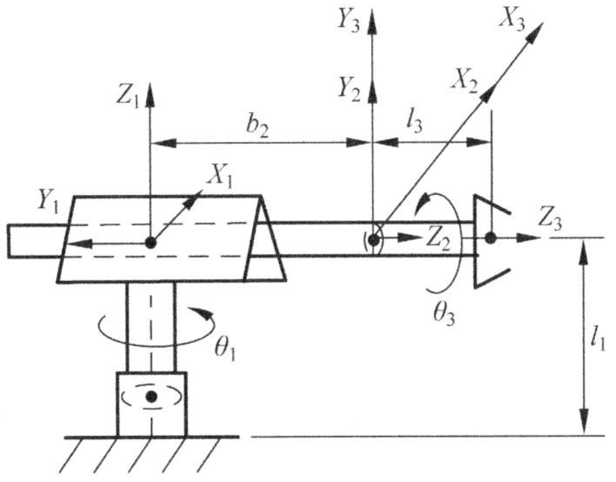

图 3.8 RPR 机械臂连杆坐标系

由图 3.8 可以列出其 DH 参数,见表 3.2。

表 3.2 RPR 机械臂 DH 参数

i	α_{i-1}	a_{i-1}	b_i	θ_i
1	0	0	0	θ_1
2	$\pi/2$	0	b_2	0
3	0	0	0	θ_3

在表 3.2 中并没有看到参数 l_1 和 l_3,这是由于坐标系的选择而导致的。

例题 3.3 求例题 3.1 中平面三连杆机械臂每个关节相应的改进型 DH 坐标变换和运动学方程。

解: 根据例题 3.1 中已列出的平面三连杆机械臂的 DH 参数,各关节齐次变换矩阵如下:

$$
{}_1^0\boldsymbol{T}=\begin{bmatrix} c\theta_1 & -s\theta_1 & 0 & 0 \\ s\theta_1 & c\theta_1 & 0 & 0 \\ 0 & 0 & 1 & 0 \\ 0 & 0 & 0 & 1 \end{bmatrix} \tag{3.5a}
$$

$$
{}_2^1\boldsymbol{T}=\begin{bmatrix} c\theta_2 & -s\theta_2 & 0 & a_1 \\ s\theta_2 & c\theta_2 & 0 & 0 \\ 0 & 0 & 1 & 0 \\ 0 & 0 & 0 & 1 \end{bmatrix} \tag{3.5b}
$$

$$
{}_3^2\boldsymbol{T}=\begin{bmatrix} c\theta_3 & -s\theta_3 & 0 & a_2 \\ s\theta_3 & c\theta_3 & 0 & 0 \\ 0 & 0 & 1 & 0 \\ 0 & 0 & 0 & 1 \end{bmatrix} \tag{3.5c}
$$

由此可得,平面三连杆机械臂的运动学方程为

$$
{}_3^0\boldsymbol{T}={}_1^0\boldsymbol{T}{}_2^1\boldsymbol{T}{}_3^2\boldsymbol{T}=\begin{bmatrix} c_{123} & -s_{123} & 0 & a_1c_1+a_2c_{12} \\ s_{123} & c_{123} & 0 & a_1s_1+a_2s_{12} \\ 0 & 0 & 1 & 0 \\ 0 & 0 & 0 & 1 \end{bmatrix} \tag{3.6}
$$

式中,$s_{123}=\sin\theta_{123}=\sin(\theta_1+\theta_2+\theta_3)$; $c_{123}=\cos\theta_{123}=\cos(\theta_1+\theta_2+\theta_3)$; $\theta_{123}=\theta_1+\theta_2+\theta_3$; $s_{12}=\sin\theta_{12}=\sin(\theta_1+\theta_2)$; $c_{12}=\cos\theta_{12}=\cos(\theta_1+\theta_2)$; $\theta_{12}=\theta_1+\theta_2$; $s_1=s\theta_1=\sin\theta_1$, $c_1=c\theta_1=\cos\theta_1$。

例题 3.4 求例题 3.2 中转动-移动-转动三自由度机械臂每个关节相应的改进型 DH 坐标变换和运动学方程。

解:根据例题 3.2 中已列出的转动-移动-转动三自由度机械臂的 DH 参数,各关节齐次变换矩阵如下:

$$
{}_1^0\boldsymbol{T}=\begin{bmatrix} c\theta_1 & -s\theta_1 & 0 & 0 \\ s\theta_1 & c\theta_1 & 0 & 0 \\ 0 & 0 & 1 & 0 \\ 0 & 0 & 0 & 1 \end{bmatrix} \tag{3.7a}
$$

$$
{}_2^1\boldsymbol{T}=\begin{bmatrix} 1 & 0 & 0 & 0 \\ 0 & 0 & -1 & -b_2 \\ 0 & 1 & 0 & 0 \\ 0 & 0 & 0 & 1 \end{bmatrix} \tag{3.7b}
$$

$$
{}_3^2\boldsymbol{T}=\begin{bmatrix} c\theta_3 & -s\theta_3 & 0 & 0 \\ s\theta_3 & c\theta_3 & 0 & 0 \\ 0 & 0 & 1 & 0 \\ 0 & 0 & 0 & 1 \end{bmatrix} \tag{3.7c}
$$

由此可得,转动-移动-转动三自由度机械臂的运动学方程为

$$
{}_3^0\boldsymbol{T}={}_1^0\boldsymbol{T}{}_2^1\boldsymbol{T}{}_3^2\boldsymbol{T}=\begin{bmatrix} c_1c_3 & -c_1s_3 & s_1 & b_2s_1 \\ s_1c_3 & -s_1s_3 & -c_1 & -b_2c_1 \\ s_3 & c_3 & 0 & 0 \\ 0 & 0 & 0 & 1 \end{bmatrix} \tag{3.8}
$$

分析与讨论

在此,我们总结一下有关机器人的正运动学问题和解决方法。机器人的正运动学即给定机器人各关节变量,求机器人末端执行器的位置和姿态。解决这个问题需要建立运动学方程,具体步骤如下:

(1) 建立连杆系统的改进型 DH 坐标系。

(2) 确定连杆系统各个坐标系的改进型 DH 四个参数。

(3) 求出相邻连杆的齐次变换矩阵${}^{i-1}_{i}\boldsymbol{T}(i=1,2,3,\cdots,n)$。

(4) 建立方程。机器人末端执行器的坐标系相对于固定参考系的坐标变换用齐次变换矩阵表示如下：

$$ {}^{0}_{n}\boldsymbol{T}={}^{0}_{1}\boldsymbol{T}{}^{1}_{2}\boldsymbol{T}{}^{2}_{3}\boldsymbol{T}\cdots{}^{n-1}_{n}\boldsymbol{T} $$

求解出矩阵方程${}^{0}_{n}\boldsymbol{T}$中的各行列参数，即可得到机器人末端执行器坐标系相对于固定参考系的位置和姿态。

3.3.2 基于萨哈 DH 建模方法的正运动学

萨哈 DH 建模方法的优点是前一个坐标系齐次变换矩阵的参数表示了下一个坐标系原点的位置和姿态，这一特点有利于初学者对坐标系变换矩阵的理解和记忆，在编译机械臂控制程序时这一优点还有助于进行程序校核。

依据萨哈 DH 建模方法，坐标系 $k(k=1,2,\cdots,n)$到坐标系 $k+1$ 的变换顺序和 DH 参数的变换过程如下：

(1) 连杆偏距 b_k：将坐标系 k 沿 Z_k 轴平移距离 b_k，使 X_k 轴和 X_{k+1} 轴相交并得到坐标系 R'。

(2) 关节转角 θ_k：将坐标系 k 的 X_k 轴绕 Z_k 轴旋转角度 θ_k，使 X_k 轴和 X_{k+1} 轴共线得到坐标系 Q'。

(3) 连杆长度 a_k：将坐标系 k 沿 X_{k+1} 轴平移距离 a_k，使 O_k 点和 O_{k+1} 点重合得到坐标系 P'。

(4) 连杆扭角 α_k：将坐标系 k 的 Z_k 轴绕 X_{k+1} 轴旋转角度 α_k，使 Z_k 轴和 Z_{k+1} 轴重合。

同样，相邻连杆间的这种关系可以由表示连杆 k 对连杆 $k-1$ 相对位置的 4 个齐次变换来描述。根据坐标系变换的法则，坐标系 k 相对于坐标系 $k-1$ 的齐次变换矩阵可表示如下：

$$ {}^{k-1}_{k}\boldsymbol{T}={}^{k-1}_{R'}\boldsymbol{T}{}^{R'}_{Q'}\boldsymbol{T}{}^{Q'}_{P'}\boldsymbol{T}{}^{P'}_{k}\boldsymbol{T} \tag{3.9} $$

考虑每一个变换矩阵，式(3.9)可以写成如下形式：

$$ {}^{k-1}_{k}\boldsymbol{T}=\boldsymbol{T}_{tz}(b_k)\boldsymbol{T}_{rz}(\theta_k)\boldsymbol{T}_{tx}(a_k)\boldsymbol{T}_{rx}(\alpha_k) \tag{3.10} $$

通过矩阵连乘计算得到最终${}^{k-1}_{k}\boldsymbol{T}$的一般表达式如下：

$$ {}^{k-1}_{k}\boldsymbol{T}=\begin{bmatrix} c\theta_k & -s\theta_k c\alpha_k & s\theta_k s\alpha_k & a_k c\theta_k \\ s\theta_k & c\theta_k c\alpha_k & -c\theta_k s\alpha_k & a_k s\theta_k \\ 0 & s\alpha_k & c\alpha_k & b_k \\ 0 & 0 & 0 & 1 \end{bmatrix} \tag{3.11} $$

至此，可以由式(3.11)计算出基于萨哈 DH 方法各个连杆坐标系的变换矩阵，由此即可直接建立运动学方程，具体操作就是把这些连杆变换矩阵连乘得到坐标系 n 相对于坐标系 0 的变换矩阵

$$ {}^{0}_{n}\boldsymbol{T}={}^{0}_{1}\boldsymbol{T}{}^{1}_{2}\boldsymbol{T}{}^{2}_{3}\boldsymbol{T}\cdots{}^{n-1}_{n}\boldsymbol{T} \tag{3.12} $$

同样，式(3.12)中变换矩阵${}_n^0\boldsymbol{T}$为一个关于n个关节变量的函数，因此，只要已知机器人各关节变量的值，就可以计算出${}_n^0\boldsymbol{T}$，也就是末端连杆相对于基坐标系的位置和姿态。为了简画标注计算过程，可以将${}_k^{k-1}\boldsymbol{T}$表示为$\boldsymbol{T}_k$，即有${}_k^{k-1}\boldsymbol{T}=\boldsymbol{T}_k$。

分析与讨论

式(3.12)和式(3.4)在形式上是一样的，但具体的内容参数有所不同。对于改进型DH方法，第一个坐标系相对于参考系是动态的；而对于萨哈DH坐标系，第一个坐标系相对于参考系是静止的。所以坐标系0对于两种方法有所不同的含义，对于改进型DH方法，坐标系0是独立的；而对于萨哈DH坐标系方法，坐标系0是可以用坐标系1直接替代。

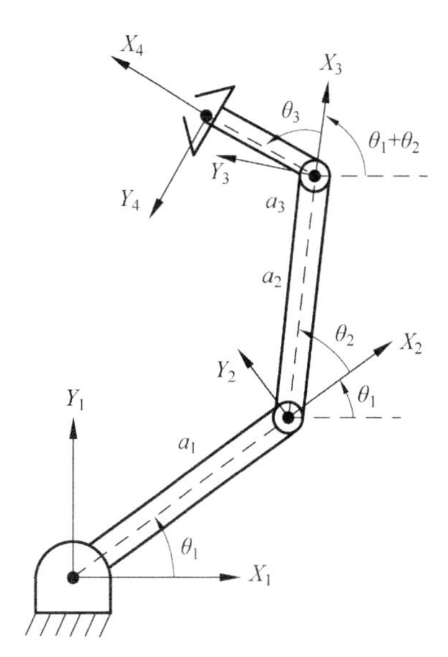

图3.9 平面三连杆机械臂连杆坐标系

下面再给出几个例题，以便大家理解并比较萨哈DH方法和改进型DH方法建立连杆坐标系的各自特点。

例题3.5 对于平面三连杆机械臂如图3.9所示，试建立每个关节处的坐标系，列出其萨哈DH建模参数。

解：对平面三连杆机械臂的每个关节标注出相应坐标系，其中a_k和$\theta_k(k=1,2,3)$分别是连杆长度和关节转角。

由图3.9可以列出其萨哈DH参数，见表3.3。

表3.3 平面三连杆机械臂萨哈DH建模参数

k	b_k	θ_k	a_k	α_k
1	0	θ_1	a_1	0
2	0	θ_2	a_2	0
3	0	θ_3	a_3	0

例题3.6 如图3.7所示的转动-移动-转动三自由度机械臂，其中的转动关节变量为θ_1和θ_3，移动关节伸缩变量为b_2。试建立每个关节处的坐标系，列出其萨哈DH坐标系建模参数。

解：对此机械臂每个关节标注出相应坐标系，如图3.10所示。同样，此处没有特殊标明坐标系0，仍然默认其与坐标系1始终重合。

由图3.10可以列出其萨哈DH参数，见表3.4。

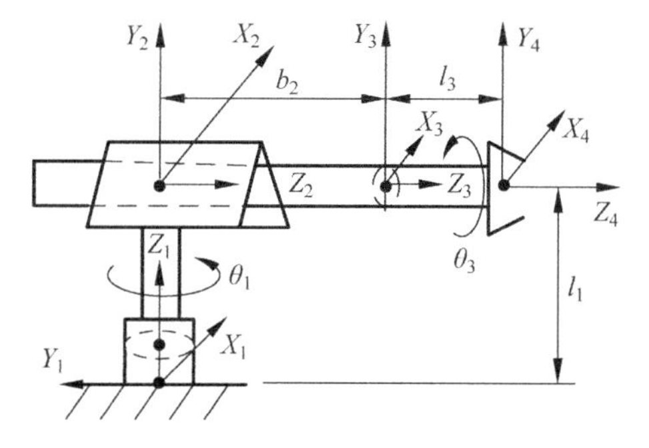

图3.10 转动-移动-转动机械臂连杆萨哈DH坐标系

例题3.7 求例题3.5中平面三连杆机械臂每个关节相应的萨哈DH参数坐标变换和运动学方程。

表 3.4 RPR 机械臂萨哈 DH 建模参数

k	b_k	θ_k	a_k	α_k
1	l_1	θ_1	0	$\pi/2$
2	b_2	0	0	0
3	l_3	θ_3	0	0

解：根据例题 3.5 中已列出的平面三连杆机械臂的萨哈 DH 参数，各关节齐次变换矩阵如下：

$$\boldsymbol{T}_1=\begin{bmatrix} c\theta_1 & -s\theta_1 & 0 & a_1 c\theta_1 \\ s\theta_1 & c\theta_1 & 0 & a_1 s\theta_1 \\ 0 & 0 & 1 & 0 \\ 0 & 0 & 0 & 1 \end{bmatrix} \tag{3.13a}$$

$$\boldsymbol{T}_2=\begin{bmatrix} c\theta_2 & -s\theta_2 & 0 & a_2 c\theta_2 \\ s\theta_2 & c\theta_2 & 0 & a_2 s\theta_2 \\ 0 & 0 & 1 & 0 \\ 0 & 0 & 0 & 1 \end{bmatrix} \tag{3.13b}$$

$$\boldsymbol{T}_3=\begin{bmatrix} c\theta_3 & -s\theta_3 & 0 & a_3 c\theta_3 \\ s\theta_3 & c\theta_3 & 0 & a_3 s\theta_3 \\ 0 & 0 & 1 & 0 \\ 0 & 0 & 0 & 1 \end{bmatrix} \tag{3.13c}$$

由此可得，平面三连杆机械臂的运动学方程为

$$ {}_3^0\boldsymbol{T}=\boldsymbol{T}_1\boldsymbol{T}_2\boldsymbol{T}_3=\begin{bmatrix} c_{123} & -s_{123} & 0 & a_1 c_1+a_2 c_{12}+a_3 c_{123} \\ s_{123} & c_{123} & 0 & a_1 s_1+a_2 s_{12}+a_3 s_{123} \\ 0 & 0 & 1 & 0 \\ 0 & 0 & 0 & 1 \end{bmatrix} \tag{3.14}$$

例题 3.8 求例题 3.6 中转动-移动-转动三自由度机械臂每个关节相应的萨哈 DH 参数坐标变换和运动学方程。

解：根据表 3.4 已列出的转动-移动-转动三自由度机械臂的萨哈 DH 参数，各关节齐次变换矩阵如下：

$$\boldsymbol{T}_1=\begin{bmatrix} c\theta_1 & 0 & s\theta_1 & 0 \\ s\theta_1 & 0 & -c\theta_1 & 0 \\ 0 & 1 & 0 & l_1 \\ 0 & 0 & 0 & 1 \end{bmatrix} \tag{3.15a}$$

$$\boldsymbol{T}_2=\begin{bmatrix} 1 & 0 & 0 & 0 \\ 0 & 1 & 0 & 0 \\ 0 & 0 & 1 & b_2 \\ 0 & 0 & 0 & 1 \end{bmatrix} \tag{3.15b}$$

$$\boldsymbol{T}_3=\begin{bmatrix}c\theta_3 & -s\theta_3 & 0 & 0\\ s\theta_3 & c\theta_3 & 0 & 0\\ 0 & 0 & 1 & l_3\\ 0 & 0 & 0 & 1\end{bmatrix} \tag{3.15c}$$

由此可得,转动-移动-转动三自由度机械臂的运动学方程

$${}_3^0\boldsymbol{T}=\boldsymbol{T}_1\boldsymbol{T}_2\boldsymbol{T}_3=\begin{bmatrix}c_1c_3 & -c_1s_3 & s_1 & (l_3+b_2)s_1\\ s_1c_3 & -s_1s_3 & -c_1 & -(l_3+b_2)c_1\\ s_3 & c_3 & 0 & l_1\\ 0 & 0 & 0 & 1\end{bmatrix} \tag{3.16}$$

分析与讨论

实际上,萨哈 DH 运动学方程(3.16)的内容表示了转动-移动-转动三自由度机械臂第四个坐标系即机械臂执行器工具点的原点位置和姿态。回过头来可以比较一下改进型 DH 方法的式(3.8)与萨哈 DH 方法的式(3.16),可以看出两个最终的变换矩阵是不一样的。这是由于两例题的参考坐标系是不一样的,并且改进型也没有考虑执行器工具点坐标系 4。如果考虑这两个因素,把例题 3.2 的坐标系 0 移到与例题 3.8 一样的基础位置 0′(如图 3.11 所示),则式(3.8)左乘一个矩阵${}_0^{0'}\boldsymbol{T}$ 和右乘一个矩阵${}_4^3\boldsymbol{T}$,即

$${}_4^{0'}\boldsymbol{T}={}_0^{0'}\boldsymbol{T}{}_3^0\boldsymbol{T}{}_4^3\boldsymbol{T}=\begin{bmatrix}1 & 0 & 0 & 0\\ 0 & 1 & 0 & 0\\ 0 & 0 & 1 & l_1\\ 0 & 0 & 0 & 1\end{bmatrix}\begin{bmatrix}c_1c_3 & -c_1s_3 & s_1 & b_2s_1\\ s_1c_3 & -s_1s_3 & -c_1 & -b_2c_1\\ s_3 & c_3 & 0 & 0\\ 0 & 0 & 0 & 1\end{bmatrix}\begin{bmatrix}1 & 0 & 0 & 0\\ 0 & 1 & 0 & 0\\ 0 & 0 & 1 & l_3\\ 0 & 0 & 0 & 1\end{bmatrix}$$

$$=\begin{bmatrix}c_1c_3 & -c_1s_3 & s_1 & (l_3+b_2)s_1\\ s_1c_3 & -s_1s_3 & -c_1 & -(l_3+b_2)c_1\\ s_3 & c_3 & 0 & l_1\\ 0 & 0 & 0 & 1\end{bmatrix}$$

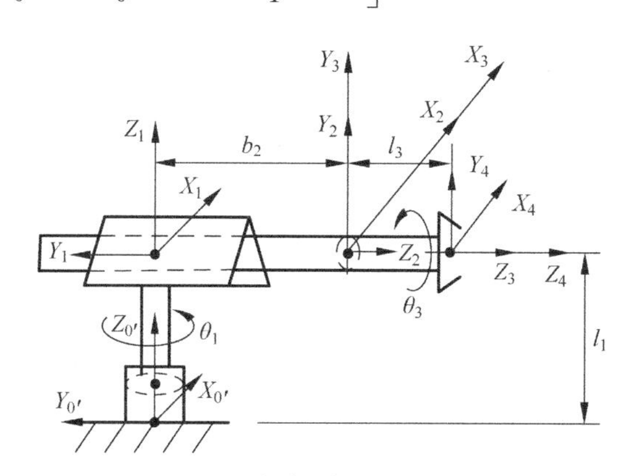

图 3.11 RPR 机械臂连杆改进型坐标系的补充

可以看出,当参考坐标系和末端坐标系完全相同时,不论何种 DH 方法其获得的最终变换矩阵是一样的。

要强调的是，坐标系的建立和萨哈 DH 参数并不是唯一的。这主要是由于在建立坐标系时，有些轴的方向有两种选择，尤其是 Z 轴。大家可以尝试一下取不同方向的轴来建坐标系，并对比一下 DH 参数有何不同。实际上，同时学习改进型 DH 和萨哈 DH 这两种连杆坐标系的建立方法往往更有利于掌握机械臂坐标系建立的本质。另外也有利于结合实际情况进行机械臂的运动学计算和控制的应用，如利用已有的 MATLAB 程序进行实验和学习。

虽然 3.3 节讨论的两种建模方法在数学上都是正确的，但毕竟中间的运算过程不同，总结各个方法的特点如下：

(1) 两种方法看起来齐次变换矩阵是不一样的，但是对于同样的机器人连杆系统，如果其基坐标系和末端执行器的坐标系是完全一样的，那么得到的运动学方程就是一样的。

(2) 先标记连杆的编号为 $1,2,3,\cdots,n$，每个连杆始端的关节规定为编号 $1,2,3,\cdots,n$，然后作出每个连杆的轴线，并且每个连杆两端的轴线作公垂线，该公垂线与前后轴线各有一个交点。

(3) 若为前置坐标方法，即改进型 DH 方法，则标记公垂线与前方轴线的交点为该连杆的坐标系原点(原点标号与连杆编号一致)，原点标号为 i，而连杆编号为 i；若为后置坐标方法，即萨哈 DH 方法，则标记公垂线与后方轴线的交点为该连杆的坐标系的原点(原点标号为 k，而连杆编号为 $k-1$)。

(4) 实际上，不论哪种 DH 坐标系方法，都是在每一个连杆上边放置一个坐标系，并且用这四个 DH 参数将前边一个连杆的坐标系经过四次变换(两次旋转，两次平移)，变换成与后边一个连杆的坐标系完全重合。这是一个总的原则，只有符合这个原则，才能从四次变换推导出每个坐标系总的变换矩阵。

(5) 对于 4 个 DH 参数的正负，其实总的规则也是一样的。a 表示杆长，所以一定是正的。b 表示的是两杆的距离，它是沿着某个 Z 轴移动的，所以沿着 Z 轴正向，从前一个坐标系移动到后一个坐标系就是正的，否则就是负的。另外两个角度都是围绕某一个轴转动出来的，故其方向都符合右手法则。

(6) 为了求得最后每个关节对应的矩阵 $\boldsymbol{T}$ 的通式，需要对前一个坐标系做四次变换，每种变换皆是对于它自己的轴做的，故而需要右乘。

(7) 改进型矩阵 ${}^{i-1}_{i}\boldsymbol{T}$ 的内容表达了坐标系 $i-1$ 和 i 之间相互位置和姿态的关系。

(8) 利用萨哈 DH 建模方法所得到的矩阵 ${}^{k-1}_{k}\boldsymbol{T}$ 是将连杆坐标系 k 固定在了连杆 $k-1$ 的末端，其矩阵 ${}^{k-1}_{k}\boldsymbol{T}$ 内容表达了 $k+1$ 坐标系原点的位置和姿态。实际上，萨哈 DH 建模方法的矩阵 ${}^{k-1}_{k}\boldsymbol{T}$ 与三个连杆有关，坐标系 k 固定连杆 $k-1$ 的末端，而矩阵的内容是坐标系 $k+1$ 原点的位置和姿态。这一点可以在例题 3.8 中看出来。

(9) 萨哈 DH 建模方法中的坐标系 1 是固定不动的，坐标系 2 是第一个运动的连杆坐标系，所以坐标系 1 也可以认为是坐标系 0，这一点可能容易引起初学者的混淆。而改进型 DH 建模方法中的坐标系 1 就是第一个运动的连杆坐标系，所以看起来比较符合自然逻辑。

(10) 由于萨哈 DH 建模方法是从坐标系 1 开始的，所以与改进型 DH 建模方法相比，其执行器工具点坐标系的确定可以少计算一个变换矩阵，这一点也可以从例题 3.2 看出。

3.4 关节空间和笛卡儿空间

基于之前已经介绍的内容，本节还需要说明一下机器人的关节空间和笛卡儿空间。对于一个具有 n 个自由度的机械臂而言，它的所有连杆位置可由一组 n 个关节变量加以确定，这样的一组变量常被称为 $n\times1$ 的关节矢量。所有的关节矢量组成的空间称为关节空间。而在笛卡儿空间中，用 3 个变量来描述空间一点的位置，而用另外 3 个变量描述物体的姿态，如固定角或者欧拉角，这样描述的空间就是笛卡儿空间。有时也将其称为任务空间或操作空间。

关于 3.3 节所讨论的正运动学问题：已知机械臂各关节的关节变量值，求出末端执行器相对于基坐标系的位置和姿态。这一问题实际上就是如何将已知的关节空间描述转化为在笛卡儿空间中的描述。那么从字面上来看，我们可以大胆设想，逆运动学问题可以理解为如何将已知的笛卡儿空间描述转化为在关节空间中的描述。关于这一设想，3.5 节关于逆运动学的内容可以为我们揭示真相。

3.5 逆运动学

首先，逆运动学的计算仍然需要建立在连杆坐标系基础上，考虑到大多数的技术文献和机械臂实际设计应用改进型 DH 方法比较多，如不特别说明，从本节开始我们将采用改进型 DH 坐标系方法建立的连杆坐标系来讨论有关的方程推导和计算。

工业机器人的逆运动学是已知机器人末端执行器的位置和姿态，求机器人各个对应位置的关节变量。逆运动学可解决如何将末端执行器在笛卡儿空间的运动转化为关节空间运动的问题，是机械臂控制的关键。由 3.3 节建立的正运动学方程可知，其解是唯一和容易获得的，也就是说，一旦关节变量已知，末端执行器的位置和姿态也唯一确定；而逆运动学实际上是一个非线性超越方程组的求解，无法建立通用的解析算法，其求解包括解的存在性、多解性和求解方法等一系列复杂问题。

1）解的存在性

工业机器人逆运动学问题的解是否存在，与机器人的工作空间密切相关。工作空间是指机械臂末端执行器在工作环境中能够到达的区域，其形状和容积取决于机器人的结构、连杆参数或末端执行器的位置和姿态。一般情况下，如果末端执行器坐标系的位置和姿态都位于工作空间内，则至少存在一个解；相反，若末端执行器坐标系的位置和姿态都位于工作空间外，则无解。

需要指出的是，工作空间也取决于最后一个连杆末端的工具坐标系，我们平时所讨论的可达空间点，实际上是指工具末端点。因为最后一个连杆末端所固结的工具需要根据不同的工作任务进行变换，所以我们把这个工具末端点上的坐标系排除在运动学范围之外，认为它与机械臂的正逆运动学无关。因此我们一般都是研究腕部坐标系 W 的工作空间，其中腕部坐标系就是固连在机械臂末端连杆上的坐标系 n，其原点位于最后一个关节轴上。这也解释了为什么前面有的例题中平面三连杆机械臂的 DH 参数中没有 l_3。

2）多解性问题

工业机器人逆运动学的解的数量不仅与机械臂的关节数有关，还与其连杆参数、关节活动范围等相关。一般机械臂的关节数量越多，连杆的非零参数越多，则逆运动学的解的数量就越多，即到达某个位置和姿态的路径就越多。多个解的存在使我们面临选择，此时应根据具体情况而定，可以遵循路径最短、最近原则和躲避障碍物来实现最优解的选择。

3）求解方法

工业机器人的逆运动学求解通常是非线性方程组的求解，没有通用的求解算法。我们把逆运动学的求解方法分为数值解法和封闭解法，数值解法的本质是递推求解，相比而言，它比封闭解法的求解速度要慢很多，而且工业用的机械臂大多是属于有封闭解的机械臂，因此，本节我们主要讨论封闭解法。封闭解法又可以分为两类，即代数法和几何法，这两种方法本质上是相似的，只是求解的过程不同，在有些情况下两种方法相结合使用更容易求解。

下面以平面三连杆机械臂为例，分别用代数法和几何法对逆运动学求解。

3.5.1　代数法

根据正运动学中的相关分析，结合图 3.12，设腕关节的位置坐标为 $W(w_x, w_y)$，姿态角为 $\varphi(=\theta_1+\theta_2+\theta_3)$，其中 $W(w_x, w_y)$ 和 φ 均为已知量，$P(p_x, p_y)$ 为机器人执行器坐标系原点或工具点，则基于改进型 DH 坐标系的机械臂运动学方程如下：

$$ {}_3^0\boldsymbol{T} = {}_1^0\boldsymbol{T}{}_2^1\boldsymbol{T}{}_3^2\boldsymbol{T} = \begin{bmatrix} c_{123} & -s_{123} & 0 & a_1c_1+a_2c_{12} \\ s_{123} & c_{123} & 0 & a_1s_1+a_2s_{12} \\ 0 & 0 & 1 & 0 \\ 0 & 0 & 0 & 1 \end{bmatrix} \tag{3.17} $$

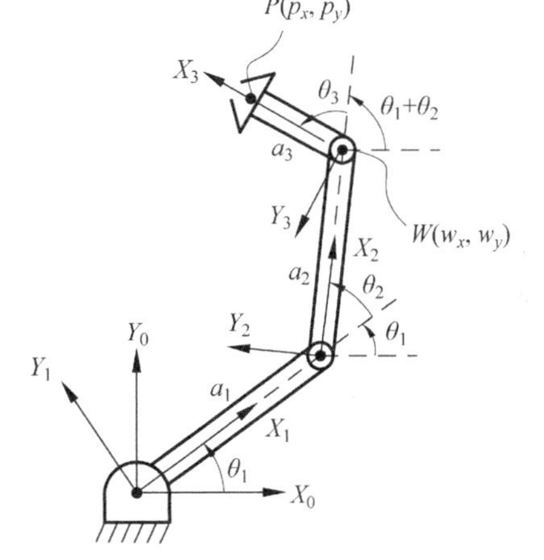

图 3.12　代数法求解逆运动学

矩阵两边对应元素相等可得

$$ c_\varphi = c_{123} \tag{3.18} $$

$$ s_\varphi = s_{123} \tag{3.19} $$

$$ p_x = a_1c_1 + a_2c_{12} + a_3c_{123} \tag{3.20} $$

$$ p_y = a_1s_1 + a_2s_{12} + a_3s_{123} \tag{3.21} $$

由式(3.20)和式(3.21)可得到腕点坐标 $W(w_x, w_y)$ 的表达式为

$$ w_x = p_x - a_3c_{123} = a_1c_1 + a_2c_{12} \tag{3.22} $$

$$ w_y = p_y - a_3s_{123} = a_1s_1 + a_2s_{12} \tag{3.23} $$

将式(3.22)和式(3.23)两个方程同时平方后，相加可得

$$ w_x^2 + w_y^2 = a_1^2 + a_2^2 + 2a_1a_2c_2 \tag{3.24} $$

由此方程可求解 c_2 为

$$ c_2 = \frac{w_x^2 + w_y^2 - a_1^2 - a_2^2}{2a_1a_2} \tag{3.25} $$

式(3.25)有解的条件是等式右边的值必须在$-1\sim1$之间,此约束条件可用来检查解是否存在。如果约束条件不满足,则表明目标点超出了机械臂的可达工作空间,机械臂执行器无法达到此目标点,其逆运动学无解。

假设目标点在机械臂的工作空间内,则

$$s_2=\pm\sqrt{1-c_2^2} \tag{3.26}$$

式中,正号对应肘朝下的姿态,负号对应肘朝上的姿态,根据式(3.25)和式(3.26)可得

$$\theta_2=\text{atan2}(s_2,c_2) \tag{3.27}$$

式(3.27)的求解应用了双变量反正切公式 $\text{atan2}(y,x)$,用 $\text{atan2}(y,x)$ 计算 $\arctan(y/x)$ 时,根据 x 和 y 的符号可以判别求得的角所在的象限。

确定 θ_2 后,θ_1 可以通过如下方式求得:将 θ_2 代入式(3.22)和式(3.23),得到一个由关于两个未知量 s_1 和 c_1 的两个方程构成的方程组,其解为

$$s_1=\frac{(a_1+a_2c_2)w_y-a_2s_2w_x}{w_x^2+w_y^2} \tag{3.28}$$

$$c_1=\frac{(a_1+a_2c_2)w_x+a_2s_2w_y}{w_x^2+w_y^2} \tag{3.29}$$

与前面求解 θ_2 类似,有

$$\theta_1=\text{atan2}(s_1,c_1) \tag{3.30}$$

求出 θ_1 和 θ_2 后,即可得到

$$\theta_3=\varphi-\theta_1-\theta_2 \tag{3.31}$$

至此,三个关节角度 θ_1,θ_2 和 θ_3 应用代数方法全部解出。

3.5.2 几何法

上面的代数法主要运用代数计算来求解关节角,而在采用几何法求解时,我们需要将机械臂的空间几何参数分解成平面几何问题。这种求解方法在很多情况下是相对比较容易的,尤其是当 $\alpha_i=0$ 或 $\pi/2$ 时。将问题分解到平面几何问题后,就可以应用平面几何工具求出关节角度。而对于平面三连杆机械臂,我们可以利用平面几何关系直接求解。

如图3.13所示,杆长 a_1、杆长 a_2 及坐标系1的原点和坐标系3的原点的连线组成了一个三角形,其中左边虚线表示的是坐标系3能够到达相同位置时,该三角形的另一种可能情况。

对图3.13表示的腕关节点 W 应用余弦定理,得

$$w_x^2+w_y^2=a_1^2+a_2^2-2a_1a_2\cos(\pi-\theta_2) \tag{3.32}$$

图3.13中给出了两个可行的三角形结构。因为 $\cos(\pi-\theta_2)=-\cos\theta_2$,所以有

$$c_2=\frac{w_x^2+w_y^2-a_1^2-a_2^2}{2a_1a_2} \tag{3.33}$$

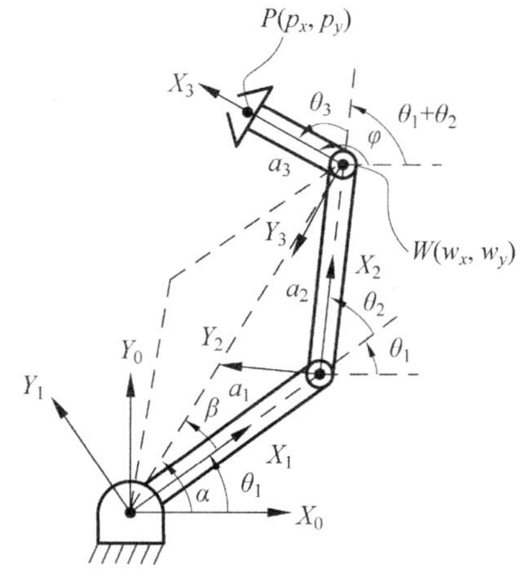

图3.13 平面三连杆机械臂几何法求解

三角形的存在性要求$\sqrt{w_x^2+w_y^2}\leqslant a_1+a_2$成立。当给定点$W$位于机械臂的可达工作空间之外时，这一条件不满足。因此，在可行解假定下，有

$$\theta_2=\arccos(c_2) \tag{3.34}$$

当$\theta_2\in(-\pi,0)$时，得到肘朝上的姿态；当$\theta_2\in(0,\pi)$时，得到肘朝下的姿态。

为了得到θ_1，需要计算出图3.13中角α和β，α计算如下：

$$\alpha=\operatorname{atan2}(w_y,w_x) \tag{3.35}$$

再次应用余弦定理求β，由$\sqrt{w_x^2+w_y^2}\cos\beta=a_1+a_2c_2$，可得

$$\beta=\arccos\frac{w_x^2+w_y^2+a_1^2-a_2^2}{2a_1\sqrt{w_x^2+w_y^2}} \tag{3.36}$$

要求$\beta\in(0,\pi)$，以保证三角形的存在性。从而，有

$$\theta_1=\alpha\pm\beta \tag{3.37}$$

式(3.37)中β的取值与θ_2有关，当$\theta_2\in(-\pi,0)$时，取正号；当$\theta_2\in(0,\pi)$时，取负号。

当θ_1和θ_2都求解完成后，即可由$\theta_1+\theta_2+\theta_3=\varphi$得到$\theta_3$，也即等同于式(3.31)。

例题3.9 如图3.13所示平面三连杆机械臂，连杆长$a_1=a_2=100\text{mm}$，$a_3=50\text{mm}$。假设要求的机械臂执行器的位置和姿态矩阵为式(3.38)，试用代数法求解各个关节角θ_1，θ_2和θ_3。

$${}_3^0\boldsymbol{T}=\begin{bmatrix}0.87 & 0.50 & 0 & 136.60\\ -0.50 & 0.87 & 0 & 136.60\\ 0 & 0 & 1 & 0\\ 0 & 0 & 0 & 1\end{bmatrix} \tag{3.38}$$

解：首先，从执行器的位置和姿态矩阵式(3.38)姿态部分的数据可以计算出$\varphi=-30°$。由式(3.22)～式(3.27)可以计算出$\theta_{21}=-30°$和$\theta_{22}=30°$。又由式(3.28)～式(3.30)可以计算出$\theta_{11}=60°$和$\theta_{12}=30°$。最后，根据式(3.31)可以计算出

$$\theta_{31}=\varphi-\theta_{11}-\theta_{21}=-30°-60°+30°=-60°$$

$$\theta_{32}=\varphi-\theta_{12}-\theta_{22}=-30°-30°-30°=-90°$$

由此，可得第一组解为$\theta_{11}=60°$，$\theta_{21}=-30°$，$\theta_{31}=-60°$；第二组解为$\theta_{12}=30°$，$\theta_{22}=30°$，$\theta_{32}=-90°$。图3.14表示了平面三连杆机械臂满足矩阵式(3.38)的两种位置和姿态，其中图3.14(a)表示第一组解的位置和姿态，图3.14(b)表示第二组解的位置和姿态。

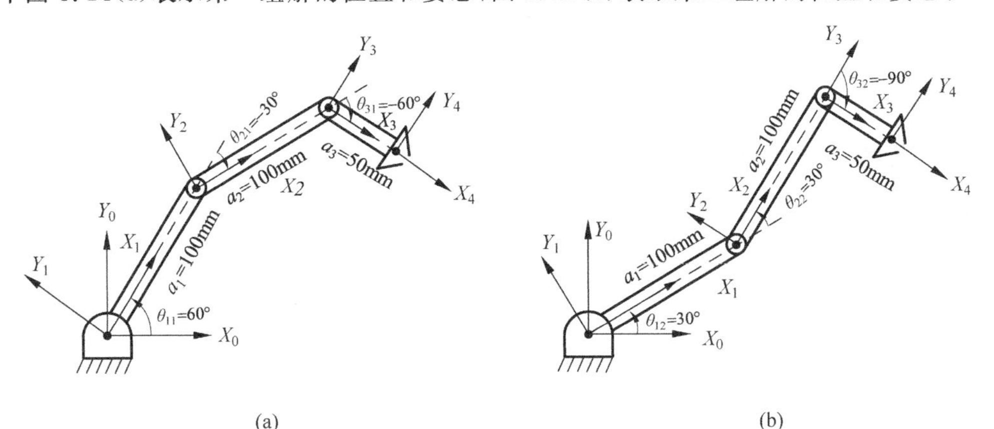

图3.14 平面三连杆机械臂逆运动学解

(a) 第一组解；(b) 第二组解

分析与讨论

从例题 3.9 的计算结果可以看出,满足位置和姿态矩阵为式(3.38)的解不是唯一的,这里的两组解都可以用于机械臂执行器特定位置和姿态的控制。实际上机械臂的控制只能用一组解,其余解的取舍需要根据机械臂当时上下游的操作情况来决定;另外,有的解可能与机械臂操作空间的障碍矛盾,这种解可以直接舍去。

3.6　雅可比矩阵

在机器人学中,进行速度分析需要先找出机器人关节速度与相应末端执行器线速度和角速度之间的关系,这种关系也可以用**雅可比矩阵**来描述。雅可比矩阵取决于机械臂的构型,它是构成表征机械臂较重要的工具之一。事实上,雅可比矩阵在很多方面都有应用,包括寻找奇点、分析冗余、确定逆运动学算法、描述作用于末端执行器的力和力矩之间的关系等。

取一个自由度为 n 的机械臂,其正运动学方程如下:

$$\boldsymbol{T}(\boldsymbol{\theta}) = \begin{bmatrix} \boldsymbol{Q}(\boldsymbol{\theta}) & \boldsymbol{P}(\boldsymbol{\theta}) \\ \boldsymbol{0}^{\mathrm{T}} & 1 \end{bmatrix} \tag{3.39}$$

式中,旋转矩阵 $\boldsymbol{Q}$ 和位移矢量 $\boldsymbol{P}$ 都是关于关节变量 $\boldsymbol{\theta}$ 的矩阵方程,其中 $\boldsymbol{\theta}=[\theta_1\theta_1\cdots\theta_n]^{\mathrm{T}}$,末端执行器的位置和姿态均随着 $\boldsymbol{\theta}$ 的变化而变化。我们需要找到关节速度与末端执行器相对于参考坐标系 0 的角速度和线速度之间的关系,也就是将末端执行器的线速度 $\boldsymbol{v}_e$ $(=\dot{\boldsymbol{P}})$ 和角速度 $\boldsymbol{\omega}_e$ 表示为所有关节速度 $\dot{\boldsymbol{\theta}}$ 的函数。由此得到的结果均为关节速度的函数关系,即

$$\boldsymbol{v}_e = \boldsymbol{J}_v\dot{\boldsymbol{\theta}} \tag{3.40}$$

$$\boldsymbol{\omega}_e = \boldsymbol{J}_\omega\dot{\boldsymbol{\theta}} \tag{3.41}$$

式中,$\boldsymbol{J}_v$ 和 $\boldsymbol{J}_\omega$ 分别为关节速度 $\dot{\boldsymbol{\theta}}$ 对末端执行器线速度 $\boldsymbol{v}_e$ 和角速度 $\boldsymbol{\omega}_e$ 的 $3\times n$ 作用矩阵。两个方程的紧凑形式可表达为如下方式:

$$\boldsymbol{\delta}_e = \boldsymbol{J}\dot{\boldsymbol{\theta}} \tag{3.42}$$

式中,$\boldsymbol{\delta}_e=[\boldsymbol{v}_e \quad \boldsymbol{\omega}_e]^{\mathrm{T}}$,$\boldsymbol{J}=[\boldsymbol{J}_v \quad \boldsymbol{J}_\omega]^{\mathrm{T}}$。$\boldsymbol{J}$ 为机械臂的**雅可比矩阵**($6\times n$ 矩阵),它是只关于关节变量 $\boldsymbol{\theta}$ 的方程。

关于角速度 $\boldsymbol{\omega}$ 的内涵,我们进一步讨论如下:

由旋转矩阵的正交性,有

$$\boldsymbol{Q}\boldsymbol{Q}^{\mathrm{T}} = \boldsymbol{Q}^{\mathrm{T}}\boldsymbol{Q} = \boldsymbol{E} \tag{3.43}$$

式中 $\boldsymbol{E}$ 为 3×3 的单位矩阵。将式(3.43)对时间求导,得到

$$\dot{\boldsymbol{Q}}\boldsymbol{Q}^{\mathrm{T}} + \boldsymbol{Q}\dot{\boldsymbol{Q}}^{\mathrm{T}} = \boldsymbol{0} \tag{3.44}$$

令

$$\boldsymbol{\Omega} = \dot{\boldsymbol{Q}}\boldsymbol{Q}^{\mathrm{T}} \tag{3.45}$$

则根据转置矩阵的性质,有

$$\boldsymbol{\Omega}^{\mathrm{T}} = Q\dot{Q}^{\mathrm{T}} \tag{3.46}$$

将式(3.45)和式(3.46)代入式(3.44),得到

$$\boldsymbol{\Omega} + \boldsymbol{\Omega}^{\mathrm{T}} = \mathbf{0} \tag{3.47}$$

由式(3.47)可知,矩阵$\boldsymbol{\Omega}$ 必为 3×3 的**反对称矩阵**。在式(3.45)两边同时右乘矩阵$\boldsymbol{Q}$,有

$$\boldsymbol{\Omega}\boldsymbol{Q} = \dot{\boldsymbol{Q}} \tag{3.48}$$

又由式(3.48)可知,$\boldsymbol{Q}$ 对时间的导数可以表示为$\boldsymbol{Q}$ 自身的函数,这表明旋转矩阵的变化率可以由旋转矩阵本身求得。

取一个固结在运动物体上的矢量,它在固定参考系和运动坐标系中分别表示为 $[\boldsymbol{R}]_F$ 和 $[\boldsymbol{R}]_M$,$\boldsymbol{Q}$ 表示运动坐标系和参考坐标系相对旋转矩阵,则 $[\boldsymbol{R}]_F = \boldsymbol{Q}[\boldsymbol{R}]_M$,等式两边分别对时间求导,得

$$[\dot{\boldsymbol{R}}]_F = \dot{\boldsymbol{Q}}[\boldsymbol{R}]_M + \boldsymbol{Q}[\dot{\boldsymbol{R}}]_M \tag{3.49}$$

由于矢量是固定在运动体上的,它相对于运动坐标系的坐标不随时间变化,所以 $[\dot{\boldsymbol{R}}]_M = \mathbf{0}$,式(3.49)变为

$$[\dot{\boldsymbol{R}}]_F = \dot{\boldsymbol{Q}}[\boldsymbol{R}]_M \tag{3.50}$$

将式(3.48)代入式(3.50)可得

$$[\dot{\boldsymbol{R}}]_F = \boldsymbol{\Omega}\boldsymbol{Q}[\boldsymbol{R}]_M \tag{3.51}$$

如果矢量$\boldsymbol{\omega}$ 表示固结在运动坐标系上的刚体的角速度,可知

$$[\dot{\boldsymbol{R}}]_F = [\boldsymbol{\omega} \times \boldsymbol{R}]_F = [\boldsymbol{\omega}]_F \times \boldsymbol{Q}[\boldsymbol{R}]_M \tag{3.52}$$

式中,“×”表示两个三维笛卡儿矢量之间的矢量叉乘。

比较式(3.51)和式(3.52)可知,反对称矩阵$\boldsymbol{\Omega}$ 描述了矢量$\boldsymbol{\omega}$ 和矢量 $\boldsymbol{Q}[\boldsymbol{R}]_M$ 之间的矢量叉乘。矩阵 $\boldsymbol{\Omega}$ 中关于主对角线的对称元素,以如下形式表征了矢量$=\boldsymbol{\omega}[\omega_x \quad \omega_y \quad \omega_z]^{\mathrm{T}}$ 的分量:

$$\boldsymbol{\Omega} = \begin{bmatrix} 0 & -\omega_z & \omega_y \\ \omega_z & 0 & -\omega_x \\ -\omega_y & \omega_x & 0 \end{bmatrix} \tag{3.53}$$

例题 3.10 试用关于绕 Y 轴旋转 β 角的旋转矩阵说明反对称矩阵$\boldsymbol{\Omega}$ 的应用。

解:取关于绕 Y 轴旋转 β 角的单位旋转矩阵,具体如下:

$$\boldsymbol{Q}_Y = \begin{bmatrix} \mathrm{c}\beta & 0 & \mathrm{s}\beta \\ 0 & 1 & 0 \\ -\mathrm{s}\beta & 0 & \mathrm{c}\beta \end{bmatrix} \tag{3.54}$$

将式(3.54)对时间求导,得

$$\dot{\boldsymbol{Q}}_Y = \begin{bmatrix} -\dot{\beta}\sin\beta & 0 & \dot{\beta}\cos\beta \\ 0 & 0 & 0 \\ -\dot{\beta}\cos\beta & 0 & -\dot{\beta}\sin\beta \end{bmatrix} \tag{3.55}$$

根据式(3.45)得

$$\boldsymbol{\Omega}=\dot{\boldsymbol{Q}}_Y\boldsymbol{Q}_Y^{\mathrm{T}}=\begin{bmatrix}0 & 0 & \dot{\beta}\\ 0 & 0 & 0\\ -\dot{\beta} & 0 & 0\end{bmatrix} \tag{3.56}$$

比较式(3.53)和式(3.56)得到坐标系旋转的角速度 ω：

$$\boldsymbol{\omega}=[\omega_x \quad \omega_y \quad \omega_z]^{\mathrm{T}}=[0 \quad \dot{\beta} \quad 0]^{\mathrm{T}} \tag{3.57}$$

即式(3.57)表示的坐标系绕 Y 轴旋转的角速度 $\omega_y=\dot{\beta}$，而绕 X 轴和 Z 轴旋转的角速度为 0。

3.7 连杆速度

为了对机械臂连杆速度进行分析，我们取机械臂的通用连杆 i，如图 3.15 所示。其中坐标系 0 为固定参考坐标系，连杆 i 连接关节 i 和 $i+1$，连杆 $i-1$ 连接关节 $i-1$ 和 i。根据改进型 DH 坐标系方法，坐标系 i 固结于连杆 i 的始端，其原点在关节 i 的 Z 轴上。令 $\boldsymbol{O}_i$ 和 $\boldsymbol{O}_{i-1}$ 分别为坐标系 i 和 $i-1$ 的原点 O_i 和 O_{i-1} 相对于坐标系 0 的位置矢量，令 $\boldsymbol{\varepsilon}_{i-1}$ 为坐标系 i 的原点 O_i 在坐标系 $i-1$ 中的位置矢量，可得以下表达式：

$$\boldsymbol{O}_i=\boldsymbol{O}_{i-1}+\boldsymbol{\varepsilon}_{i-1} \tag{3.58}$$

对式(3.58)关于时间求导，得

$$\dot{\boldsymbol{O}}_i=\dot{\boldsymbol{O}}_{i-1}+\dot{\boldsymbol{\varepsilon}}_{i-1} \tag{3.59}$$

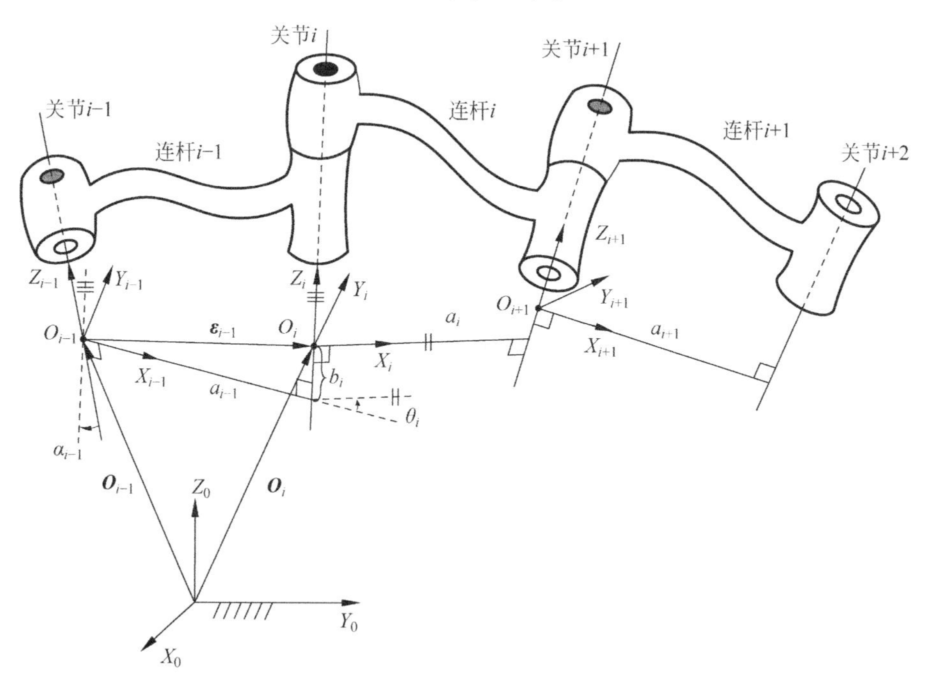

图 3.15 机械臂通用连杆

式中，$\dot{\boldsymbol{\varepsilon}}_{i-1}=\boldsymbol{\omega}_{i-1}\times\boldsymbol{\varepsilon}_{i-1}$，其中$\boldsymbol{\omega}_{i-1}$是连杆 $i-1$ 的角速度。因此，进一步可以将连杆 i 原点 O_i 的线速度表示为连杆 $i-1$ 原点 O_{i-1} 的线速度和角速度的函数，即

$$\dot{\boldsymbol{O}}_i=\dot{\boldsymbol{O}}_{i-1}+\boldsymbol{\omega}_{i-1}\times\boldsymbol{\varepsilon}_{i-1} \tag{3.60}$$

对于连杆 i 的角速度，可表示如下：

$$\boldsymbol{\omega}_i=\boldsymbol{\omega}_{i-1}+\boldsymbol{\omega}_{i,i-1} \tag{3.61}$$

式中，$\boldsymbol{\omega}_{i,i-1}$ 为坐标系 i 相对于坐标系 $i-1$ 的角速度。

式(3.60)和式(3.61)给出了取决于关节 i 的类型(移动关节或转动关节)的不同表达式。具体分析如下。

1) 转动关节

转动关节相对前一个关节的转角 θ_i 为关节变量，取 $\boldsymbol{e}_i$ 表示平行于旋转轴的单位矢量，则$\boldsymbol{\omega}_{i,i-1}=\dot{\theta}_i\boldsymbol{e}_i$，由此可得

$$\boldsymbol{\omega}_i=\boldsymbol{\omega}_{i-1}+\dot{\theta}_i\boldsymbol{e}_i \tag{3.62}$$

对应的线速度由式(3.60)得出：

$$\dot{\boldsymbol{O}}_i=\dot{\boldsymbol{O}}_{i-1}+\boldsymbol{\omega}_{i-1}\times\boldsymbol{\varepsilon}_{i-1} \tag{3.63}$$

2) 移动关节

移动关节只有相对的平移运动，连杆截距 b_i 为关节变量，连杆 $i-1$ 和 i 没有相对的转动，则

$$\boldsymbol{\omega}_i=\boldsymbol{\omega}_{i-1} \tag{3.64}$$

取 $\boldsymbol{e}_i$ 表示平行于连杆 i 关于连杆 $i-1$ 的平移方向的单位矢量，则 $\dot{b}_i\boldsymbol{e}_i$ 表示连杆 i 关于连杆 $i-1$ 的相对线速度。在式(3.60)的基础上可以得出连杆 i 的线速度如下：

$$\dot{\boldsymbol{O}}_i=\dot{\boldsymbol{O}}_{i-1}+\boldsymbol{\omega}_{i-1}\times\boldsymbol{\varepsilon}_{i-1}+\dot{b}_i\boldsymbol{e}_i \tag{3.65}$$

式(3.65)给出了移动关节的基于前一连杆坐标系原点的速度 $\dot{\boldsymbol{O}}_{i-1}$ 计算后一连杆坐标系原点的速度 $\dot{\boldsymbol{O}}_i$ 的递推方法。

3.8 雅可比矩阵的计算

前面得到了雅可比矩阵的一般概念表达式，即 $\boldsymbol{J}=[\boldsymbol{J}_v \quad \boldsymbol{J}_\omega]^{\mathrm{T}}$，在解决具体问题时，需要计算此表达式的具体形式。令末端执行器工具点 e 的线速度和角速度分别为$\boldsymbol{v}_e$ 和 $\boldsymbol{\omega}_e$，两者可以用坐标系 n 的线速度 $\dot{\boldsymbol{O}}_n$ 和角速度 $\boldsymbol{\omega}_n$ 表示如下：

$$\boldsymbol{v}_e=\dot{\boldsymbol{O}}_n+\boldsymbol{\omega}_n\times\boldsymbol{\varepsilon}_{ne} \tag{3.66a}$$

$$\boldsymbol{\omega}_e=\boldsymbol{\omega}_n \tag{3.66b}$$

式中，$\boldsymbol{\varepsilon}_{ne}$ 表示末端执行器工具点 e 相对于坐标系 n 原点 O_n 的三维位置矢量。根据关节的不同形式，对式(3.62)～式(3.65)可以采用递推法进行计算。假设参考坐标系 0 与坐标系 1 的原点重合，并且在 $\theta_1=0$ 时坐标系 1 与坐标系 0 的三个坐标轴也重合在一起。则从参考坐标系即基座(连杆 0)开始，可以推算出任意连杆的角速度和线速度。

假如所有关节都是转动关节，对式(3.62)和式(3.63)分别进行递推如下：

1）线速度

对于线速度计算，参考坐标系0总是固定不动的，所以有

$$\dot{\boldsymbol{O}}_0=0 \tag{3.67a}$$

假设坐标系0的原点和坐标系1的原点的距离矢量$\boldsymbol{\varepsilon}_{01}=\boldsymbol{\varepsilon}_0$，则最一般的情况下，坐标系1的原点的线速度为

$$\dot{\boldsymbol{O}}_1=\dot{\boldsymbol{O}}_0+\boldsymbol{\omega}_0\times\boldsymbol{\varepsilon}_0=\dot{\theta}_0\boldsymbol{e}_0\times\boldsymbol{\varepsilon}_{01} \tag{3.67b}$$

实际上，往往为了简化计算，我们总可以令坐标系0的原点和坐标系1的原点重合，并且在转角$\theta_1=0$时，三个坐标轴也完全对应重合，这时有$\boldsymbol{\varepsilon}_{01}=0$。作为固定参考坐标系，有$\boldsymbol{\omega}_0=\dot{\theta}_0=0$，所以坐标系1原点的线速度为

$$\dot{\boldsymbol{O}}_1=\dot{\theta}_0\boldsymbol{e}_0\times\boldsymbol{\varepsilon}_{01}=0 \tag{3.67c}$$

依此类推，可以推出其他连杆或坐标系原点的线速度为

$$\dot{\boldsymbol{O}}_2=\dot{\boldsymbol{O}}_1+\boldsymbol{\omega}_1\times\boldsymbol{\varepsilon}_1=\dot{\theta}_1\boldsymbol{e}_1\times\boldsymbol{\varepsilon}_{12} \tag{3.67d}$$

$$\dot{\boldsymbol{O}}_3=\dot{\boldsymbol{O}}_2+\boldsymbol{\omega}_2\times\boldsymbol{\varepsilon}_2=\dot{\theta}_1\boldsymbol{e}_1\times\boldsymbol{\varepsilon}_{13}+\dot{\theta}_2\boldsymbol{e}_2\times\boldsymbol{\varepsilon}_{23} \tag{3.67e}$$

$$\dot{\boldsymbol{O}}_4=\dot{\boldsymbol{O}}_3+\boldsymbol{\omega}_3\times\boldsymbol{\varepsilon}_3=\dot{\theta}_1\boldsymbol{e}_1\times\boldsymbol{\varepsilon}_{14}+\dot{\theta}_2\boldsymbol{e}_2\times\boldsymbol{\varepsilon}_{24}+\dot{\theta}_3\boldsymbol{e}_3\times\boldsymbol{\varepsilon}_{34} \tag{3.67f}$$

$$\vdots$$

$$\dot{\boldsymbol{O}}_n=\dot{\theta}_1\boldsymbol{e}_1\times\boldsymbol{\varepsilon}_{1n}+\dot{\theta}_2\boldsymbol{e}_2\times\boldsymbol{\varepsilon}_{2n}+\cdots+\dot{\theta}_{n-1}\boldsymbol{e}_{n-1}\times\boldsymbol{\varepsilon}_{n-1n} \tag{3.67g}$$

式中，$\boldsymbol{\varepsilon}_{12}=\boldsymbol{\varepsilon}_{01}+\boldsymbol{\varepsilon}_{12}=\boldsymbol{\varepsilon}_{12}=\boldsymbol{\varepsilon}_1$；进一步，连杆的坐标原点$O_i$到连杆的坐标原点$O_j$的矢量$\boldsymbol{\varepsilon}_{ij}$可表示为$\boldsymbol{\varepsilon}_{ij}=\boldsymbol{\varepsilon}_i+\cdots+\boldsymbol{\varepsilon}_{j-1}$。

最后，可以递推出机械臂执行器工具点e的线速度为

$$\dot{\boldsymbol{O}}_e=\dot{\theta}_1\boldsymbol{e}_1\times\boldsymbol{\varepsilon}_{1e}+\dot{\theta}_2\boldsymbol{e}_2\times\boldsymbol{\varepsilon}_{2e}+\cdots+\dot{\theta}_n\boldsymbol{e}_n\times\boldsymbol{\varepsilon}_{ne} \tag{3.67h}$$

式中，$\boldsymbol{\varepsilon}_{ne}$表示最后一个坐标系$n$的原点$O_n$到机械臂执行器工具点$e$的距离矢量。注意到坐标系$n$和坐标系$e$的相对姿态是固定不变的，所以$\boldsymbol{\varepsilon}_{ne}$是一个常矢量。

2）角速度

参考坐标系0即基座总是固定不动的，所以有

$$\boldsymbol{\omega}_0=0 \tag{3.68a}$$

当坐标系1以角速度$\dot{\theta}_1$(标量)运动时，假设$\boldsymbol{e}_1$是Z_1轴的单位矢量，则坐标系1或连杆1的角速度为

$$\boldsymbol{\omega}_1=\dot{\theta}_1\boldsymbol{e}_1 \tag{3.68b}$$

同样原理，可以推出其他连杆的角速度为

$$\boldsymbol{\omega}_2=\dot{\theta}_1\boldsymbol{e}_1+\dot{\theta}_2\boldsymbol{e}_2 \tag{3.68c}$$

$$\boldsymbol{\omega}_3=\dot{\theta}_1\boldsymbol{e}_1+\dot{\theta}_2\boldsymbol{e}_2+\dot{\theta}_3\boldsymbol{e}_3 \tag{3.68d}$$

$$\vdots$$

$$\boldsymbol{\omega}_n=\dot{\theta}_1\boldsymbol{e}_1+\dot{\theta}_2\boldsymbol{e}_2+\cdots+\dot{\theta}_n\boldsymbol{e}_n \tag{3.68e}$$

根据式(3.67h)和式(3.68e)可得$6\times n$的雅可比矩阵$\boldsymbol{J}$如下：

$$\boldsymbol{J}=\begin{bmatrix}\boldsymbol{e}_1\times\boldsymbol{\varepsilon}_{1e} & \boldsymbol{e}_2\times\boldsymbol{\varepsilon}_{2e} & \cdots & \boldsymbol{e}_n\times\boldsymbol{\varepsilon}_{ne}\\ \boldsymbol{e}_1 & \boldsymbol{e}_2 & \cdots & \boldsymbol{e}_n\end{bmatrix}\tag{3.69}$$

式中，$\boldsymbol{\varepsilon}_{ie}=\boldsymbol{\varepsilon}_{in}+\boldsymbol{\varepsilon}_{ne}$，$i=1,2,\cdots,n$。

假如所有关节都是移动关节，用类似的方法，对式(3.67)和式(3.68)分别重新进行递推，可将雅可比矩阵 $\boldsymbol{J}$ 表示如下：

$$\boldsymbol{J}=\begin{bmatrix}\boldsymbol{e}_1 & \boldsymbol{e}_2 & \cdots & \boldsymbol{e}_n\\ \boldsymbol{0} & \boldsymbol{0} & \cdots & \boldsymbol{0}\end{bmatrix}\tag{3.70}$$

由此可得，当一机械臂既有转动关节又有移动关节时，对于某个关节分别是转动关节和移动关节，其雅可比矩阵 $\boldsymbol{J}$ 的第 $\boldsymbol{j}_i$ 列分别表示如下：

$$\boldsymbol{j}_i=\begin{bmatrix}\boldsymbol{e}_i\times\boldsymbol{\varepsilon}_{ie}\\ \boldsymbol{e}_i\end{bmatrix},\quad \text{转动关节}\tag{3.71}$$

$$\boldsymbol{j}_i=\begin{bmatrix}\boldsymbol{e}_i\\ \boldsymbol{0}\end{bmatrix},\quad \text{移动关节}\tag{3.72}$$

矩阵式(3.69)～式(3.72)中的每一项都是相对于参考坐标系 0 的，在进行具体计算时，矩阵 $\boldsymbol{j}_i$ 中的每一个矢量部分，即包括 $\boldsymbol{e}_i$ 和 $\boldsymbol{\varepsilon}_{ie}$ 需要投影到参考坐标系 0 后再进行矢量的乘积计算。其中 $\boldsymbol{e}_i$ 在参考坐标系 0 的投影为

$$[\boldsymbol{e}_i]_0={}_i^0\boldsymbol{Q}\,[\boldsymbol{e}_i]_i\tag{3.73}$$

由于 $\boldsymbol{e}_i$ 为坐标系 i 的 Z_i 轴单位矢量，所以有 $[\boldsymbol{e}_i]_i=[0\quad 0\quad 1]^{\mathrm{T}}$。

对于 $\boldsymbol{\varepsilon}_{ie}$ 在参考坐标系 0 的投影，由于不能直接获得，可以用下式进行分别投影计算出：

$$[\boldsymbol{\varepsilon}_{ie}]_0={}_i^0\boldsymbol{Q}\,[\boldsymbol{\varepsilon}_i]_i+{}_{i+1}^{\ \ 0}\boldsymbol{Q}\,[\boldsymbol{\varepsilon}_{i+1}]_{i+1}+\cdots+{}_n^0\boldsymbol{Q}\,[\boldsymbol{\varepsilon}_{ne}]_n\tag{3.74}$$

其中，$\boldsymbol{\varepsilon}_i$ 在坐标系 i 的投影为

$$[\boldsymbol{\varepsilon}_i]_i=\begin{bmatrix}a_i\\ -\sin\alpha_i b_{i+1}\\ \cos\alpha_i b_{i+1}\end{bmatrix}\tag{3.75}$$

最后，我们可以获得机械臂执行器工具点的速度分布，对于全部为转动关节速度分布计算式为

$$\boldsymbol{\delta}_e=\begin{bmatrix}\boldsymbol{e}_1\times\boldsymbol{\varepsilon}_{1e} & \boldsymbol{e}_2\times\boldsymbol{\varepsilon}_{2e} & \cdots & \boldsymbol{e}_n\times\boldsymbol{\varepsilon}_{ne}\\ \boldsymbol{e}_1 & \boldsymbol{e}_2 & \cdots & \boldsymbol{e}_n\end{bmatrix}[\dot{\theta}_1\quad \dot{\theta}_2\quad \cdots\quad \dot{\theta}_n]^{\mathrm{T}}\tag{3.76}$$

对于全部为滑动关节速度分布计算式为

$$\boldsymbol{\delta}_e=\begin{bmatrix}\boldsymbol{e}_1 & \boldsymbol{e}_2 & \cdots & \boldsymbol{e}_n\\ \boldsymbol{0} & \boldsymbol{0} & \cdots & \boldsymbol{0}\end{bmatrix}[\dot{\theta}_1\quad \dot{\theta}_2\quad \cdots\quad \dot{\theta}_n]^{\mathrm{T}}\tag{3.77}$$

例题 3.11 参考例题 3.1 的平面三连杆机械臂，如图 3.6 所示，求其雅可比矩阵。

解：由式(3.69)可得平面三连杆机械臂的雅可比矩阵表示为

$$\boldsymbol{J}=\begin{bmatrix}\boldsymbol{e}_1\times\boldsymbol{\varepsilon}_{1e} & \boldsymbol{e}_2\times\boldsymbol{\varepsilon}_{2e} & \boldsymbol{e}_3\times\boldsymbol{\varepsilon}_{3e}\\ \boldsymbol{e}_1 & \boldsymbol{e}_2 & \boldsymbol{e}_3\end{bmatrix}$$

转动关节轴的单位矢量在坐标系 0 的投影为 $[\boldsymbol{\varepsilon}_1]_0=[\boldsymbol{\varepsilon}_2]_0=[\boldsymbol{\varepsilon}_3]_0=[0\quad 0\quad 1]^{\mathrm{T}}$。

不同连杆的位置矢量在坐标系 0 的投影分别计算如下：

$$[\boldsymbol{\varepsilon}_{1e}]_0 = [\boldsymbol{\varepsilon}_1 + \boldsymbol{\varepsilon}_2 + \boldsymbol{\varepsilon}_3]_0 = [a_1 c_1 + a_2 c_{12} + a_3 c_{123} \quad a_1 s_1 + a_2 s_{12} + a_3 s_{123} \quad 0]^{\mathrm{T}}$$

$$[\boldsymbol{\varepsilon}_{2e}]_0 = [\boldsymbol{\varepsilon}_2 + \boldsymbol{\varepsilon}_3]_0 = [a_2 c_{12} + a_3 c_{123} \quad a_2 s_{12} + a_3 s_{123} \quad 0]^{\mathrm{T}}$$

$$[\boldsymbol{\varepsilon}_{3e}]_0 = [\boldsymbol{\varepsilon}_3]_0 = [a_3 c_{123} \quad a_3 s_{123} \quad 0]^{\mathrm{T}}$$

根据如上位置矢量关系可计算出雅可比矩阵，由于只有 3 个非零矢量是相关的，故平面三连杆机械臂的雅可比矩阵如下：

$$\boldsymbol{J} = \begin{bmatrix} -a_1 s_1 - a_2 s_{12} - a_3 s_{123} & -a_2 s_{12} - a_3 s_{123} & -a_3 s_{123} \\ a_1 c_1 + a_2 c_{12} + a_3 c_{123} & a_2 c_{12} + a_3 c_{123} & a_3 c_{123} \\ 1 & 1 & 1 \end{bmatrix} \tag{3.78}$$

例题 3.12 对于三连杆机械臂，如果各个连杆的转动角速度为 $\dot{\theta}_1 = \dot{\theta}_2 = \dot{\theta}_3 = 2\pi/\mathrm{s}$，试求三连杆机械臂分别在第一组解 $\dot{\theta}_{11} = 60°$，$\dot{\theta}_{21} = -30°$，$\dot{\theta}_{31} = -60°$ 和第二组解 $\dot{\theta}_{12} = 30°$，$\dot{\theta}_{22} = 30°$，$\dot{\theta}_{32} = -90°$ 的两种位置和姿态时图 3.14(a)和(b)所示的执行器坐标系的速度分布。

解：由于在例题 3.11 中已经推导出了三连杆机械臂的雅可比矩阵，即式(3.78)，我们可以利用该矩阵来计算执行器坐标系的速度分布 $\boldsymbol{\delta}_e$，即有

$$\boldsymbol{\delta}_e = \begin{bmatrix} v_{ex} \\ v_{ey} \\ \omega_{ez} \end{bmatrix} = \begin{bmatrix} -a_1 s_1 - a_2 s_{12} - a_3 s_{123} & -a_2 s_{12} - a_3 s_{123} & -a_3 s_{123} \\ a_1 c_1 + a_2 c_{12} + a_3 c_{123} & a_2 c_{12} + a_3 c_{123} & a_3 c_{123} \\ 1 & 1 & 1 \end{bmatrix} \begin{bmatrix} \dot{\theta}_1 \\ \dot{\theta}_2 \\ \dot{\theta}_3 \end{bmatrix} \tag{3.79}$$

通过式(3.79)可以计算出对应的两组解的执行器坐标系的线速度(m/s)和角速度(rad/s)分布为

$$\boldsymbol{\delta}_{e1} = \begin{bmatrix} v_{ex} \\ v_{ey} \\ \omega_{ez} \end{bmatrix} = \begin{bmatrix} 2.22 \\ -0.70 \\ 18.85 \end{bmatrix} \tag{3.80a}$$

$$\boldsymbol{\delta}_{e2} = \begin{bmatrix} v_{ex} \\ v_{ey} \\ \omega_{ez} \end{bmatrix} = \begin{bmatrix} 1.99 \\ -0.93 \\ 18.85 \end{bmatrix} \tag{3.80b}$$

分析与讨论

例题 3.11 和例题 3.12 讨论了利用雅可比矩阵来计算三连杆机械臂执行器坐标系的速度分布，需要注意的是雅可比矩阵不仅与机械臂结构尺寸有关，还与速度计算时机械臂的位置和姿态有关，即雅可比矩阵实际上是一个与机械臂当前的位置和姿态有关的矩阵函数。从例题 3.12 执行器坐标系的两组解的速度分布计算结果来看，两组解的执行器坐标系的角速度相同，但线速度不同，反映了雅可比矩阵为三个连杆转角的函数。可以想象，如果计算执行器坐标系的加速度分布，雅可比矩阵将是更复杂的三个连杆转角和转速的矩阵函数。另外，式(3.78)表示的雅可比矩阵是基于改进型 DH 坐标系推导的，可以看出雅可比矩阵内的各个行列元素具有一定的规律性，这有助于学习记忆和偶然错误的校核。根据这一规律性，从平面三连杆机械臂雅可比矩阵式(3.78)容易得到平面二连杆机械臂雅可比矩阵 $\boldsymbol{J}$ 和

速度分布$\boldsymbol{\delta}_e$为

$$\boldsymbol{J}=\begin{bmatrix}-a_1\mathrm{s}_1-a_2\mathrm{s}_{12} & -a_2\mathrm{s}_{12}\\ a_1\mathrm{c}_1+a_2\mathrm{c}_{12} & a_2\mathrm{c}_{12}\\ 1 & 1\end{bmatrix}\tag{3.81}$$

$$\boldsymbol{\delta}_e=\begin{bmatrix}v_{ex}\\ v_{ey}\\ \omega_{ez}\end{bmatrix}=\begin{bmatrix}-a_1\mathrm{s}_1-a_2\mathrm{s}_{12} & -a_2\mathrm{s}_{12}\\ a_1\mathrm{c}_1+a_2\mathrm{c}_{12} & a_2\mathrm{c}_{12}\\ 1 & 1\end{bmatrix}\begin{bmatrix}\dot{\theta}_1\\ \dot{\theta}_2\end{bmatrix}\tag{3.82}$$

3.9　奇异性分析

根据前几节内容知道，雅可比矩阵定义了关节速度矢量$\dot{\boldsymbol{\theta}}$和末端执行器速度矢量$\boldsymbol{\delta}_e$之间的线性映射，即$\boldsymbol{\delta}_e=\boldsymbol{J}\dot{\boldsymbol{\theta}}$。一般而言，雅可比矩阵是$\boldsymbol{\theta}$的函数，对于非奇异性的矩阵$\boldsymbol{J}$，可以通过末端执行器的运动实时地计算关节速度；然而，若雅可比矩阵$\boldsymbol{J}$是奇异矩阵，则未知量$\boldsymbol{\theta}$没有解。大多数机器人有使雅可比矩阵成为奇异性的位置，这些位置称为机器人的**运动学奇异点**。

奇异点的产生可以借助一个例子来理解，如图3.16所示，机械臂的第4关节、第5关节和第6关节使机械臂增加了3个旋转自由度，这3个旋转轴一般情况下是互相垂直并且相交于一点的。如果随着第5关节的旋转而使第6关节的旋转轴与第4关节的旋转轴共线，就会使其中的旋转自由度4与旋转自由度6在这一瞬间发生重合，从而减少了一个自由度。这个位置称为运动学奇异点。

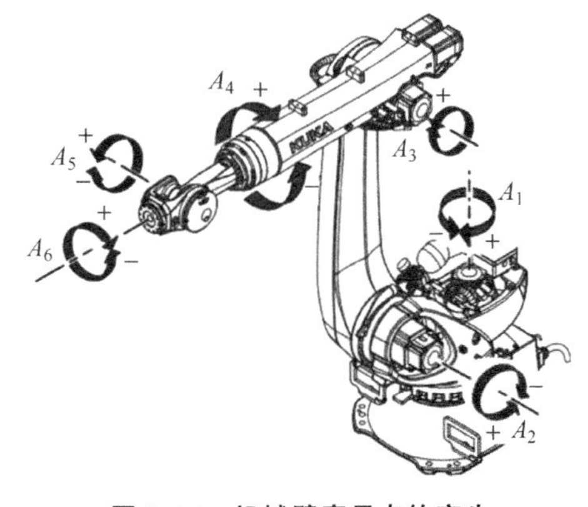

图3.16　机械臂奇异点的产生

资料来源：http://kuka.robot-china.com/

所有机械臂在工作空间的边界都有奇异性，大部分的机械臂在工作空间内有奇异点。因此，我们将奇异点分为边界奇异点和内部奇异点两类。

1）边界奇异点

边界奇异点是当机械臂伸出至边界或从边界缩回时产生的。这类奇异点并不表示真正的缺陷，因为它们在机械臂不被驱动到其可达工作空间边界的条件下是可以避免的。

2）内部奇异点

内部奇异点是在可达工作空间内部产生的，并且通常是由两个或两个以上的运动轴共线引起的，或者是由末端执行器达到特殊位形而引起的。这类奇异点与边界奇异点不同，它们可能造成严重的问题，因为对笛卡儿空间中一条规划路径而言，在可达工作空间的任何位置都有可能碰到这样的奇异点。

机器人的奇异点会带来一些不好的结果：

(1) 导致机械臂自由度减少,从而无法实现某些运动。

(2) 某些关节角速度趋向于无穷大,导致失控。

(3) 无法求逆运算,可能存在无穷多解。

因此,我们需要通过分析和计算确定奇异点,这样就能够在末端执行器轨迹规划阶段将其适当地回避掉。

3) 奇异点的确定

工业机器人的奇异点是可以从理论上计算确定的,但对于实际应用的机械臂,我们可以从机械臂的结构来分析确定,比如二连杆机械臂,当 θ_2 转角为 0°和 180°时,二连杆机构的两个连杆重合为一条轴线时发生奇异现象,这时最末端的端点在轴线方向的速度为 0,实际上此时二连杆机械臂工作在最大边界状态。另外,θ_2 转角为 180°的状态往往由于实际结构的限制而不存在。同样,对于三连杆机械臂,当其中的两个或三个连杆重合为一条轴线时,对应的角度即为奇异点的解。进一步我们可以分析得出,对于一个机械臂,当有两个以上的轴线重合或平行时,对应的关节角度即是奇异点的解。

3.10 运动学冗余

在学习机器人相关内容时,经常听说“运动学冗余”这个词,那么什么是运动学冗余？可以这么理解,当机械臂自由度的个数大于描述给定任务所必需变量的个数时,称机械臂是运动学冗余的。具体而言,当笛卡儿空间的维度小于关节空间的维度时($m<n$),一个机械臂一定是冗余的。冗余是一个与指定给机械臂的任务有关的概念；一个机械臂可能对于某个任务是冗余的,而对另一个任务而言是非冗余的。即使是在 $m=n$ 的情况下,当某一特定任务只关系到笛卡儿空间分量,$r<m$ 时,机械臂在功能上也可以是冗余的。

例如,本章中的三自由度平面三连杆机械臂,如果只有末端执行器在平面中的位置是指定的,结构就呈现功能性冗余($m=n=3,r=2$)；如果同时还指定末端执行器在平面中的方向时($m=n=r=3$),冗余性就消失了。而一个四自由度的平面机械臂从本质上讲就是冗余的($n=4,m=3$)。

在实际应用中,我们会有意识地使用冗余机械臂,原因在于冗余可以为机械臂提供其行动的灵活性和多功能性,最典型的例子就是人的胳膊有 7 个自由度(不考虑手指的自由度)：3 个在肩膀,1 个在肘,3 个在手腕。这样的结构从本质上讲是冗余的,但在灵活性和多功能性方面却有很大的优势。

3.11 串联机械臂和并联机械臂

串联机械臂是一种开式运动链机器人,它是由一系列连杆通过转动关节或移动关节串联形成的。采用驱动器驱动各个关节的运动从而带动连杆的相对运动,串联机械臂以开环机构为机器人机构原型,如 SCARA 机械臂等。而并联机械臂由一个或几个闭环组成的相互关联的连杆系统构成,并联机械臂采用了一种闭环机构,一般由上下运动平台和两条或者两条以上运动支链构成，运动平台和运动支链之间构成一个或多个闭环机构，通过改变各个支链的运动状态，使整个机构具有多个可以操作的自由度，DELTA 机械臂是典型的并联机械臂。并联机械臂主要用于精密紧凑的应用场合，在速度、重复定位精度和动态性能等方面有优势。然而，不论是并联机械臂还是串联机械臂，它们的理论模型都可以应用本章所论述的运动学进行建模和研究。

小　结

本章首先详细介绍了机器人连杆坐标系的建立方法，其中包括改进型 DH 坐标系和萨哈 DH 坐标系的确定，这是进行机器人运动学建模和计算必须掌握的内容。然后对正逆运动学分别加以论述，并从关节空间描述和笛卡儿空间描述的转换上进一步理解工业机器人的运动学。此外，本章还讲述了如何利用雅可比矩阵进行机械臂的速度分析，并解释了奇异现象。这一章的讲解内容较多，都是机器人学中比较重要的基础知识，所以需要读者在不断的学习中熟练掌握。

练　习　题

3.1　如图 3.17 所示的平面滑动转动机构机械臂，其中第 1 关节为滑动关节，第 2 关节和第 3 关节为转动关节，试分别确定其改进型 DH 和萨哈 DH 坐标系参数和齐次变换矩阵。

3.2　如图 3.18 所示的 3 自由度机器人，所有关节都为转动关节。试分别确定其改进型 DH 和萨哈 DH 坐标系参数和齐次变换矩阵。

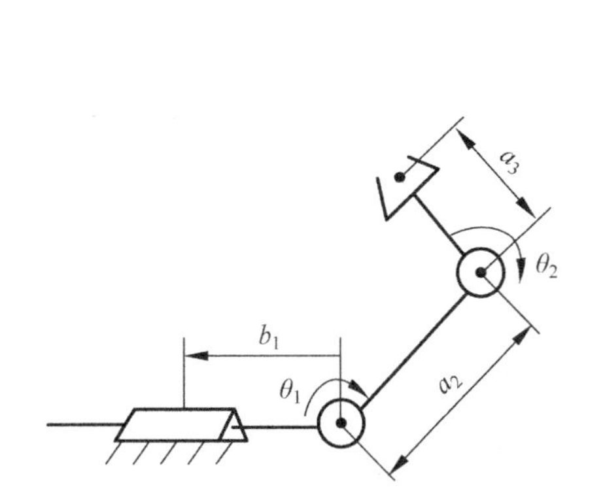

图 3.17　平面滑动转动机构机械臂

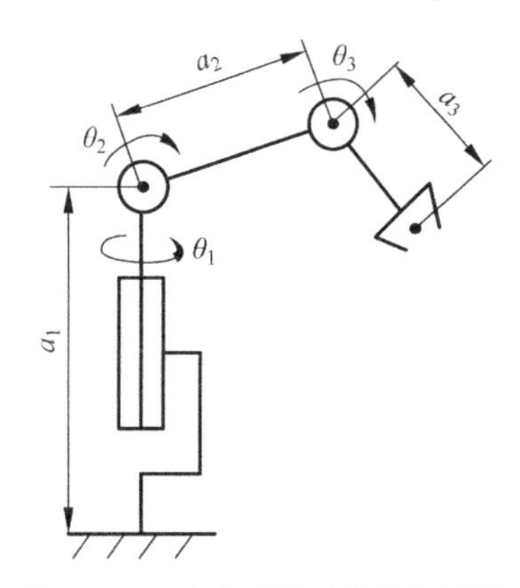

图 3.18　3 自由度转动关节机械臂

3.3　如图 3.19 所示的 5 自由度机器人，所有关节都为转动关节。试分别确定其改进型 DH 和萨哈 DH 坐标系参数和齐次变换矩阵。

3.4　如图 3.20 所示的 SCARA 机器人，其中 θ_1，θ_2 和 θ_3 为转动关节变量；b_4 为滑动关节变量。试分别确定其改进型 DH 和萨哈 DH 坐标系参数和齐次变换矩阵。

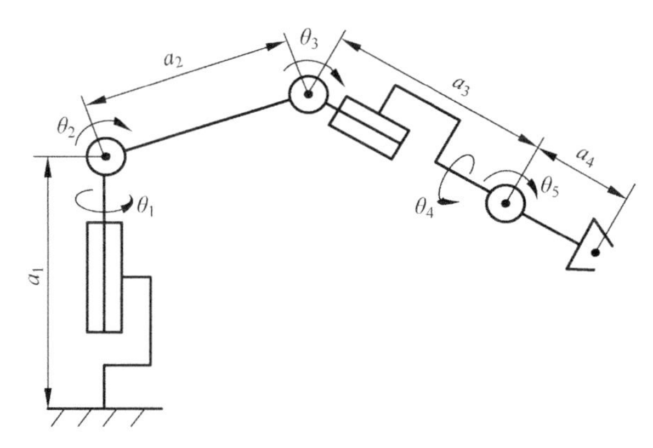

图 3.19 5 自由度转动关节机械臂

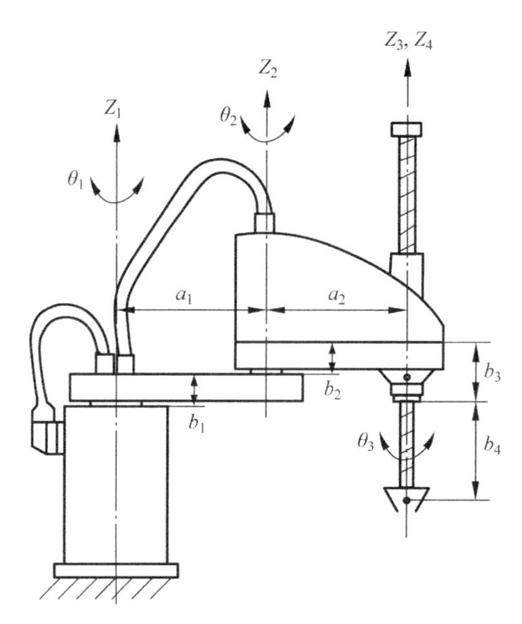

图 3.20 SCARA 机器人

3.5 如图 3.21 所示的 6 自由度机器人，所有关节都为转动关节，图中标注的尺寸单位为 mm。试确定其改进型 DH 坐标系参数并推导出该 6 自由度机械臂的齐次变换矩阵。

3.6 试推导如图 3.17 所示的平面滑动转动机构机械臂的雅可比矩阵。

3.7 试推导如图 3.18 所示的 3 自由度转动关节机械臂的雅可比矩阵。

3.8 试推导如图 3.21 所示的 6 自由度转动关节机械臂的雅可比矩阵。

3.9 根据练习题 3.8 推导的 6 自由度转动关节机械臂的雅可比矩阵，试分析机械臂执行器坐标系的位置和姿态与各个转动关节的关系特性。

3.10 根据练习题 3.8 推导出 6 自由度转动关节机械臂的雅可比矩阵，试分析机械臂执行器坐标系的速度与各个转动关节转角的关系特性。

3.11 根据所学到的知识，试自行设计一款基于改进型坐标系方法的 6 自由度转动关节机械臂并分析讨论其运动学特点。

3.12 试分析 DELTA 并联机械臂的工作原理，并根据所学到的知识标注 3 自由度

DELTA并联机械臂改进型DH坐标系参数并确定3自由度DELTA并联机械臂的逆向运动学齐次变换矩阵。

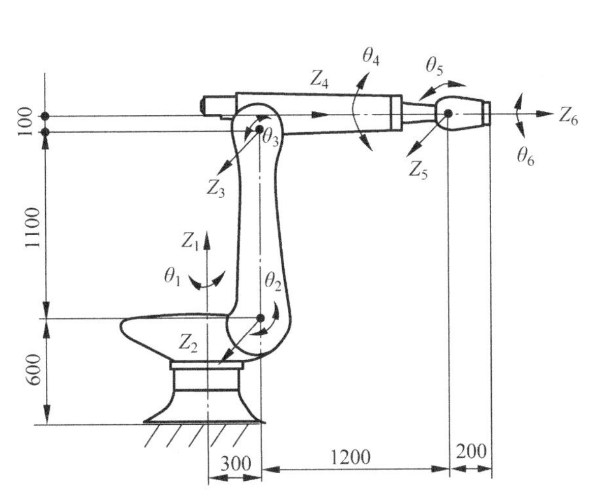

图3.21　6自由度转动关节机械臂

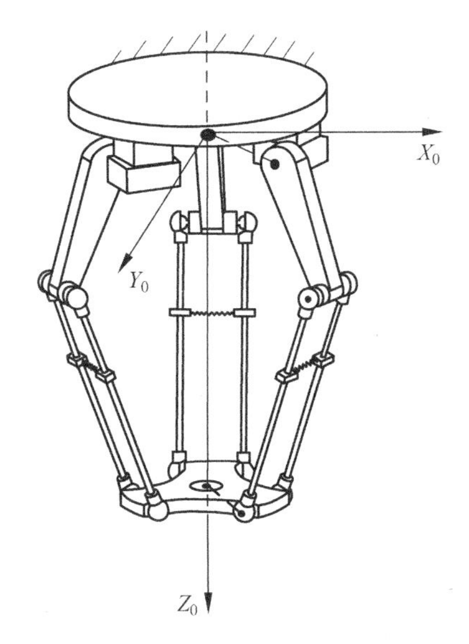

图3.22　DELTA并联机械臂

实　验　题

扫描二维码可以浏览第3章实验的基本内容。

3.1　正运动学

1）正运动学建模

对于任意一个机械臂，在它的每个关节处分别设置一个坐标系，并描述这些坐标系之间的关系，这些坐标系是描述工业机器人运动学的基本工具。应用已学习的建立坐标系的方法来设置机械臂上的各个坐标系是实验的主要内容。在本次实验中，我们将结合6轴桌面机械臂实体，在每个关节处亲自动手固结一个坐标系，进而掌握机器人坐标系的建立步骤和DH参数的确定方法，并利用MATLAB中的机器人工具箱来计算正运动学，掌握工业机器人的运动学建模过程。

2）正运动学MATLAB和v-rep联合仿真

上个实验中，我们借助MATLAB中的机器人工具箱来计算正运动学，但是，为了对这一过程有更直观的认识，我们也可以通过MATLAB和v-rep联合仿真来求解。即MATLAB可以直接获取v-rep当前场景中机械臂模型的各关节位置，然后再应用机器人工具箱来计算出末端执行器的坐标系位姿。在本次实验中，我们不仅可以再次练习 MATLAB 和 v-rep 之间如何通信，还可以通过 MATLAB 计算结果与 v-rep 虚拟模型中的参数进行对比，并观察到各关节位姿变化对末端执行器位姿的影响。

3）正运动学方程的建立和计算

除了熟练运用 MATLAB 中的机器人工具箱计算正运动学，我们还应学会依靠工业机器人学的相关知识建立机器人正运动学模型，并计算各坐标系相对于固定基座坐标系的位姿矩阵，加深对运动学方程的理解。这一手动建模过程在实验中会有详细介绍，并且使用 MATLAB 代码对相应的算法进行验证。

3.2 逆运动学

1）逆运动学建模

在 v-rep 中对机械臂进行建模，修改模型中各个关节的角度，进而从模型中读取末端执行器的位姿，记录并用于接下来的 MATLAB 关于逆运动学的计算，也就是利用 MATLAB 的运动学工具箱，在已知末端执行器位姿的情况下，计算出机械臂各个关节的位姿。我们可以通过将 MATLAB 计算出的各个关节的位姿与在 v-rep 仿真环境下设置的各个关节的关节角作对比，初步理解逆运动学的基本原理。

2）基于 MATLAB 机器人工具箱的逆运动学求解和联合仿真

求解关节角是工业机器人控制系统的核心问题。在本实验中，已知目标物体在固定坐标系下的位姿，利用 MATLAB 工具箱求解出机械臂的末端执行器到达目标位置后机械臂各关节的位姿情况，通过联合仿真，将逆运动学的结果，即各关节的位姿情况传递给 v-rep，然后 v-rep 的虚拟模型会相应转动各个关节，使末端执行器最终到达目标的位置。我们还可以通过对 v-rep 中末端执行器最终到达的位置，与 MATLAB 中对初始目标物的位姿设定进行对比，查看 MATLAB 的计算结果是否正确。本实验将帮助读者学习逆运动学在机械臂中的基本应用，即求解关节空间的关节角度。

3）逆运动学求解和联合仿真

关于机械臂逆运动学的求解，在上一个实验中，我们借助了 MATLAB 机器人工具箱中的逆运动学 ikine()函数。在第 3 章中，我们还学习了逆运动学计算的基本方法，即根据 DH 参数建立机械臂模型来求解各关节角度。在本实验中，我们将用 MATLAB 自己构建模型，编辑逆运动学的算法，将计算出的各关节角发送到 v-rep 中，进行机械臂模型的仿真运动。读者将在自己编辑算法求解逆运动学的过程中，深入地学习逆运动学的计算原理并理解如何通过关节角度运动范围来筛选最终合理的关节空间的解。

第 3 章教学课件

第 4 章 静力学

机器人工作时需要各个关节的驱动装置提供关节力和力矩，通过连杆传递到末端执行器，克服外界作用力和力矩。静力学分析研究机器人关节驱动力和力矩与末端执行器输出力和力矩之间的关系，这是对工业机器人进行力控制的基础，可以为机械臂设计或操作提供技术数据，如驱动电动机、轴承的选择和连杆强度设计等。本章将应用改进型DH坐标系方法，分析从机械臂执行器到基座的作用力和力矩的静力学递推计算过程。

4.1 力和力矩的平衡

在串行机械臂中，连杆与连杆之间通过转动或滑动关节连接，它们之间的作用力和力矩可以通过递推法依次求解。为了方便分析，需要定义一系列的技术参数，主要包括力学参数、几何参数和坐标系参数等。在定义了这些参数后就可以应用递推的方法依次求得各个连杆的力和力矩参数。

1) 坐标系参数

为了求得各个连杆所受的力和力矩，需要将连杆放置于某一坐标系中。采用改进型DH坐标系方法，将坐标系0作为固定参考坐标系，而将坐标系 i 固定于连杆 i 的始端，以此推出连杆 $i+1$ 的始端固定的是坐标系 $i+1$。图4.1绘出了连杆所连接的坐标系情况，并标注了相关的其他技术参数。

2) 几何参数

连杆受力和力矩的作用必定与连杆的几何尺寸相关，这里定义了一些几何参数(如图4.1所示)，主要包括坐标原点 O_i 到坐标原点 O_{i+1} 的三维距离矢量 $\boldsymbol{\varepsilon}_i$、坐标原点 O_i 到连杆 i 的质心 C_i 的三维距离矢量 $\boldsymbol{d}_i$ 和连杆 i 的质心 C_i 到坐标原点 O_{i+1} 的三维距离矢量 $\boldsymbol{r}_i$。其中依据改进型DH坐标系方法，距离矢量 $\boldsymbol{\varepsilon}_i$ 在 Z_{i+1} 轴上的投影即是连杆偏距 b_{i+1}，而在 Z_i 轴和 Z_{i+1} 轴公垂线上的投影即是连杆长度 a_i；其中两个距离矢量 $\boldsymbol{d}_i$ 和 $\boldsymbol{r}_i$ 在计算力矩平衡时将会用到。

3) 力学参数

为了计算连杆的受力状态，连杆 i 可能受到的力除了自身的重力 $m_i\boldsymbol{g}$ 外，就是作用于连杆两端的外力和外力矩。作用于连杆 i 的始端，即作用于坐标系原点 O_i 的外力包括连杆 $i-1$ 通过 O_i 点作用于连杆 i 的三维力矢量 $\boldsymbol{F}_{i-1,i}$ 和三维力矩矢量 $\boldsymbol{N}_{i-1,i}$；而作用于连

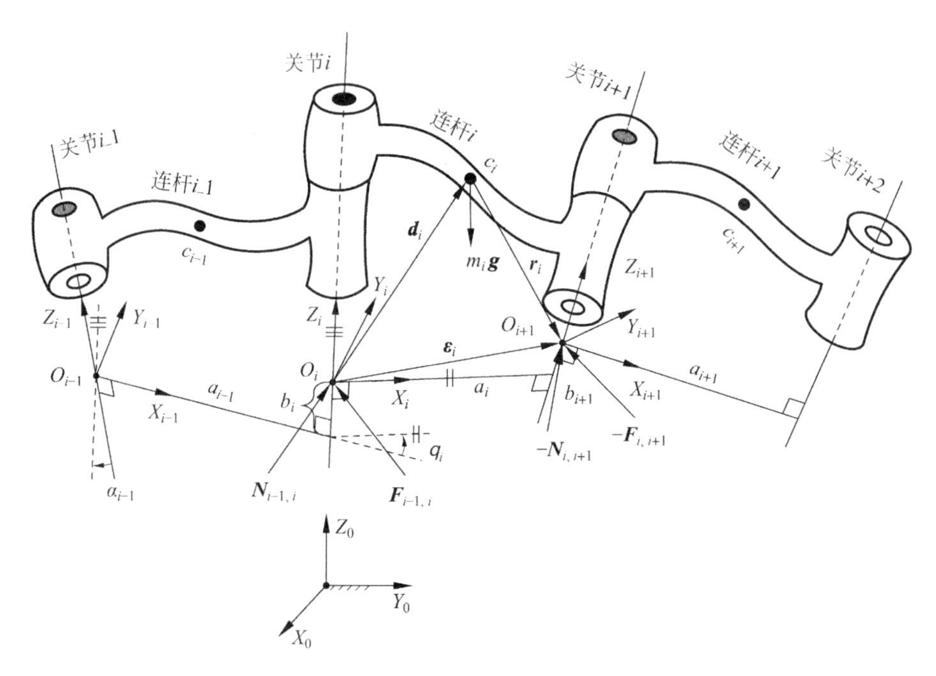

图 4.1 连杆 i 的静力学分析

杆 i 的末端，即作用于坐标系原点 O_{i+1} 的外力包括连杆 $i+1$ 通过 O_{i+1} 点作用于连杆 i 的三维力矢量 $\boldsymbol{F}_{i+1,i}$ 和三维力矩矢量 $\boldsymbol{N}_{i+1,i}$。根据牛顿作用力和反作用力定律有

$$\boldsymbol{F}_{i+1,i}=-\boldsymbol{F}_{i,i+1} \tag{4.1}$$

$$\boldsymbol{N}_{i+1,i}=-\boldsymbol{N}_{i,i+1} \tag{4.2}$$

在如上的一系列参数定义的基础上，从图 4.1 可以看到有 3 个力作用于连杆 i，即力矢量 $\boldsymbol{F}_{i-1,i}$，$\boldsymbol{F}_{i+1,i}(=-\boldsymbol{F}_{i,i+1})$和 $m_i\boldsymbol{g}$。力的平衡方程可以写为

$$\boldsymbol{F}_{i-1,i}-\boldsymbol{F}_{i,i+1}+m_i\boldsymbol{g}=\boldsymbol{0} \tag{4.3}$$

考虑力矩平衡时，各个力围绕坐标原点 O_i 取力矩，可以得到如下力矩平衡方程：

$$\boldsymbol{N}_{i-1,i}-\boldsymbol{N}_{i,i+1}-\boldsymbol{\varepsilon}_i\times\boldsymbol{F}_{i,i+1}+\boldsymbol{d}_i\times m_i\boldsymbol{g}=\boldsymbol{0} \tag{4.4}$$

方程(4.3)和方程(4.4)构成了机械臂各个连杆关节力和力矩的迭代计算关系，其中 $\boldsymbol{F}_{i-1,i}$ 和 $\boldsymbol{N}_{i-1,i}$ 是连杆 $i-1$ 通过 O_i 点作用于连杆 i 的三维力矢量和三维力矩矢量。当 $i=1$ 时，我们有 $\boldsymbol{F}_{01}$ 和 $\boldsymbol{N}_{01}$(为了简化标注，当标注下标为数字时省去中间的“,”号)，分别表示由基座施加给机械臂第一个连杆关节的力和力矩；又当 $i=n+1$ 时，我们又有 $\boldsymbol{F}_{n,n+1}$ 和 $\boldsymbol{N}_{n,n+1}$，分别表示由机器人手或执行器施加给物体或环境的力和力矩。从这个意义上讲，下标 $n+1$ 代表了作业空间的物体或环境。当 $i=1,2,3,\cdots,n$ 时，可以得到 $6n$ 个方程，且共有 $6(n+1)$个力和力矩参数；为了全部求解出这些力学参数，需要至少已知其中的 6 个力和力矩值，这恰好与实际情况吻合。因为由机器人手或执行器施加给物体或环境的力和力矩往往是已知的或容易计算出的，所以可以利用如上的方程通过递推的方式求解出全部机械臂连杆的关节力和力矩。

4.2 递推计算

将方程(4.3)和方程(4.4)重新进行组合,可以得到如下方程:

$$\boldsymbol{F}_{i-1,i}=\boldsymbol{F}_{i,i+1}-m_i\boldsymbol{g} \tag{4.5}$$

$$\boldsymbol{N}_{i-1,i}=\boldsymbol{N}_{i,i+1}+\boldsymbol{\varepsilon}_i\times\boldsymbol{F}_{i,i+1}-\boldsymbol{d}_i\times m_i\boldsymbol{g} \tag{4.6}$$

为了能对方程(4.5)和方程(4.6)进行实际的计算求解,需要对方程中的一些参数做投影处理,结合DH参数连杆长 a_i 和连杆偏距 b_{i+1},可以得到矢量$\boldsymbol{\varepsilon}_i$ 在第 $i+1$ 坐标系的投影为

$$[\boldsymbol{\varepsilon}_i]_{i+1}=\begin{bmatrix}a_i\mathrm{c}\theta_{i+1}\\-a_i\mathrm{s}\theta_{i+1}\\b_{i+1}\end{bmatrix} \tag{4.7}$$

设 ${}_{i+1}^{\ i}\boldsymbol{Q}$ 是坐标系 $i+1$ 相对于坐标系 i 的旋转矩阵,则可以得到矢量$\boldsymbol{\varepsilon}_i$ 在第 i 坐标系的投影为

$$[\boldsymbol{\varepsilon}_i]_i={}_{i+1}^{\ i}\boldsymbol{Q}\begin{bmatrix}a_i\mathrm{c}\theta_{i+1}\\-a_i\mathrm{s}\theta_{i+1}\\b_{i+1}\end{bmatrix}=\begin{bmatrix}a_i\\-\sin\alpha_i b_{i+1}\\\cos\alpha_i b_{i+1}\end{bmatrix} \tag{4.8}$$

其中,旋转矩阵 ${}_{i+1}^{\ i}\boldsymbol{Q}$ 可按照改进型DH坐标系的变换矩阵式(3.3)得到,即

$${}_{i+1}^{\ i}\boldsymbol{Q}=\begin{bmatrix}\mathrm{c}\theta_{i+1} & -\mathrm{s}\theta_{i+1} & 0\\\mathrm{s}\theta_{i+1}\mathrm{c}\alpha_i & \mathrm{c}\theta_{i+1}\mathrm{c}\alpha_i & -\mathrm{s}\alpha_i\\\mathrm{s}\theta_{i+1}\mathrm{s}\alpha_i & \mathrm{c}\theta_{i+1}\mathrm{s}\alpha_i & \mathrm{c}\alpha_i\end{bmatrix} \tag{4.9}$$

当机械臂结构比较复杂时(如 α_i 和 b_{i+1} 的值不为0),就可以利用式(4.8)计算出矢量 $\boldsymbol{\varepsilon}_i$ 在第 i 坐标系的投影。但只要 $b_{i+1}=0$ 时,我们很容易得到矢量$\boldsymbol{\varepsilon}_i$ 在第 i 坐标系的投影为

$$\{[\boldsymbol{\varepsilon}_i]_i\}_{b_{i+1}=0}=\begin{bmatrix}\mathrm{c}\theta_{i+1} & -\mathrm{s}\theta_{i+1} & 0\\\mathrm{s}\theta_{i+1}\mathrm{c}\alpha_i & \mathrm{c}\theta_{i+1}\mathrm{c}\alpha_i & -\mathrm{s}\alpha_i\\\mathrm{s}\theta_{i+1}\mathrm{s}\alpha_i & \mathrm{c}\theta_{i+1}\mathrm{s}\alpha_i & \mathrm{c}\alpha_i\end{bmatrix}\begin{bmatrix}a_i\mathrm{c}\theta_{i+1}\\-a_i\mathrm{s}\theta_{i+1}\\0\end{bmatrix}=\begin{bmatrix}a_i\\0\\0\end{bmatrix} \tag{4.10}$$

一般情况下,矢量 $\boldsymbol{d}_i$ 比较容易获得,因为矢量 $\boldsymbol{d}_i$ 就是连杆 i 的质心的坐标。所以可以计算矢量 $[\boldsymbol{r}_i]_i$ 为

$$[\boldsymbol{r}_i]_i=[\boldsymbol{\varepsilon}_i]_i-[\boldsymbol{d}_i]_i \tag{4.11}$$

如果矢量 $[\boldsymbol{d}_i]_i$ 在坐标系 i 不易获得,还可以通过坐标系 $i+1$ 的参数计算出,即有

$$[\boldsymbol{r}_i]_{i+1}=\begin{bmatrix}r_{ix_{i+1}}\\r_{iy_{i+1}}\\r_{iz_{i+1}}\end{bmatrix} \tag{4.12}$$

式中,$r_{ix_{i+1}}$,$r_{iy_{i+1}}$ 和 $r_{iz_{i+1}}$ 是矢量 $\boldsymbol{r}_i$ 在第 $i+1$ 个坐标系沿着 X_{i+1},Y_{i+1} 和 Z_{i+1} 方向的

投影值。

将式(4.8)和式(4.12)代入式(4.11),重新整理可以得到$[\boldsymbol{d}_i]_i$为

$$[\boldsymbol{d}_i]_i = [\boldsymbol{\varepsilon}_i]_i - [\boldsymbol{r}_i]_i = {}_{i+1}^{i}\boldsymbol{Q}\left\{\begin{bmatrix} a_i \mathrm{c}\theta_{i+1} \\ -a_i \mathrm{s}\theta_{i+1} \\ b_{i+1} \end{bmatrix} - \begin{bmatrix} r_{ix_{i+1}} \\ r_{iy_{i+1}} \\ r_{iz_{i+1}} \end{bmatrix}\right\} \tag{4.13}$$

利用方程(4.5)～方程(4.13),可以进行关节力和力矩的递推计算。

递推计算往往从最后一个连杆或机械臂执行器开始,然后依次计算,直到计算出基座对机械臂第一个连杆的作用力和力矩。对于$i=n$,机械臂末端执行器的力$\boldsymbol{F}_{n+1,n}=-\boldsymbol{F}_{n,n+1}$和力矩$\boldsymbol{N}_{n+1,n}=-\boldsymbol{N}_{n,n+1}$可以认为是已知或输入的参数。因此,利用式(4.3)和式(4.4)可以计算出在第n个关节的反作用力$\boldsymbol{F}_{n-1,n}$和力矩$\boldsymbol{N}_{n-1,n}$。

由于改进型DH坐标系固定在连杆的始端,对于最后一个连杆n,除了固定在始端的坐标系n,还有一个固定在连杆n末端的坐标系$n+1$,即工具坐标系e。实际上连杆n有两个坐标系可以用于描述连杆n。为方便递推计算,可以取坐标系$e=n+\mathbf{1}$的各个轴的方向与坐标系n完全一致,这时力$\boldsymbol{F}_{n+1,n}=-\boldsymbol{F}_{n,n+1}$和力矩$\boldsymbol{N}_{n+1,n}=-\boldsymbol{N}_{n,n+1}$就可以直接用于坐标系$n$的递推计算;如果两个坐标系各个轴的方向不一致,则需要将力$\boldsymbol{F}_{n+1,n}=-\boldsymbol{F}_{n,n+1}$和力矩$\boldsymbol{N}_{n+1,n}=-\boldsymbol{N}_{n,n+1}$利用转动矩阵${}_{n+1}^{n}\boldsymbol{Q}$进行转换后才可以用于坐标系$n$的递推计算。

从$i=n$到机械臂的第一个关节$i=1$重复进行递推计算,就可以计算出所有关节的作用力和力矩。实际计算时,可以利用如下投影方程:

$$[\boldsymbol{F}_{i-1,i}]_i = [\boldsymbol{F}_{i,i+1} - m_i\boldsymbol{g}]_i \tag{4.14}$$

$$[\boldsymbol{N}_{i-1,i}]_i = [\boldsymbol{N}_{i,i+1} + \boldsymbol{\varepsilon}_i \times \boldsymbol{F}_{i,i+1} - \boldsymbol{d}_i \times m_i\boldsymbol{g}]_i \tag{4.15}$$

$$[\boldsymbol{F}_{i-1,i}]_{i-1} = {}_{i}^{i-1}\boldsymbol{Q}\,[\boldsymbol{F}_{i-1,i}]_i \tag{4.16}$$

$$[\boldsymbol{N}_{i-1,i}]_{i-1} = {}_{i}^{i-1}\boldsymbol{Q}\,[\boldsymbol{N}_{i-1,i}]_i \tag{4.17}$$

注意:方程(4.14)和方程(4.15)的重力加速度$\boldsymbol{g}$往往是相对于固定坐标系0的,可以利用方程(4.18)通过旋转逆矩阵求得其他坐标系的重力加速度$\boldsymbol{g}$的分布:

$$[\boldsymbol{g}]_{i+1} = {}_{i+1}^{i}\boldsymbol{Q}^{\mathrm{T}}\,[\boldsymbol{g}]_i \tag{4.18}$$

4.3 等效关节力矩

通过递推计算获得各个关节的作用力和力矩后,可以进一步确定各个关节的驱动力或力矩。对于串行机器人,每个关节都会设置一台驱动电动机来提供必要的驱动力或力矩。

对于旋转关节,驱动力矩τ_i可以通过如下方程确定:

$$\tau_i = \boldsymbol{e}_i^{\mathrm{T}}\boldsymbol{N}_{i-1,i} \tag{4.19}$$

对于滑动关节,驱动力σ_i可以通过如下方程确定

$$\sigma_i = \boldsymbol{e}_i^{\mathrm{T}}\boldsymbol{F}_{i-1,i} \tag{4.20}$$

式中,$\boldsymbol{e}_i$为指向关节的旋转轴或滑动轴,即Z轴的单位矢量。

实际上，如果是转动关节，驱动电动机仅仅提供旋转方向的力矩即可，另外两个 X 和 Y 方向的分量可以看成关节的内力，这些内力在关节内部相互平衡，无须额外提供平衡力或力矩。但是这些内力对于机械臂结构的优化设计计算具有重要的价值。

例题 4.1　二连杆机械臂静力学计算

在图 4.2 所示的二连杆机械臂中，假设由机械臂执行器给外部环境施加一个外力矩 $\boldsymbol{N}_{23}$ 和外力 $\boldsymbol{F}_{23}$，坐标系 3 与坐标系 2 的各个轴方向一致，坐标系 3 的原点代表连杆 2 对环境的作用点。其中已知作用力

$$[\boldsymbol{F}_{23}]_3 = [f_x \quad f_y \quad 0]^{\mathrm{T}} \tag{4.21a}$$

$$\boldsymbol{N}_{23} = 0 \tag{4.21b}$$

假设忽略重力的影响，求各个关节的力和力矩。

解：为方便计算，将有关参数标注在图 4.2 中，其中坐标系 0 为固定参考系。

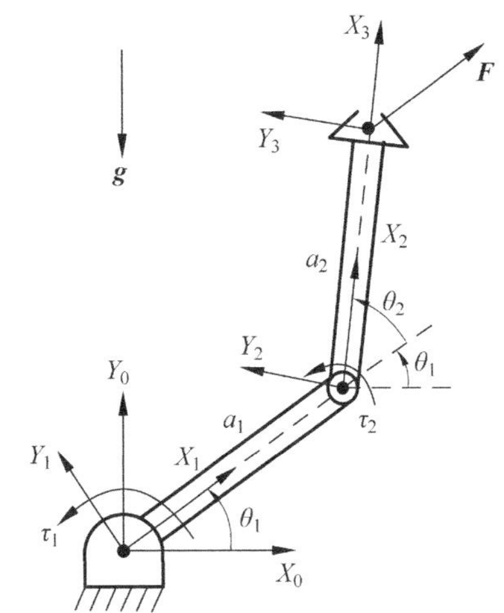

图 4.2　二连杆机械臂静力学计算

首先，坐标系 3 与坐标系 2 的各个轴方向一致，其转动矩阵为单位矩阵，即 ${}^2_3\boldsymbol{Q}=\boldsymbol{E}$。所以有

$$[\boldsymbol{F}_{23}]_2 = {}^2_3\boldsymbol{Q}\,[\boldsymbol{F}_{23}]_3 = [f_x \quad f_y \quad 0]^{\mathrm{T}} \tag{4.22}$$

由于忽略了重力的影响，根据方程(4.14)，当 $i=2$ 时，有

$$[\boldsymbol{F}_{12}]_2 = [\boldsymbol{F}_{23}]_2 = [f_x \quad f_y \quad 0]^{\mathrm{T}} \tag{4.23}$$

由于坐标系 3 与坐标系 2 的各个轴方向固定一致，所以有 $b_3=0$ 和 $\theta_3=0$，$[\boldsymbol{\varepsilon}_2]_2$ 可以计算为

$$[\boldsymbol{\varepsilon}_2]_2 = \begin{bmatrix} a_2 \\ -\sin\alpha_2 b_3 \\ \cos\alpha_2 b_3 \end{bmatrix} = \begin{bmatrix} a_2 \\ 0 \\ 0 \end{bmatrix} \tag{4.24}$$

由于外力矩为 0，即 $\boldsymbol{N}_{23}=0$，力矩 $[\boldsymbol{N}_{12}]_2$ 可以根据方程(4.25)计算出：

$$[\boldsymbol{N}_{12}]_2 = [\boldsymbol{\varepsilon}_2 \times \boldsymbol{F}_{23}]_2 = [\boldsymbol{\varepsilon}_2 \times \boldsymbol{F}_{12}]_2 = \begin{bmatrix} 0 \\ 0 \\ a_2 f_y \end{bmatrix} \tag{4.25}$$

根据式(4.16)和式(4.17)进一步递推，可以计算出力 $[\boldsymbol{F}_{12}]_1$ 和力矩 $[\boldsymbol{N}_{12}]_1$ 为

$$[\boldsymbol{F}_{12}]_1 = {}^1_2\boldsymbol{Q}\,[\boldsymbol{F}_{12}]_2 = \begin{bmatrix} f_x \mathrm{c}\theta_2 - f_y \mathrm{s}\theta_2 \\ f_x \mathrm{s}\theta_2 + f_y \mathrm{c}\theta_2 \\ 0 \end{bmatrix} \tag{4.26}$$

$$[\boldsymbol{N}_{12}]_1 = {}^1_2\boldsymbol{Q}\,[\boldsymbol{N}_{12}]_2 = \begin{bmatrix} 0 \\ 0 \\ a_2 f_y \end{bmatrix} \tag{4.27}$$

式中，旋转矩阵 ${}^1_2\boldsymbol{Q}$ 为

$${}^1_2\boldsymbol{Q} = \begin{bmatrix} \mathrm{c}\theta_2 & -\mathrm{s}\theta_2 & 0 \\ \mathrm{s}\theta_2 & \mathrm{c}\theta_2 & 0 \\ 0 & 0 & 1 \end{bmatrix} \tag{4.28}$$

对连杆 1 应用递推公式(4.14)和式(4.15),作用力 $[\boldsymbol{F}_{01}]_1$ 递推计算为

$$[\boldsymbol{F}_{01}]_1=[\boldsymbol{F}_{12}]_1=\begin{bmatrix}f_x \mathrm{c}\theta_2-f_y \mathrm{s}\theta_2\\f_x \mathrm{s}\theta_2+f_y \mathrm{c}\theta_2\\0\end{bmatrix} \tag{4.29}$$

对于平面二连杆机械臂,由于有 $b_2=0$,所以 $[\boldsymbol{\varepsilon}_1]_1$ 为

$$[\boldsymbol{\varepsilon}_1]_1={}_2^1\boldsymbol{Q}\begin{bmatrix}a_1 \mathrm{c}\theta_2\\-a_1 \mathrm{s}\theta_2\\b_2\end{bmatrix}=\begin{bmatrix}a_1\\0\\0\end{bmatrix} \tag{4.30}$$

作用力矩 $[\boldsymbol{N}_{01}]_1$ 递推计算为

$$\begin{aligned}[\boldsymbol{N}_{01}]_1&=[\boldsymbol{N}_{12}+\boldsymbol{\varepsilon}_1\times\boldsymbol{F}_{12}]_1=\begin{bmatrix}0\\0\\a_2 f_y\end{bmatrix}+\begin{bmatrix}a_1\\0\\0\end{bmatrix}\times\begin{bmatrix}f_x \mathrm{c}\theta_2-f_y \mathrm{s}\theta_2\\f_x \mathrm{s}\theta_2+f_y \mathrm{c}\theta_2\\0\end{bmatrix}\\&=\begin{bmatrix}0\\0\\a_2 f_y+a_1 f_x \mathrm{s}\theta_2+a_1 f_y \mathrm{c}\theta_2\end{bmatrix}\end{aligned} \tag{4.31}$$

最后,根据式(4.16)递推关系,可以计算出力 $[\boldsymbol{F}_{01}]_0$ 为

$$[\boldsymbol{F}_{01}]_0={}_1^0\boldsymbol{Q}\,[\boldsymbol{F}_{01}]_1=\begin{bmatrix}f_x \mathrm{c}\theta_{12}-f_y \mathrm{s}\theta_{12}\\f_x \mathrm{s}\theta_{12}+f_y \mathrm{c}\theta_{12}\\0\end{bmatrix} \tag{4.32}$$

式中,$\theta_{12}=\theta_1+\theta_2$;旋转矩阵${}_1^0\boldsymbol{Q}$ 为

$${}_1^0\boldsymbol{Q}=\begin{bmatrix}\mathrm{c}\theta_1&-\mathrm{s}\theta_1&0\\\mathrm{s}\theta_1&\mathrm{c}\theta_1&0\\0&0&1\end{bmatrix} \tag{4.33}$$

根据式(4.17)可以计算出力矩 $[\boldsymbol{N}_{01}]_0$ 为

$$[\boldsymbol{N}_{01}]_0={}_1^0\boldsymbol{Q}\,[\boldsymbol{N}_{01}]_1=\begin{bmatrix}0\\0\\a_2 f_y+a_1 f_x \mathrm{s}\theta_2+a_1 f_y \mathrm{c}\theta_2\end{bmatrix} \tag{4.34}$$

最后,根据方程(4.19)投影关系,可以得出关节转矩为 τ_1 和 τ_2 为

$$\tau_1=a_2 f_y+a_1 f_x \mathrm{s}\theta_2+a_1 f_y \mathrm{c}\theta_2 \tag{4.35}$$

$$\tau_2=a_2 f_y \tag{4.36}$$

分析与讨论

从计算出的转矩 τ_1 和 τ_2 可以看出机械臂执行器施加外力对连杆转矩的影响规律。首先,最后一个连杆的转矩 τ_2 与连杆长 a_2 和外力 f_y 呈正比例关系,即外力 f_y 增加时,转矩与 a_2 成比例增加,当外力不变时,驱动转矩为常数;而第一个关节的转矩 τ_1 的变化比较复杂,首先最后一个关节的转矩 τ_2 会等量传递给前一个关节,同时 f_y 和 f_x 都会分别按余弦和正弦规律并与第一连杆长 a_1 呈正比例关系变化。可见在理论上,转矩 τ_1 是随转角 θ_2 变化的。本例题假定了外力在 Z 轴方向为零,这是基本符合多数实际应用情况的。另外,$\boldsymbol{\varepsilon}_i$

的计算对于平面二连杆机械臂比较简单，可以直接看出它在坐标系 i 的投影值为 a_i。但如果连杆之间存在 α_i 角，采用式(4.8)进行计算则更为方便可靠。

例题 4.2　三连杆机械臂静力学计算

图 4.3 所示的三连杆机械臂，具有 3 个自由度，且每个关节为旋转关节，其中坐标系 4 与坐标系 3 的各个轴方向一致，坐标系 4 的原点代表连杆 3 对环境的作用点。假设连杆的重心位于连杆的中点，重力加速度垂直向下；并假设由机械臂执行器给外部环境施加如下的外力和外力矩：

$$[\boldsymbol{F}_{34}]_4=[\boldsymbol{F}_{34}]_3=[f_x \quad f_y \quad 0]^{\mathrm{T}} \tag{4.37}$$

$$[\boldsymbol{N}_{34}]_4=[\boldsymbol{N}_{34}]_3=[0 \quad 0 \quad n_z]^{\mathrm{T}} \tag{4.38}$$

试求各个关节所需的驱动转矩 τ_1，τ_2 和 τ_3。

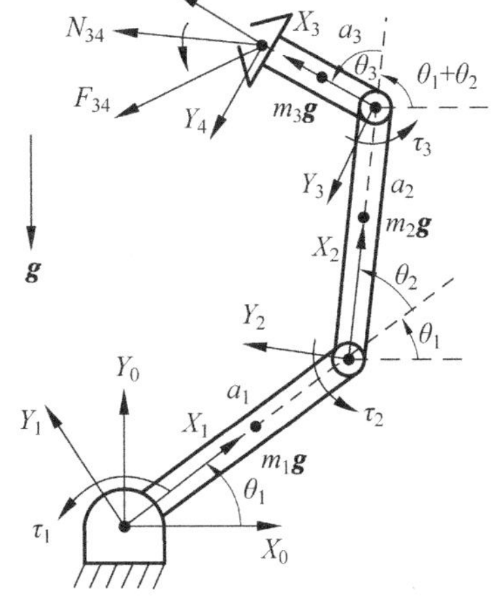

图 4.3　三连杆机械臂静力学计算

解：标注必要的平面三连杆机械臂静力学计算参数，如图 4.3 所示。其中，坐标系 0 为固定参考系；坐标系 4 与坐标系 3 的各个轴方向一致，坐标系 4 的原点代表连杆 3 对环境的作用点。根据式(4.7)～式(4.12)，又由于连杆的重心位于连杆的中点，且 $b_i=0$。因此有

$$[\boldsymbol{\varepsilon}_3]_3=[a_3 \quad 0 \quad 0]^{\mathrm{T}} \tag{4.39a}$$

$$[\boldsymbol{\varepsilon}_2]_2=[a_2 \quad 0 \quad 0]^{\mathrm{T}} \tag{4.39b}$$

$$[\boldsymbol{\varepsilon}_1]_1=[a_1 \quad 0 \quad 0]^{\mathrm{T}} \tag{4.39c}$$

同样可以获得质点的矢量 $\boldsymbol{d}_i$ 的投影方程为

$$[\boldsymbol{d}_3]_3=[a_3/2 \quad 0 \quad 0]^{\mathrm{T}} \tag{4.40a}$$

$$[\boldsymbol{d}_2]_2=[a_2/2 \quad 0 \quad 0]^{\mathrm{T}} \tag{4.40b}$$

$$[\boldsymbol{d}_1]_1=[a_1/2 \quad 0 \quad 0]^{\mathrm{T}} \tag{4.40c}$$

式中，a_i 为连杆 i 的长度，当 $i=1,2,3$ 时，a_1，a_2 和 a_3 分别是连杆 1,2 和 3 的长度。

依据式(4.18)，可以计算各个连杆重力加速度在相应坐标系的投影方程为

$$[\boldsymbol{g}]_3=[-\mathrm{s}\theta_{123}g \quad -\mathrm{c}\theta_{123}g \quad 0]^{\mathrm{T}} \tag{4.41a}$$

$$[\boldsymbol{g}]_2=[-\mathrm{s}\theta_{12}g \quad -\mathrm{c}\theta_{12}g \quad 0]^{\mathrm{T}} \tag{4.41b}$$

$$[\boldsymbol{g}]_1=[-\mathrm{s}\theta_1 g \quad -\mathrm{c}\theta_1 g \quad 0]^{\mathrm{T}} \tag{4.41c}$$

式中，$\theta_{12}=\theta_1+\theta_2$；$\theta_{123}=\theta_1+\theta_2+\theta_3$。

对于连杆坐标系 3，根据式(4.14)可以得到 $[\boldsymbol{F}_{23}]_3$ 递推计算为

$$[\boldsymbol{F}_{23}]_3=[\boldsymbol{F}_{34}-m_3\boldsymbol{g}]_3=\begin{bmatrix} f_x \\ f_y \\ 0 \end{bmatrix}-\begin{bmatrix} -\mathrm{s}\theta_{123}m_3 g \\ -\mathrm{c}\theta_{123}m_3 g \\ 0 \end{bmatrix}$$

$$=\begin{bmatrix} f_x+\mathrm{s}\theta_{123}m_3 g \\ f_y+\mathrm{c}\theta_{123}m_3 g \\ 0 \end{bmatrix} \tag{4.42}$$

由于力矩为 $[\boldsymbol{N}_{34}]_3=[0\quad 0\quad n_z]^{\mathrm{T}}$，力矩 $[\boldsymbol{N}_{23}]_3$ 可以根据方程(4.15)递推出，即

$$\begin{aligned}
[\boldsymbol{N}_{23}]_3 &= [\boldsymbol{N}_{34}+\boldsymbol{\varepsilon}_3\times\boldsymbol{F}_{34}-\boldsymbol{d}_3\times m_3\boldsymbol{g}]_3\\
&=\begin{bmatrix}0\\0\\n_z\end{bmatrix}+\begin{bmatrix}a_3\\0\\0\end{bmatrix}\times\begin{bmatrix}f_x\\f_y\\0\end{bmatrix}-\begin{bmatrix}a_3/2\\0\\0\end{bmatrix}\times\begin{bmatrix}-\mathrm{s}\theta_{123}m_3g\\-\mathrm{c}\theta_{123}m_3g\\0\end{bmatrix}\\
&=\begin{bmatrix}0\\0\\n_z+a_3f_y+a_3\mathrm{c}\theta_{123}m_3g/2\end{bmatrix}
\end{aligned}\tag{4.43}$$

根据递推式(4.16)和式(4.17)，可得作用力 $[\boldsymbol{F}_{23}]_2$ 和作用力矩 $[\boldsymbol{N}_{23}]_2$ 如下：

$$\begin{aligned}
[\boldsymbol{F}_{23}]_2 &={}_3^2\boldsymbol{Q}\,[\boldsymbol{F}_{23}]_3=\begin{bmatrix}\mathrm{c}\theta_3 & -\mathrm{s}\theta_3 & 0\\ \mathrm{s}\theta_3 & \mathrm{c}\theta_3 & 0\\ 0 & 0 & 1\end{bmatrix}\begin{bmatrix}f_x+\mathrm{s}\theta_{123}m_3g\\f_y+\mathrm{c}\theta_{123}m_3g\\0\end{bmatrix}\\
&=\begin{bmatrix}\mathrm{c}\theta_3(f_x+\mathrm{s}\theta_{123}m_3g)-\mathrm{s}\theta_3(f_y+\mathrm{c}\theta_{123}m_3g)\\ \mathrm{s}\theta_3(f_x+\mathrm{s}\theta_{123}m_3g)+\mathrm{c}\theta_3(f_y+\mathrm{c}\theta_{123}m_3g)\\0\end{bmatrix}
\end{aligned}\tag{4.44}$$

$$[\boldsymbol{N}_{23}]_2={}_3^2\boldsymbol{Q}\,[\boldsymbol{N}_{23}]_3=\begin{bmatrix}0\\0\\n_z+a_3f_y+a_3\mathrm{c}\theta_{123}m_3g/2\end{bmatrix}\tag{4.45}$$

对于连杆坐标系 2，根据式(4.14)对作用力 $[\boldsymbol{F}_{12}]_2$ 进行递推计算为

$$\begin{aligned}
[\boldsymbol{F}_{12}]_2 &= [\boldsymbol{F}_{23}-m_2\boldsymbol{g}]_2\\
&=\begin{bmatrix}\mathrm{c}\theta_3(f_x+\mathrm{s}\theta_{123}m_3g)-\mathrm{s}\theta_3(f_y+\mathrm{c}\theta_{123}m_3g)+\mathrm{s}\theta_{12}m_2g\\ \mathrm{s}\theta_3(f_x+\mathrm{s}\theta_{123}m_3g)+\mathrm{c}\theta_3(f_y+\mathrm{c}\theta_{123}m_3g)+\mathrm{c}\theta_{12}m_2g\\0\end{bmatrix}\\
&=\begin{bmatrix}(f_{12}^x)_2\\(f_{12}^y)_2\\0\end{bmatrix}
\end{aligned}\tag{4.46}$$

式中，$(f_{12}^x)_2$ 和 $(f_{12}^y)_2$ 分别表示作用力 $\boldsymbol{F}_{12}$ 在坐标系 2 的 X 轴和 Y 轴上的投影分量，在 Z 轴的投影分量为 0，如下类推。

再根据式(4.15)可以对作用力矩 $[\boldsymbol{N}_{12}]_2$ 进行如下递推计算，即

$$\begin{aligned}
[\boldsymbol{N}_{12}]_2 &= [\boldsymbol{N}_{23}+\boldsymbol{\varepsilon}_2\times\boldsymbol{F}_{23}-\boldsymbol{d}_2\times m_2\boldsymbol{g}]_2\\
&=\begin{bmatrix}0\\0\\n_z+a_3f_y+a_3\mathrm{c}\theta_{123}m_3g/2\end{bmatrix}+\begin{bmatrix}a_2\\0\\0\end{bmatrix}\times\begin{bmatrix}\mathrm{c}\theta_3(f_x+\mathrm{s}\theta_{123}m_3g)-\mathrm{s}\theta_3(f_y+\mathrm{c}\theta_{123}m_3g)\\ \mathrm{s}\theta_3(f_x+\mathrm{s}\theta_{123}m_3g)+\mathrm{c}\theta_3(f_y+\mathrm{c}\theta_{123}m_3g)\\0\end{bmatrix}-\\
&\quad\begin{bmatrix}a_2/2\\0\\0\end{bmatrix}\times\begin{bmatrix}-\mathrm{s}\theta_{12}m_2g\\-\mathrm{c}\theta_{12}m_2g\\0\end{bmatrix}
\end{aligned}$$

$$
= \begin{bmatrix} 0 \\ 0 \\ n_z + a_3 f_y + a_3 c\theta_{123} m_3 g/2 + a_2[s\theta_3(f_x + s\theta_{123} m_3 g) + c\theta_3(f_y + c\theta_{123} m_3 g)] + a_2 c\theta_{12} m_2 g/2 \end{bmatrix}
$$

$$
= \begin{bmatrix} 0 \\ 0 \\ (n_{12}^z)_2 \end{bmatrix} \tag{4.47}
$$

根据式(4.16)和式(4.17),递推可得作用力 $[\boldsymbol{F}_{12}]_1$ 和作用力矩 $[\boldsymbol{N}_{12}]_1$ 如下:

$$
[\boldsymbol{F}_{12}]_1 = {}_2^1\boldsymbol{Q}\,[\boldsymbol{F}_{12}]_2 = \begin{bmatrix} c\theta_2 & -s\theta_2 & 0 \\ s\theta_2 & c\theta_2 & 0 \\ 0 & 0 & 1 \end{bmatrix} \begin{bmatrix} (f_{12}^x)_2 \\ (f_{12}^y)_2 \\ 0 \end{bmatrix}
$$

$$
= \begin{bmatrix} c\theta_2 (f_{12}^x)_2 - s\theta_2 (f_{12}^y)_2 \\ s\theta_2 (f_{12}^x)_2 + c\theta_2 (f_{12}^y)_2 \\ 0 \end{bmatrix} = \begin{bmatrix} (f_{12}^x)_1 \\ (f_{12}^y)_1 \\ 0 \end{bmatrix} \tag{4.48}
$$

$$
[\boldsymbol{N}_{12}]_1 = {}_2^1\boldsymbol{Q}\,[\boldsymbol{N}_{12}]_2 = \begin{bmatrix} c\theta_2 & -s\theta_2 & 0 \\ s\theta_2 & c\theta_2 & 0 \\ 0 & 0 & 1 \end{bmatrix} \begin{bmatrix} 0 \\ 0 \\ (n_{12}^z)_2 \end{bmatrix} = \begin{bmatrix} 0 \\ 0 \\ (n_{12}^z)_1 \end{bmatrix} \tag{4.49}
$$

对于连杆坐标系 1,根据式(4.14)可以对作用力 $[\boldsymbol{F}_{01}]_1$ 进行如下递推计算:

$$
[\boldsymbol{F}_{01}]_1 = [\boldsymbol{F}_{12} - m_1 \boldsymbol{g}]_1 = \begin{bmatrix} (f_{12}^x)_1 + s\theta_1 m_1 g \\ (f_{12}^y)_1 + c\theta_1 m_1 g \\ 0 \end{bmatrix} = \begin{bmatrix} (f_{01}^x)_1 \\ (f_{01}^y)_1 \\ 0 \end{bmatrix} \tag{4.50}
$$

再根据式(4.15)可以对作用力矩 $[\boldsymbol{N}_{01}]_1$ 进行如下递推计算,即

$$
[\boldsymbol{N}_{01}]_1 = [\boldsymbol{N}_{12} + \boldsymbol{\varepsilon}_1 \times \boldsymbol{F}_{12} - \boldsymbol{d}_1 \times m_1 \boldsymbol{g}]_1
$$

$$
= \begin{bmatrix} 0 \\ 0 \\ (n_{12}^z)_1 \end{bmatrix} + \begin{bmatrix} a_1 \\ 0 \\ 0 \end{bmatrix} \times \begin{bmatrix} (f_{12}^x)_1 \\ (f_{12}^y)_1 \\ 0 \end{bmatrix} - \begin{bmatrix} a_1/2 \\ 0 \\ 0 \end{bmatrix} \times \begin{bmatrix} -s\theta_1 m_1 g \\ -c\theta_1 m_1 g \\ 0 \end{bmatrix} = \begin{bmatrix} 0 \\ 0 \\ (n_{01}^z)_1 \end{bmatrix} \tag{4.51}
$$

最后,根据式(4.16)和式(4.17),递推可得作用力 $[\boldsymbol{F}_{01}]_0$ 和作用力矩 $[\boldsymbol{N}_{01}]_0$ 如下:

$$
[\boldsymbol{F}_{01}]_0 = {}_1^0\boldsymbol{Q}\,[\boldsymbol{F}_{01}]_1 = \begin{bmatrix} c\theta_1 & -s\theta_1 & 0 \\ s\theta_1 & c\theta_1 & 0 \\ 0 & 0 & 1 \end{bmatrix} \begin{bmatrix} (f_{01}^x)_1 \\ (f_{01}^y)_1 \\ 0 \end{bmatrix}
$$

$$
= \begin{bmatrix} c\theta_1 (f_{01}^x)_1 - s\theta_1 (f_{01}^y)_1 \\ s\theta_1 (f_{01}^x)_1 + c\theta_1 (f_{01}^y)_1 \\ 0 \end{bmatrix} = \begin{bmatrix} (f_{01}^x)_0 \\ (f_{01}^y)_0 \\ 0 \end{bmatrix} \tag{4.52}
$$

$$
[\boldsymbol{N}_{01}]_0 = {}_1^0\boldsymbol{Q}\,[\boldsymbol{N}_{01}]_1 = \begin{bmatrix} c\theta_1 & -s\theta_1 & 0 \\ s\theta_1 & c\theta_1 & 0 \\ 0 & 0 & 1 \end{bmatrix} \begin{bmatrix} 0 \\ 0 \\ (n_{01}^z)_1 \end{bmatrix} = \begin{bmatrix} 0 \\ 0 \\ (n_{01}^z)_0 \end{bmatrix} \tag{4.53}
$$

应用投影公式(4.19)可以得出各个关节的驱动转矩为

$$\tau_1 = \boldsymbol{e}_1^{\mathrm{T}} \boldsymbol{N}_{01} = (n_{01}^z)_1 \tag{4.54a}$$

$$\tau_2 = \boldsymbol{e}_2^{\mathrm{T}} \boldsymbol{N}_{12} = (n_{12}^z)_2 \tag{4.54b}$$

$$\tau_3 = \boldsymbol{e}_3^{\mathrm{T}} \boldsymbol{N}_{23} = n_z + a_3 f_y + a_3 c\theta_{123} m_3 g/2 \tag{4.54c}$$

式中,$\boldsymbol{e}_i^{\mathrm{T}} = [0 \quad 0 \quad 1]^{\mathrm{T}} (i=1,2,3)$。

分析与讨论

从计算出的转矩 τ_1,τ_2 和 τ_3 可以看出机械臂执行器施加外力对各个连杆转矩的影响是与各个连杆的角度分布有关的量;其中,后一个关节的转矩会传递到前一个关节中。这导致 τ_1 的分布最为复杂,且转矩值在数值上的变化也是最大的,τ_1 的计算几乎包含了所有后面末端关节的力学参数。从例题 4.2 三连杆机械臂静力学的递推过程还可以看出,虽然递推过程的计算比较复杂,但是作用力和力矩的递推过程还是很有规律性的。如果编译适当的计算程序,则当设定必要的机械臂力学和几何参数时,可以很容易得到静力学的递推结果,这就是下一节要讨论的内容。另外,当基于计算出的驱动力矩选择驱动电动机时,还需要考虑其他的因素,比如摩擦力、减速机传动效率及部件的惯性等。

4.4 工业机械臂静力学递推计算

工业机械臂经过几十年的改进和发展,逐渐形成了可靠合理的设计结构。比如,对于 6 自由度机械臂,最后 3 个坐标系的 Z_4,Z_5 和 Z_6 轴是相互垂直并相交于一点的。本节我们选择一种典型的机械臂结构来进行静力学的递推计算,目的是编写合适的计算机程序(如 MATLAB),使有关的静力学递推计算能够在输入必要的技术参数后,递推程序自动计算出相应的静力学参数。

1) 坐标系标注

本节仍采用改进型 DH 坐标系方法,将坐标系 0 固定在机械臂的基座中心上并作为固定参考坐标系,如图 4.4 所示。设定坐标系 1 作为第一轴坐标系,但是 X_1 和 X_0 轴之间有一偏距 b_1;而将坐标系 2 固定在机械臂大臂始端即第二转轴上,即第二转轴 Z_2 上;坐标系 3 固定在小臂的始端,即第三转轴 Z_3 上;坐标系 4 固定在小臂的末端即第四转轴上;坐标系 5 固定在俯仰基座的始端即转轴 Z_5 上并与坐标系 4 的原点重合;坐标系 6 固定在俯仰基座的末端的第六转轴 Z_6 上。图 4.4 中也标注了各个坐标系的方向和相关的其他技术参数,如连杆参数 a_1,a_2,a_3,b_1,b_4 和 b_6 等。

表 4.1 列出了相应于图 4.4 典型工业机械臂改进型 DH 坐标系的参数,其中 $\theta_i(i=1,2,3,4,5,6)$为变量,其余的 DH 参数为固定的常量。

2) 坐标系变换矩阵

为了方便在机械臂起动时校整零点,设置图 4.4 所示机械臂各个坐标系的位置为起步零点位置。从表 4.1 可以看出转角 θ_2 和 θ_5 在零点时已经有初始转角 $\theta_{20}=-90°$和 $\theta_{50}=90°$。注意在图 4.4 的坐标系的零点位置,坐标系 0 和坐标系 6 的各个对应轴的方向是一致的,这是为了在零点校整后,方便有关数据的校核,即坐标系 6 相对于坐标系 0 位置和姿态

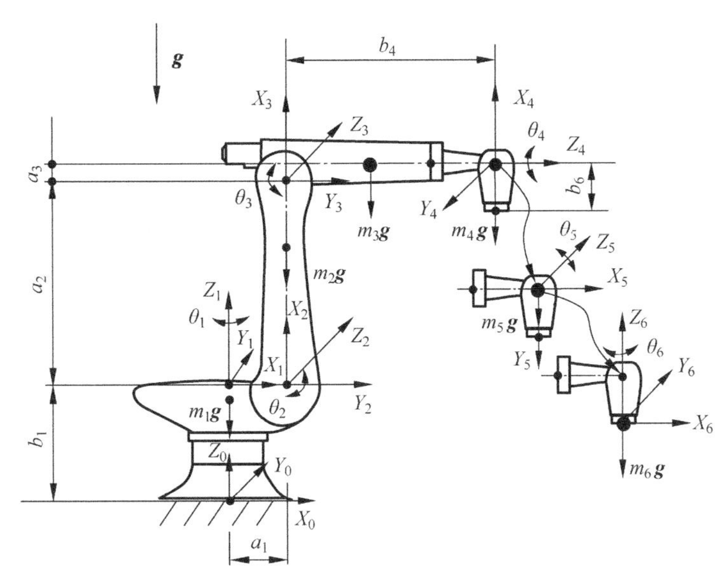

图 4.4 典型工业机械臂坐标系标注

表 4.1 机械臂改进型 DH 建模参数

坐标系 i	b_i	θ_i	a_{i-1}	α_{i-1}
1	b_1	$\theta_1,\theta_{10}=0$	0	0
2	0	$\theta_2,\theta_{20}=-90$	a_1	$-90°$
3	0	$\theta_3,\theta_{30}=0$	a_2	0
4	b_4	$\theta_4,\theta_{40}=0$	a_3	$-90°$
5	0	$\theta_5,\theta_{50}=90$	0	$90°$
6	$-b_6$	$\theta_6,\theta_{60}=0$	0	$90°$

注：θ_{i0} 表示机械臂在图示位置，即起步零点的连杆角度。

只需要考核 3 个位置坐标值即可，而坐标系 6 的姿态是与坐标系 0 一致的。在机械臂零点校整后，其坐标系 6 相对于坐标系 0 的变换矩阵为

$$
{}_6^0\boldsymbol{T}=\begin{bmatrix}1 & 0 & 0 & a_1+b_4\\ 0 & 1 & 0 & 0\\ 0 & 0 & 1 & b_1+a_2+a_3-b_6\\ 0 & 0 & 0 & 1\end{bmatrix} \tag{4.55}
$$

为了编写合适的计算机程序，使有关的静力学递推计算能够在输入必要的技术参数后(如表 4.1 中的机械臂 DH 参数)递推程序自动计算出相应的静力学参数，需要根据改进型 DH 坐标系方法式(3.3)推出机械臂各个坐标系的变换矩阵。式(4.56)～式(4.61)给出了相应图 4.4 的坐标系 0～坐标系 6 的变换矩阵。

$$
{}_1^0\boldsymbol{T}=\begin{bmatrix}c\theta_1 & -s\theta_1 & 0 & 0\\ s\theta_1 & c\theta_1 & 0 & 0\\ 0 & 0 & 1 & b_1\\ 0 & 0 & 0 & 1\end{bmatrix} \tag{4.56a}
$$

$$
{}_2^1\boldsymbol{T}=\begin{bmatrix} c\theta_2 & -s\theta_2 & 0 & a_1 \\ 0 & 0 & 1 & 0 \\ -s\theta_2 & -c\theta_2 & 0 & 0 \\ 0 & 0 & 0 & 1 \end{bmatrix} \tag{4.56b}
$$

$$
{}_3^2\boldsymbol{T}=\begin{bmatrix} c\theta_3 & -s\theta_3 & 0 & a_2 \\ s\theta_3 & c\theta_3 & 0 & 0 \\ 0 & 0 & 1 & 0 \\ 0 & 0 & 0 & 1 \end{bmatrix} \tag{4.56c}
$$

$$
{}_4^3\boldsymbol{T}=\begin{bmatrix} c\theta_4 & -s\theta_4 & 0 & a_3 \\ 0 & 0 & 1 & b_4 \\ -s\theta_4 & -c\theta_4 & 0 & 0 \\ 0 & 0 & 0 & 1 \end{bmatrix} \tag{4.56d}
$$

$$
{}_5^4\boldsymbol{T}=\begin{bmatrix} c\theta_5 & -s\theta_5 & 0 & 0 \\ 0 & 0 & -1 & 0 \\ s\theta_5 & c\theta_5 & 0 & 0 \\ 0 & 0 & 0 & 1 \end{bmatrix} \tag{4.56e}
$$

$$
{}_6^5\boldsymbol{T}=\begin{bmatrix} c\theta_6 & -s\theta_6 & 0 & 0 \\ 0 & 0 & -1 & b_6 \\ s\theta_6 & c\theta_6 & 0 & 0 \\ 0 & 0 & 0 & 1 \end{bmatrix} \tag{4.56f}
$$

3）力学参数

利用递推公式(4.10)～式(4.16)可以计算如图 4.4 机械臂各个连杆的静力学参数。首先，依据典型工业机械臂的设计结构，一般情况下可以假设各个连杆的质心落在相邻坐标系原点的连线上或坐标系的原点。我们假设转动基座的质心在坐标系 1 的原点 O_1 上；大臂的质心在坐标系原点 O_2 和 O_3 连线的中点，即 $a_1/2$ 处；小臂的质心在 b_4 方向的中点，即 $b_4/2$ 处；与坐标系 4,5 和 6 连接的结构件的质心分别分布在坐标系 4,5 和 6 的原点。

连杆 6 受到的力除了自身的重力 $m_6\boldsymbol{g}$ 外，还有作用于连杆 6 两端的外力和外力矩。作用于连杆 6 的始端，即坐标系原点 O_6 的外力包括连杆 5 通过原点 O_6 作用于连杆 6 的三维力矢量 $\boldsymbol{F}_{56}$ 和三维力矩矢量 $\boldsymbol{N}_{56}$；由于假设连杆 6 的长度为 0，即坐标系原点 O_6 的外力还包括了连杆 7(或外部环境)通过原点 O_6 作用于连杆 6 的三维力矢量 $-\boldsymbol{F}_{67}$ 和三维力矩矢量 $-\boldsymbol{N}_{67}$。可以看出，连杆 6 受到的力全部作用在了坐标系 6 原点 O_6；类似的情况也发生在连杆 4 上，即对于连杆 4 受到的力全部作用在了坐标系 4 原点 O_4。各个连杆的受力情况如图 4.5 所示。

4）递推计算静力学参数

基于表 4.1 和各个连杆质心的定义，根据式(4.7)～式(4.12)，因此$\boldsymbol{\varepsilon}_i$ 在坐标系 i 的投影为

$$
[\boldsymbol{\varepsilon}_6]_6=[0 \quad 0 \quad 0]^{\mathrm{T}} \tag{4.57a}
$$

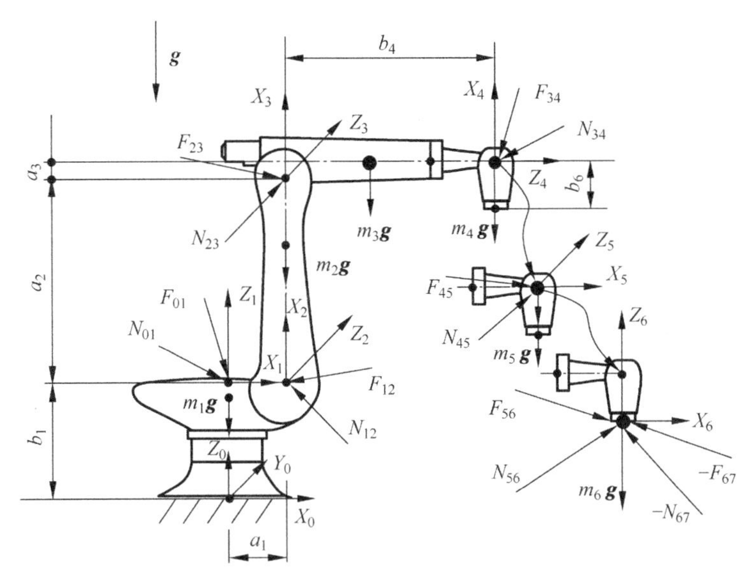

图 4.5 典型工业机械臂受力分布

$$[\boldsymbol{\varepsilon}_5]_5=[0 \quad b_6 \quad 0]^{\mathrm{T}} \tag{4.57b}$$

$$[\boldsymbol{\varepsilon}_4]_4=[0 \quad 0 \quad 0]^{\mathrm{T}} \tag{4.57c}$$

$$[\boldsymbol{\varepsilon}_3]_3=[a_3 \quad b_4 \quad 0]^{\mathrm{T}} \tag{4.57d}$$

$$[\boldsymbol{\varepsilon}_2]_2=[a_2 \quad 0 \quad 0]^{\mathrm{T}} \tag{4.57e}$$

$$[\boldsymbol{\varepsilon}_1]_1=[a_1 \quad 0 \quad 0]^{\mathrm{T}} \tag{4.57f}$$

$$[\boldsymbol{\varepsilon}_0]_0=[0 \quad 0 \quad b_1]^{\mathrm{T}} \tag{4.57g}$$

同样可以获得质心点的矢量 $\boldsymbol{d}_i$ 在坐标系 i 的投影方程为

$$[\boldsymbol{d}_6]_6=[0 \quad 0 \quad 0]^{\mathrm{T}} \tag{4.58a}$$

$$[\boldsymbol{d}_5]_5=[0 \quad 0 \quad 0]^{\mathrm{T}} \tag{4.58b}$$

$$[\boldsymbol{d}_4]_4=[0 \quad 0 \quad 0]^{\mathrm{T}} \tag{4.58c}$$

$$[\boldsymbol{d}_3]_3=[a_3 \quad b_4/2 \quad 0]^{\mathrm{T}} \tag{4.58d}$$

$$[\boldsymbol{d}_2]_2=[a_2/2 \quad 0 \quad 0]^{\mathrm{T}} \tag{4.58e}$$

$$[\boldsymbol{d}_1]_1=[a_1/2 \quad 0 \quad 0]^{\mathrm{T}} \tag{4.58f}$$

$$[\boldsymbol{d}_0]_0=[0 \quad 0 \quad b_1]^{\mathrm{T}} \tag{4.58g}$$

依据式(4.18),可以计算各个连杆重力加速度在相应坐标系的投影方程为

$$[\boldsymbol{g}]_6={}_6^0\boldsymbol{Q}^{\mathrm{T}}[0 \quad 0 \quad -g]^{\mathrm{T}} \tag{4.59a}$$

$$[\boldsymbol{g}]_5={}_5^0\boldsymbol{Q}^{\mathrm{T}}[0 \quad 0 \quad -g]^{\mathrm{T}} \tag{4.59b}$$

$$[\boldsymbol{g}]_4={}_4^0\boldsymbol{Q}^{\mathrm{T}}[0 \quad 0 \quad -g]^{\mathrm{T}} \tag{4.59c}$$

$$[\boldsymbol{g}]_3={}_3^0\boldsymbol{Q}^{\mathrm{T}}[0 \quad 0 \quad -g]^{\mathrm{T}} \tag{4.59d}$$

$$[\boldsymbol{g}]_2={}_2^0\boldsymbol{Q}^{\mathrm{T}}[0 \quad 0 \quad -g]^{\mathrm{T}} \tag{4.59e}$$

$$[\boldsymbol{g}]_1 = {}_1^0\boldsymbol{Q}^{\mathrm{T}}[0 \quad 0 \quad -g]^{\mathrm{T}} \tag{4.59f}$$

$$[\boldsymbol{g}]_0 = [0 \quad 0 \quad -g]^{\mathrm{T}} \tag{4.59g}$$

式中的逆矩阵${}_i^0\boldsymbol{Q}^{\mathrm{T}}(i=1,2,3,4,5,6)$可以根据如式(4.60a)～式(4.60f)转动矩阵计算出，即

$${}_1^0\boldsymbol{Q} = \begin{bmatrix} c\theta_1 & -s\theta_1 & 0 \\ s\theta_1 & c\theta_1 & 0 \\ 0 & 0 & 1 \end{bmatrix} \tag{4.60a}$$

$${}_2^1\boldsymbol{Q} = \begin{bmatrix} c\theta_2 & -s\theta_2 & 0 \\ 0 & 0 & 1 \\ -s\theta_2 & -c\theta_2 & 0 \end{bmatrix} \tag{4.60b}$$

$${}_3^2\boldsymbol{Q} = \begin{bmatrix} c\theta_3 & -s\theta_3 & 0 \\ s\theta_3 & c\theta_3 & 0 \\ 0 & 0 & 1 \end{bmatrix} \tag{4.60c}$$

$${}_4^3\boldsymbol{Q} = \begin{bmatrix} c\theta_4 & -s\theta_4 & 0 \\ 0 & 0 & 1 \\ -s\theta_4 & -c\theta_4 & 0 \end{bmatrix} \tag{4.60d}$$

$${}_5^4\boldsymbol{Q} = \begin{bmatrix} c\theta_5 & -s\theta_5 & 0 \\ 0 & 0 & -1 \\ s\theta_5 & c\theta_5 & 0 \end{bmatrix} \tag{4.60e}$$

$${}_6^5\boldsymbol{Q} = \begin{bmatrix} c\theta_6 & -s\theta_6 & 0 \\ 0 & 0 & -1 \\ s\theta_6 & c\theta_6 & 0 \end{bmatrix} \tag{4.60f}$$

相应可以计算出各个坐标系相对于参考坐标系 0 的逆矩阵为

$${}_1^0\boldsymbol{Q}^{\mathrm{T}} = \begin{bmatrix} c\theta_1 & s\theta_1 & 0 \\ -s\theta_1 & c\theta_1 & 0 \\ 0 & 0 & 1 \end{bmatrix} \tag{4.61a}$$

$$\begin{aligned} {}_2^0\boldsymbol{Q}^{\mathrm{T}} = {}_2^1\boldsymbol{Q}^{\mathrm{T}}\,{}_1^0\boldsymbol{Q}^{\mathrm{T}} &= \begin{bmatrix} c\theta_2 & 0 & -s\theta_2 \\ -s\theta_2 & 0 & -c\theta_2 \\ 0 & 1 & 0 \end{bmatrix} \begin{bmatrix} c\theta_1 & s\theta_1 & 0 \\ -s\theta_1 & c\theta_1 & 0 \\ 0 & 0 & 1 \end{bmatrix} \\ &= \begin{bmatrix} c\theta_2 c\theta_1 & c\theta_2 s\theta_1 & -s\theta_2 \\ -s\theta_2 c\theta_1 & -s\theta_2 s\theta_1 & -c\theta_2 \\ -s\theta_1 & c\theta_1 & 0 \end{bmatrix} \end{aligned} \tag{4.61b}$$

$${}_3^0\boldsymbol{Q}^{\mathrm{T}} = {}_3^2\boldsymbol{Q}^{\mathrm{T}}\,{}_2^1\boldsymbol{Q}^{\mathrm{T}}\,{}_1^0\boldsymbol{Q}^{\mathrm{T}} \tag{4.61c}$$

$${}_4^0\boldsymbol{Q}^{\mathrm{T}} = {}_4^3\boldsymbol{Q}^{\mathrm{T}}\,{}_3^2\boldsymbol{Q}^{\mathrm{T}}\,{}_2^1\boldsymbol{Q}^{\mathrm{T}}\,{}_1^0\boldsymbol{Q}^{\mathrm{T}} \tag{4.61d}$$

$${}_5^0\boldsymbol{Q}^{\mathrm{T}} = {}_5^4\boldsymbol{Q}^{\mathrm{T}}\,{}_4^3\boldsymbol{Q}^{\mathrm{T}}\,{}_3^2\boldsymbol{Q}^{\mathrm{T}}\,{}_2^1\boldsymbol{Q}^{\mathrm{T}}\,{}_1^0\boldsymbol{Q}^{\mathrm{T}} \tag{4.61e}$$

$${}_6^0\boldsymbol{Q}^{\mathrm{T}} = {}_6^5\boldsymbol{Q}^{\mathrm{T}}\,{}_5^4\boldsymbol{Q}^{\mathrm{T}}\,{}_4^3\boldsymbol{Q}^{\mathrm{T}}\,{}_3^2\boldsymbol{Q}^{\mathrm{T}}\,{}_2^1\boldsymbol{Q}^{\mathrm{T}}\,{}_1^0\boldsymbol{Q}^{\mathrm{T}} \tag{4.61f}$$

首先，假设作用于连杆 6 的力为 $\boldsymbol{F}_{67}=[f_x \quad f_y \quad f_z]^{\mathrm{T}}$，根据式(4.14)可以得到 $[\boldsymbol{F}_{56}]_6$ 递推计算为

$$[\boldsymbol{F}_{56}]_6=[\boldsymbol{F}_{67}-m_6\boldsymbol{g}]_6=\begin{bmatrix}f_x\\f_y\\f_z\end{bmatrix}-m_6{}_6^0\boldsymbol{Q}^{\mathrm{T}}\begin{bmatrix}0\\0\\-g\end{bmatrix} \tag{4.62}$$

再假设作用于连杆 6 的力矩为 $\boldsymbol{N}_{67}=[n_x \quad n_y \quad n_z]^{\mathrm{T}}$，力矩 $[\boldsymbol{N}_{56}]_6$ 可以根据方程(4.15)递推出，即

$$[\boldsymbol{F}_{56}]_6=[\boldsymbol{N}_{67}+\boldsymbol{\varepsilon}_6\times\boldsymbol{F}_{67}-\boldsymbol{d}_6\times m_6\boldsymbol{g}]_6 \tag{4.63}$$

根据式(4.16)和式(4.17)，可递推得作用力 $[\boldsymbol{F}_{56}]_5$ 和作用力矩 $[\boldsymbol{N}_{56}]_5$ 如下：

$$[\boldsymbol{F}_{56}]_5={}_6^5\boldsymbol{Q}\,[\boldsymbol{F}_{56}]_6={}_6^5\boldsymbol{Q}\left\{\begin{bmatrix}f_x\\f_y\\f_z\end{bmatrix}-m_6{}_6^0\boldsymbol{Q}^{\mathrm{T}}\begin{bmatrix}0\\0\\-g\end{bmatrix}\right\} \tag{4.64}$$

$$[\boldsymbol{N}_{56}]_5={}_6^5\boldsymbol{Q}\,[\boldsymbol{N}_{56}]_6={}_6^5\boldsymbol{Q}\{[\boldsymbol{N}_{67}+\boldsymbol{\varepsilon}_6\times\boldsymbol{F}_{67}-\boldsymbol{d}_6\times m_6\boldsymbol{g}]_6\} \tag{4.65}$$

如此循环，可以最终递推得出基座对机械臂连杆 1 的作用力 $[\boldsymbol{F}_{01}]_0$ 和作用力矩 $[\boldsymbol{N}_{01}]_0$ 为

$$[\boldsymbol{F}_{01}]_0={}_1^0\boldsymbol{Q}\,[\boldsymbol{F}_{01}]_1 \tag{4.66}$$

$$[\boldsymbol{N}_{01}]_0={}_1^0\boldsymbol{Q}\,[\boldsymbol{N}_{01}]_1 \tag{4.67}$$

机械臂各个连杆的支承力 σ_i 或驱动力矩 τ_i 可以根据式(4.19)和式(4.20)计算出，即有

$$\sigma_i=\boldsymbol{e}_i^{\mathrm{T}}\boldsymbol{F}_{i-1,i},\quad i=6,5,4,3,2,1 \tag{4.68}$$

$$\tau_i=\boldsymbol{e}_i^{\mathrm{T}}\boldsymbol{N}_{i-1,i},\quad i=6,5,4,3,2,1 \tag{4.69}$$

由于以上的递推计算都是基于已知参数的矩阵计算，可以用 MATLAB 程序设计一个界面，当从界面输入必要的参数时(如力为 $\boldsymbol{F}_{67}=[f_x \quad f_y \quad f_z]^{\mathrm{T}}$ 和力矩为 $\boldsymbol{N}_{67}=[n_x \quad n_y \quad n_z]^{\mathrm{T}}$)，运行 MATLAB 程序就可以自动递推计算出各个连杆的静力学内容。在程序中还可以通过调整机械臂的结构参数和质心的位置来优化机械臂的结构设计。这部分将在实验课中进行学习和训练。

4.5 雅可比矩阵在静力学中的应用

对于平面二连杆机械臂，将例题 4.1 计算出的关节扭矩式(4.35)和式(4.36)按矩阵形式重新排列，可以得到如下矩阵方程，即

$$\begin{bmatrix}\tau_1\\\tau_2\end{bmatrix}=\begin{bmatrix}a_1\mathrm{s}\theta_2 & a_1\mathrm{c}\theta_2+a_2 & 0\\0 & a_2 & 0\end{bmatrix}\begin{bmatrix}f_x\\f_y\\0\end{bmatrix} \tag{4.70}$$

如果令 $\boldsymbol{J}^{\mathrm{T}}=\begin{bmatrix}a_1\mathrm{s}\theta_2 & a_1\mathrm{c}\theta_2+a_2 & 0\\0 & a_2 & 0\end{bmatrix}$，$\boldsymbol{\tau}=\begin{bmatrix}\tau_1\\\tau_2\end{bmatrix}$ 和 $\boldsymbol{F}=\begin{bmatrix}f_x\\f_y\\0\end{bmatrix}$，方程(4.70)可以表示为

$$\boldsymbol{\tau}_n = \boldsymbol{J}^{\mathrm{T}}\boldsymbol{F} \tag{4.71}$$

将矩阵 $\boldsymbol{J}^{\mathrm{T}}$ 再进行转置,有

$$\boldsymbol{J} = \begin{bmatrix} a_1 \mathrm{s}\theta_2 & 0 \\ a_1 \mathrm{c}\theta_2 + a_2 & a_2 \\ 0 & 0 \end{bmatrix} \tag{4.72}$$

矩阵方程(4.72)称为雅可比矩阵。事实上对于串行机器人,力与扭矩可以由雅可比矩阵联系起来并不是偶然现象,可以设法求出雅可比矩阵,这使得有关静力学的求解和编程大大简化。

另外,利用虚功原理,各个关节所做的虚功之和应该等于末端执行器所做的虚功,即

$$\boldsymbol{\tau}^{\mathrm{T}}\delta\boldsymbol{\theta} = \boldsymbol{F}^{\mathrm{T}}\delta\boldsymbol{X} \tag{4.73}$$

式中,$\boldsymbol{F}$ 代表末端执行器对外施加的力;$\delta\boldsymbol{X}$ 为末端执行器的虚位移。关节速度和末端执行器的速度可以使用雅可比矩阵表示,即

$$\delta\boldsymbol{X} = \boldsymbol{J}\delta\boldsymbol{\theta} \tag{4.74}$$

则,联立上两式,并同时取转置,可得

$$\boldsymbol{\tau} = \boldsymbol{J}^{\mathrm{T}}\boldsymbol{F} \tag{4.75}$$

需要指出的是,方程(4.72)的雅可比矩阵是表示在最后一个连杆的坐标系,即二连杆机械臂坐标系 2 的表示形式,如果需要求解出在参考系 0 的表示形式,用旋转矩阵左乘该矩阵即可,即

$$[\boldsymbol{J}]_0 = {}^0_1\boldsymbol{Q}\,{}^1_2\boldsymbol{Q}\,[\boldsymbol{J}]_2 \tag{4.76}$$

具体计算如下:

$$[\boldsymbol{J}]_0 = \begin{bmatrix} \mathrm{c}\theta_1 & -\mathrm{s}\theta_1 & 0 \\ \mathrm{s}\theta_1 & \mathrm{c}\theta_1 & 0 \\ 0 & 0 & 1 \end{bmatrix} \begin{bmatrix} \mathrm{c}\theta_2 & -\mathrm{s}\theta_2 & 0 \\ \mathrm{s}\theta_2 & \mathrm{c}\theta_2 & 0 \\ 0 & 0 & 1 \end{bmatrix} \begin{bmatrix} a_1 \mathrm{s}\theta_2 & 0 \\ a_1 \mathrm{c}\theta_2 + a_2 & a_2 \\ 0 & 0 \end{bmatrix} \tag{4.77}$$

将式(4.77)进一步整理可得

$$[\boldsymbol{J}]_0 = \begin{bmatrix} -a_1 \mathrm{s}\theta_2 - a_2 \mathrm{s}\theta_{12} & -a_2 \mathrm{s}\theta_{12} \\ a_1 \mathrm{c}\theta_1 + a_2 \mathrm{c}\theta_{12} & a_2 \mathrm{c}\theta_{12} \\ 0 & 0 \end{bmatrix} \tag{4.78}$$

方程(4.78)的矩阵结果与第 3 章的二连杆运动学计算式(3.81)是一致的,这说明雅可比矩阵也可以通过旋转矩阵来进行必要的变换获得。

分析与讨论

我们可以依据式(3.73)得出平面三连杆机械臂的雅可比矩阵在坐标系 0 的投影为

$$[\boldsymbol{J}]_0 = \begin{bmatrix} -a_1 \mathrm{s}_1 - a_2 \mathrm{s}_{12} - a_3 \mathrm{s}_{123} & -a_2 \mathrm{s}_{12} - a_3 \mathrm{s}_{123} & -a_3 \mathrm{s}_{123} \\ a_1 \mathrm{c}_1 + a_2 \mathrm{c}_{12} + a_3 \mathrm{c}_{123} & a_2 \mathrm{c}_{12} + a_3 \mathrm{c}_{123} & a_3 \mathrm{c}_{123} \\ 0 & 0 & 0 \end{bmatrix} \tag{4.79}$$

根据雅可比矩阵转换原理,雅可比矩阵在坐标系 3 的投影可以计算为

$$[\boldsymbol{J}]_3 = {}^2_3\boldsymbol{Q}^{\mathrm{T}}\,{}^1_2\boldsymbol{Q}^{\mathrm{T}}\,{}^0_1\boldsymbol{Q}^{\mathrm{T}}\,[\boldsymbol{J}]_0 \tag{4.80}$$

如果已知平面三连杆机械臂作用力 $[\boldsymbol{F}_{34}]_3 = [f_x \quad f_y \quad 0]^{\mathrm{T}}$,则可以出计算驱动力矩$\boldsymbol{\tau}$ 为

$$\boldsymbol{\tau} = [\boldsymbol{J}]_3^{\mathrm{T}}\,[\boldsymbol{F}_{34}]_3 \tag{4.81}$$

小 结

本章首先讨论了作用在刚体上的力，然后应用这些概念研究机械臂静力学的应用问题。推导出了在机械臂静态平衡时，末端执行器对外界施加力和力矩时所需要的转矩或推力，并以典型的工业机械臂为例，递推出机械臂的静力学系列计算公式。最后，讨论了雅可比矩阵在静力学中的应用。本章的大部分讨论内容仅限于机器人学专题中的一些基本概念，感兴趣的读者可以进一步参考相关力学专著。

练 习 题

4.1 简述在讨论静力学时，在图4.1中引入坐标系 $X_0Y_0Z_0$ 的意义。

4.2 简述在讨论静力学时，在图4.1中引入三维距离矢量 $\boldsymbol{\varepsilon}_i$，$\boldsymbol{d}_i$ 和 $\boldsymbol{r}_i$ 的意义。

4.3 试讨论静力学作用力和反作用力即式(4.1)和式(4.2)在机械臂静力学递推计算中的作用。

4.4 试讨论机械臂静力学连杆内力和关节驱动力的特点和区别。

4.5 如图4.6所示的旋转-平移机械臂中，假设由机械臂执行器给外部环境施加一外力 $\boldsymbol{F}$，即有已知作用力 $\boldsymbol{F}=[\boldsymbol{F}_{23}]_3=[f_x \quad 0 \quad f_z]^{\mathrm{T}}$。假设机械臂在水平面上，忽略重力的影响，求基于改进型坐标系的各个关节的力和力矩。

4.6 如图4.7所示的平移-旋转机械臂中，假设由机械臂执行器给外部环境施加一外力 $\boldsymbol{F}$，即有已知作用力 $\boldsymbol{F}=[\boldsymbol{F}_{23}]_3=[f_x \quad f_y \quad 0]^{\mathrm{T}}$。假设机械臂在水平面上，忽略重力的影响，求基于改进型坐标系的各个关节的力和力矩。

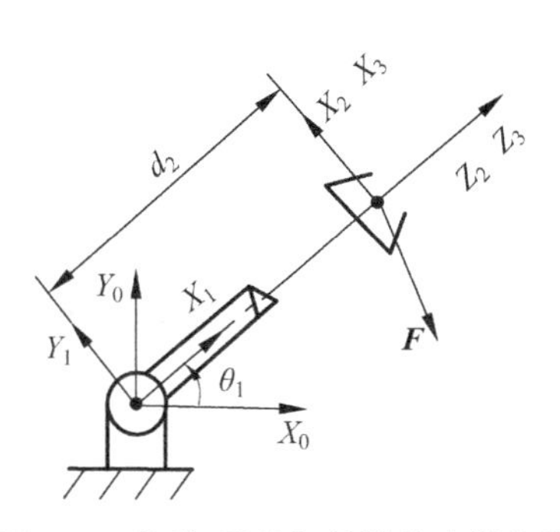

图4.6 旋转-平移机械臂静力学分析

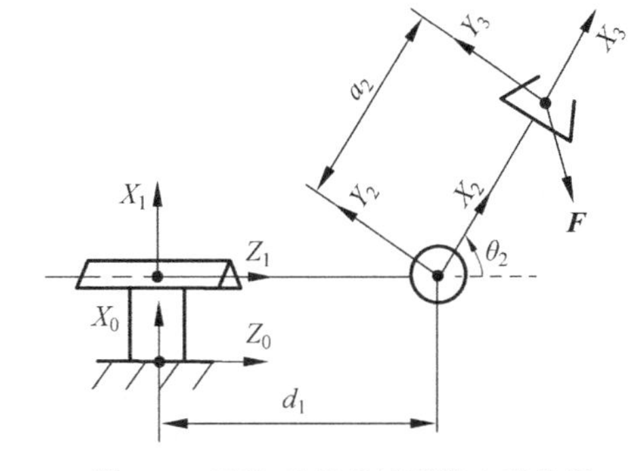

图4.7 平移-旋转机械臂静力学分析

4.7 如图4.8所示的平面滑动转动机构机械臂，其中第一关节为滑动关节，第二关节和第三关节为转动关节。由机械臂执行器给外部环境施加一外力 $\boldsymbol{F}=[\boldsymbol{F}_{34}]_4=[f_x \quad f_y \quad 0]^{\mathrm{T}}$。假设机械臂在水平面上，忽略重力的影响，求基于改进型坐标系的各个关节的力和力矩。

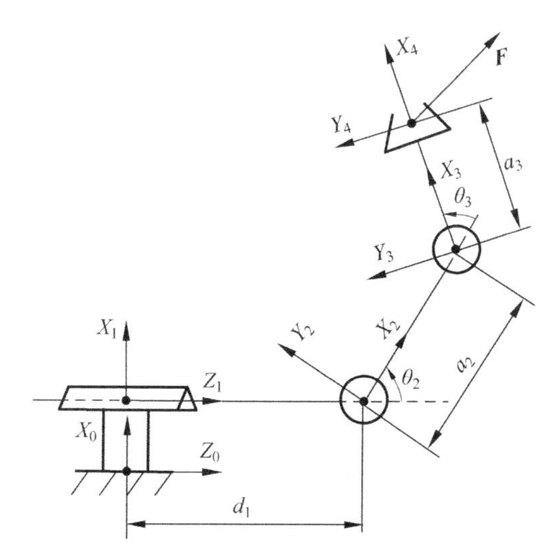

图 4.8　平面滑动转动机构机械臂静力学分析

4.8　如图 4.9 所示的 3 自由度机器人，所有关节都为转动关节。由机械臂执行器给外部环境施加一外力 $\boldsymbol{F}=[\boldsymbol{F}_{34}]_4=[f_x \quad f_y \quad 0]^{\mathrm{T}}$ 和力矩 $\boldsymbol{N}=[\boldsymbol{N}_{34}]_4=[0 \quad 0 \quad n_z]^{\mathrm{T}}$。假设机械臂在水平面上，忽略重力的影响，求各个关节的驱动力矩。

4.9　如图 4.10 所示的 5 自由度机器人，所有关节都为转动关节。由机械臂执行器给外部环境施加一外力 $\boldsymbol{F}=[\boldsymbol{F}_{56}]_6=[f_x \quad f_y \quad 0]^{\mathrm{T}}$ 和力矩 $\boldsymbol{N}=[\boldsymbol{N}_{56}]_6=[0 \quad 0 \quad n_z]^{\mathrm{T}}$。假设机械臂在水平面上，忽略重力的影响，求各个关节的驱动力矩。

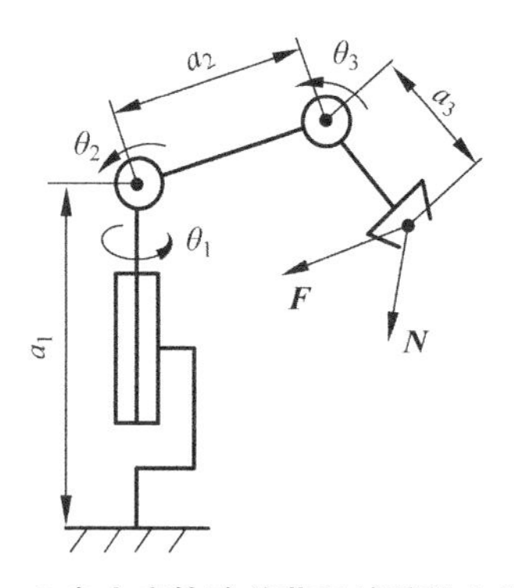

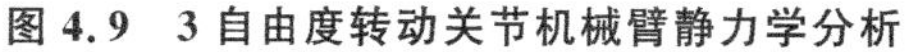
图 4.9　3 自由度转动关节机械臂静力学分析

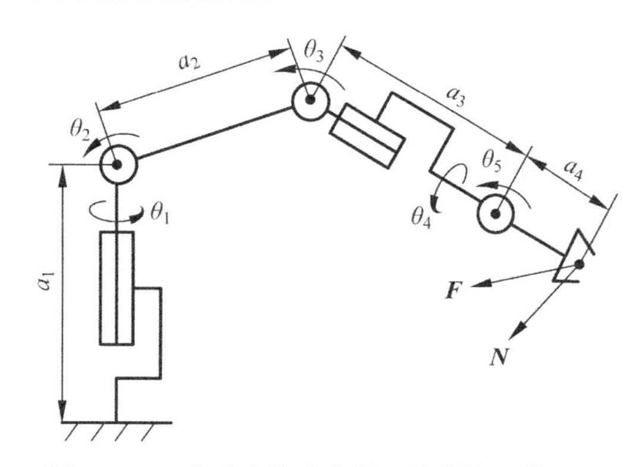

图 4.10　5 自由度转动关节机械臂静力学分析

4.10　如图 4.11 所示的 SCARA 机器人，其中 θ_1、θ_2 和 θ_3 为转动关节变量；b_4 为滑动关节变量。由机械臂执行器给外部环境施加一个纯力矩 $\boldsymbol{N}=[\boldsymbol{N}_{45}]_5=[0 \quad 0 \quad n_z]^{\mathrm{T}}$。假设机械臂在垂直平面上，忽略重力的影响，求各个关节的驱动力矩并分析参数 θ_1，θ_2，θ_3 和 b_4 与驱动力矩的关系。

4.11　如图 4.12 所示的 6 自由度机器人，所有关节都为转动关节。由机械臂执行器给外部环境施加一个外力 $\boldsymbol{F}=[\boldsymbol{F}_{56}]_6=[f_x \quad f_y \quad 0]^{\mathrm{T}}$ 和力矩 $\boldsymbol{N}=[\boldsymbol{N}_{56}]_6=[0 \quad 0 \quad n_z]^{\mathrm{T}}$。假设机械臂在垂直平面上，忽略重力的影响，求各个关节的驱动力矩并分析参数 θ_1，θ_2，θ_3，θ_4，θ_5 和 θ_6 与驱动力矩的关系。

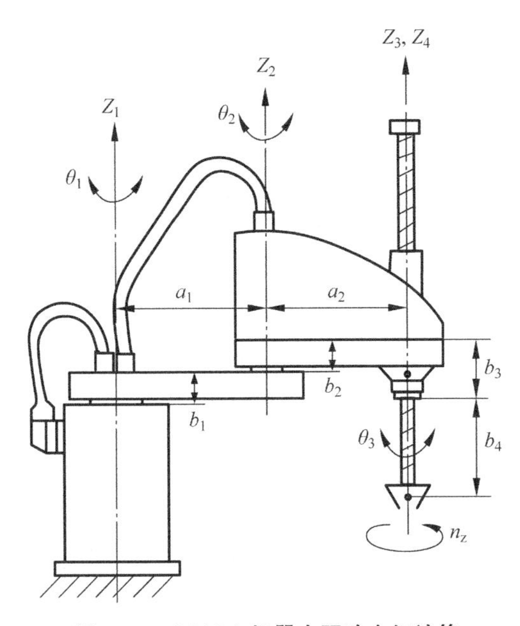

图 4.11 SCARA 机器人驱动力矩计算

4.12 根据所学到的知识，试设计一款具有良好的静力学结构的 6 自由度转动关节机械臂。

4.13 结构为并联形式的 DELTA 机械臂是应用于轻工业十分成功的一款工业机器人，常用的 DELTA 机械臂可以具有 3 自由度或者 4 自由度。根据所学到的知识，假设作用力 $\boldsymbol{F}=[f_x \quad f_y \quad f_z]^{\mathrm{T}}$ 并忽略连杆系统的质量。试分析研究 3 自由度 DELTA 机械臂的静力学特性(图 4.13)。

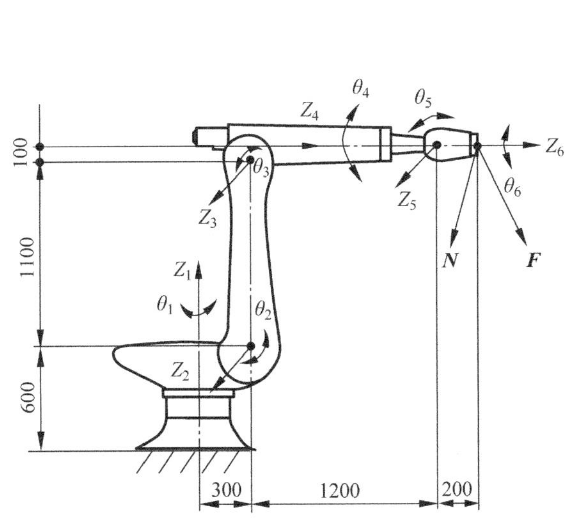

图 4.12 6 自由度转动关节机械臂

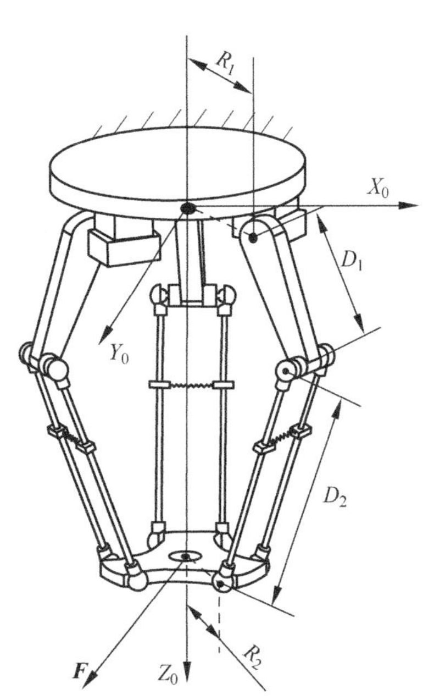

图 4.13 3 自由度 DELTA 机械臂

实 验 题

扫描二维码可以浏览第4章实验的基本内容。

4.1 静力学计算坐标系3D演绎

为了帮助学生建立关于静力学计算的三维空间感,更直观地理解工业机器人静力学各个参数在空间上的表述,本实验将提供关于静力学计算坐标系的3D演绎模型。学生可以在SolidWorks中自由变换角度,理解各个参数在空间上的相互关系。

4.2 工业机械臂静力学计算

在本章学习的工业机器人静力学的理论知识中,我们详细讲解了力和力矩是如何从一个连杆向下一个连杆"传递"的,并且也选择了一种典型的机械臂结构来进行静力学的递推计算。本次实验我们将借助MATLAB来实现这个静力学的递推求解过程,帮助我们更深入地认识静力学的计算过程。本实验我们将实现在运行MATLAB时,在输入必要的技术参数后,程序可以计算出相应的静力学参数。继而,在程序中还可以通过调整机械臂的结构参数和质心来优化机械臂的结构设计。

第4章教学课件

第 5 章

动力学

机器人动力学研究在各个关节所受力和力矩的作用下机械臂的运动特性。机器人动力学对机械臂控制具有重要的价值。首先,机械臂的轨迹控制精度依赖于动力学模型的准确性。其次,当机械臂构建完成后,它的运动控制特性可以运用动力学进行模拟研究;反过来,运用动力学研究结果可以为机械臂结构优化和控制优化提供依据。本章主要介绍两种在关节空间导出动力学方程的方法:第一种方法基于拉格朗日方程,是一种基于系统能量平衡的方法;第二种方法是基于牛顿-欧拉方程,利用机械臂运动链的典型开式结构,通过递推法建立数学模型并可以进行递推计算。同样类似运动学,工业机器人动力学存在正向动力学和逆向动力学。正向动力学研究在各关节力和力矩作用下的机械臂执行器的运动规律,即计算出各关节的角度位置、速度和加速度。而逆向动力学则是研究对于给定的运动轨迹,即给定各关节的角度位置、速度和加速度,逆向求出所需要的关节控制力和力矩。一般而言,我们可以将正向动力学用于工业机器人的仿真,而逆向动力学用于工业机器人的实时控制。

5.1 惯性特性

机械臂部件(如连杆、电动机和减速机)的质量、质心、惯性矩和惯性张量等参数对机械臂的控制特性有决定性的影响,所以了解这些参数的分布和变化规律是研究动力学的基础。

5.1.1 质心

质心代表某一物体的质量分布平衡点,对于给定的物体,如图 5.1 所示,其体积为 V,质量为 m,密度分布为 ρ。假设 $\boldsymbol{P}$ 为微分质点 $\rho\mathrm{d}V$ 的位置矢量,则质心 C 的位置矢量定义为

$$\boldsymbol{C}=\frac{1}{m}\int_V \boldsymbol{P}\rho\mathrm{d}V \tag{5.1}$$

由于牛顿动力学是基于质心进行计算的,机械臂各个连杆的质量分布对动力学特性有很大的影响。所以,对于机械臂的具体结构设计,连杆的质心必须进行精心的设计和计算。

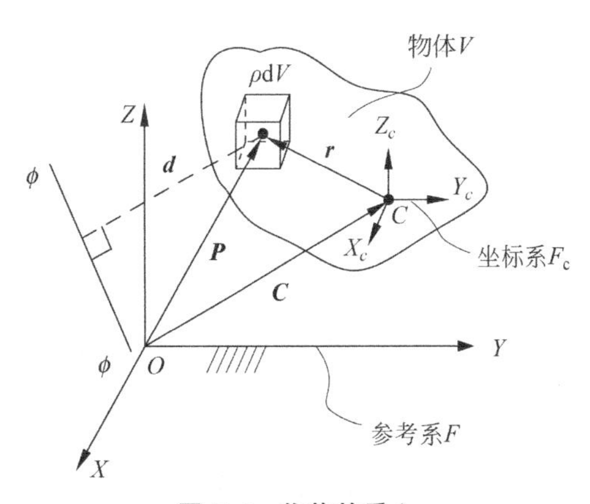

图 5.1 物体的质心

5.1.2 惯性矩和惯性张量

物体 V 围绕某一轴线 $\phi\phi$ 所产生的如下积分称为惯性矩 $I_{\phi\phi}$（参见图 5.1），即

$$I_{\phi\phi}=\int_V d^2\rho\mathrm{d}V \tag{5.2}$$

式中，ρ 为密度分布；d 为微分质点 $\rho\mathrm{d}V$ 到直线 $\phi\phi$ 的距离。对于具体的某一坐标系 XYZ，可以计算各惯性矩如下：

$$I_{xx}=\int_V(z^2+y^2)\rho\mathrm{d}V \tag{5.3a}$$

$$I_{yy}=\int_V(x^2+z^2)\rho\mathrm{d}V \tag{5.3b}$$

$$I_{zz}=\int_V(x^2+y^2)\rho\mathrm{d}V \tag{5.3c}$$

$$I_{xy}=I_{yx}=-\int_V xy\rho\mathrm{d}V \tag{5.4a}$$

$$I_{yz}=I_{zy}=-\int_V yz\rho\mathrm{d}V \tag{5.4b}$$

$$I_{xz}=I_{zx}=-\int_V xz\rho\mathrm{d}V \tag{5.4c}$$

式(5.3)中，I_{xx}，I_{yy} 和 I_{zz} 分别为相对于 X，Y 和 Z 轴的主惯性矩；而式(5.4)中的 I_{xy}，I_{yz} 和 I_{xz} 分别为相对于 XY，YZ 和 XZ 平面的惯性积。由它们组成的矩阵称为**惯性张量**，表达式如下：

$$\boldsymbol{I}=\begin{bmatrix} I_{xx} & I_{xy} & I_{xz}\\ I_{yx} & I_{yy} & I_{yz}\\ I_{zx} & I_{zy} & I_{zz}\end{bmatrix} \tag{5.5}$$

由于惯性对加速度、离心加速度以及科里奥利加速度等的影响，会使动力学的计算复杂化，而惯性张量的引入有助于简化机器人动力学的计算和编程。

例题 5.1 求图 5.2 所示的坐标系中长方体的惯性张量。假设长方体是匀质的，密度为 ρ。

解：首先，计算惯性矩 I_{xx}。由体积单元 $\mathrm{d}V=\mathrm{d}x\,\mathrm{d}y\,\mathrm{d}z$ 可得

$$\begin{aligned}I_{xx}&=\int_0^h\int_0^l\int_0^w(y^2+z^2)\rho\mathrm{d}x\,\mathrm{d}y\,\mathrm{d}z\\&=\int_0^h\int_0^l(y^2+z^2)w\rho\mathrm{d}y\,\mathrm{d}z\\&=\int_0^h(l^3/3+z^2l)w\rho\mathrm{d}z\\&=(hl^3w/3+h^3lw/3)\rho\\&=\frac{m}{3}(l^2+h^2)\end{aligned}$$

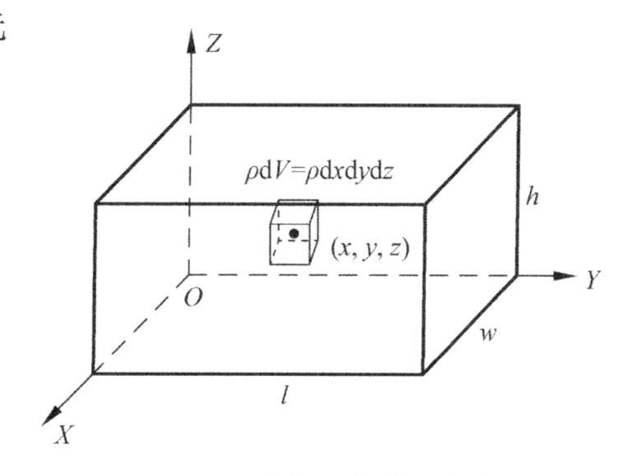

图 5.2 坐标系中的长方体

式中，m 为长方体的总质量。同理可得 I_{yy} 和 I_{zz}，即

$$I_{yy}=\frac{m}{3}(w^2+h^2)$$

$$I_{zz}=\frac{m}{3}(l^2+w^2)$$

然后,计算 I_{xy},具体如下:

$$I_{xy}=-\int_0^h\int_0^l\int_0^w xy\rho\,\mathrm{d}x\,\mathrm{d}y\,\mathrm{d}z=-\int_0^h\int_0^l \frac{w^2}{2}y\rho\,\mathrm{d}y\,\mathrm{d}z=-\int_0^h \frac{w^2l^2}{4}\rho\,\mathrm{d}z=-\frac{m}{4}wl$$

同理可得 I_{xz} 和 I_{yz},即

$$I_{xz}=-\frac{m}{4}hw$$

$$I_{yz}=-\frac{m}{4}hl$$

因此,该长方体的惯性张量为

$$\boldsymbol{I}=\begin{bmatrix}\frac{m}{3}(l^2+h^2) & -\frac{m}{4}wl & -\frac{m}{4}hw\\ -\frac{m}{4}wl & \frac{m}{3}(w^2+h^2) & -\frac{m}{4}hl\\ -\frac{m}{4}hw & -\frac{m}{4}hl & \frac{m}{3}(l^2+w^2)\end{bmatrix} \tag{5.6}$$

5.1.3 惯性矩平行移轴定理

假设在质心 C 的位置设定一个以质心为原点的坐标系 F_c,它的 X_c,Y_c 和 Z_c 轴与参考系的 X,Y 和 Z 轴相互平行(参见图 5.1),如果已知物体 V 关于 X_c,Y_c 和 Z_c 轴的惯性矩 $I_{C_{xx}}$,$I_{C_{yy}}$ 和 $I_{C_{zz}}$ 以及惯性积 $I_{C_{xy}}$,$I_{C_{yz}}$ 和 $I_{C_{zx}}$,则利用惯性矩平行移轴定理,可以得出物体 V 关于 X,Y 和 Z 轴的惯性矩计算式:

$$I_{xx}=I_{C_{xx}}+m(Y_c^2+Z_c^2) \tag{5.7a}$$

$$I_{yy}=I_{C_{yy}}+m(Z_c^2+X_c^2) \tag{5.7b}$$

$$I_{zz}=I_{C_{zz}}+m(X_c^2+Y_c^2) \tag{5.7c}$$

$$I_{xy}=I_{C_{xy}}-mX_cY_c \tag{5.8a}$$

$$I_{yz}=I_{C_{yz}}-mY_cZ_c \tag{5.8b}$$

$$I_{zx}=I_{C_{zx}}-mZ_cX_c \tag{5.8c}$$

例题 5.2 如图 5.3 所示的机械臂,假设机械臂的大臂和小臂的质量都分布在臂的两端,其中大臂两端的惯性矩分别为 $I_{11}=m_{11}d_{11}^2/8$ 和 $I_{12}=m_{12}d_{12}^2/8$,小臂两端的惯性矩分别为 $I_{21}=m_{21}d_{21}^2/8$ 和 $I_{22}=m_{22}d_{22}^2/8$。其中 m_{ij} 和 d_{ij} 分别为相应连杆两端的当量质量和当量直径;Z_2,Z_3 和 Z_5 为相应的机械臂转轴。(1)试应用平行移轴定理计算折算到第三轴和第二轴的最大惯性矩 I_{z3} 和 I_{z2};(2)如果大臂两端的当量质量和当量直径分别为

$m_{11}=8\text{kg}, d_{11}=200\text{mm}$ 和 $m_{12}=6\text{kg}, d_{12}=150\text{mm}$，小臂两端的当量质量和当量直径分别 $m_{21}=4\text{kg}, d_{21}=150\text{mm}$ 和 $m_{22}=2\text{kg}, d_{22}=100\text{mm}$。试计算折算到第三轴 Z_3 和第二轴 Z_2 的惯性矩 I_{z3} 和 I_{z2}（单位为 $\text{kg}\cdot\text{m}^2$）。

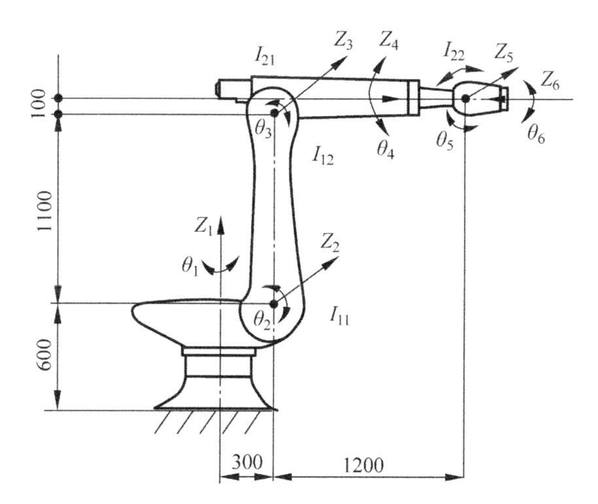

图 5.3 机械臂的惯性矩折算

解：(1) 计算惯性矩 I_{z3}，依据平行移轴定理有

$$I_{z3}=I_{21}+I_{22}+m_{22}(0.1^2+1.2^2) \tag{5.9}$$

$$I_{z2}=I_{11}+I_{12}+(m_{12}+m_{21})(1.1^2)+I_{21}+I_{22}+m_{22}(0.1^2+1.2^2+1.1^2) \tag{5.10}$$

(2) 将具体数据代入，可以计算出：$I_{11}=m_{11}d_{11}^2/8=0.04(\text{kg}\cdot\text{m}^2)$，$I_{12}=m_{12}d_{12}^2/8=0.017(\text{kg}\cdot\text{m}^2)$，$I_{21}=m_{21}d_{21}^2/8=0.01125(\text{kg}\cdot\text{m}^2)$ 和 $I_{22}=m_{22}d_{22}^2/8=0.0025(\text{kg}\cdot\text{m}^2)$。

将大臂和小臂两端的惯性矩和质量都代入式(5.9)和式(5.10)，可以计算得到相当于围绕第二轴和第三轴的惯性矩分别为

$$I_{z3}=2.914(\text{kg}\cdot\text{m}^2) \tag{5.11}$$

$$I_{z2}=17.49(\text{kg}\cdot\text{m}^2) \tag{5.12}$$

分析与讨论

从计算结果可以看出，相对于第三轴驱动的惯性矩实际上被放大了 $I_{z3}/(I_{21}+I_{22})\approx 210$ 倍；对第二轴需要驱动的惯性矩被放大了 $I_{z2}/(I_{21}+I_{22}+I_{11}+I_{12})\approx 250$ 倍。因此设计机械臂小臂和大臂时，对惯性矩控制要求是很苛刻的。同时还可以看出机械臂的臂长和质量大小对驱动功率的影响最大，这就是为什么设计机械臂时必须严格控制并优化设计大小臂的长度和质量分布。

5.1.4 机械臂工作空间

机械臂的工作空间是指机械臂末端所能到达的空间，通常就是机械臂末端所能触及的空间点（也叫笛卡儿点）的集合。这个集合有时候也会含有机械臂末端的方向，因为有时候一些空间点只能通过特定的运动方向才能到达。一个机械臂可以从任意方向到达的空间定义为灵巧工作空间，由于受到机械结构的限制，机械臂末端的运动方向和范围总是受到一定

限制，而且越接近工作空间的边缘限制越大，所以在实际上机械臂几乎不存在这样的灵巧工作空间。一个机械臂的工作空间主要是由机械臂的机械结构和自由度决定的，在大部分的工业机械臂说明手册中，机械臂的结构说明部分都会有一个工作空间的示意图，类似图 5.4。这是一个简易的侧视平面图，其中阴影的区域代表机械臂可以到达的空间，另外在机械臂基座周围白色的空间代表一部分不能到达的空间。但这个图所表示的并不是实际机械臂的工作空间，因为没有定义末端(尺寸，运动模型和自由度)，没法估计该机械臂实际的工作空间。另外，对于 6 自由度的机械臂，它的工作空间是在三维空间上分布的，二维平面图无法完整地描述该空间。而且，由于受到电动机控制精度限制，该空间应该是一个离散的空间点的集合，而不是连续的区域。所以，要精准地估计一个机械臂的工作空间，可以先定义其末端设备并对其运动模型进行建模，然后使用蒙特卡洛仿真方法[17]，通过大量随机值使机械臂的各个关节在其取值范围内离散化，从而获得其可到达空间点的集合。把这些点集连接起来，所形成的轨迹在空间中的范围可以更精确地描述该机械臂的工作空间。正如在图 5.5 中，使用这个方法描述了一个仿生机械臂的三维工作空间，这个工作空间是由空间点连接而成的轨迹所组成，并且将这个空间分别投影到 XY，XZ 和 YZ 的平面上。

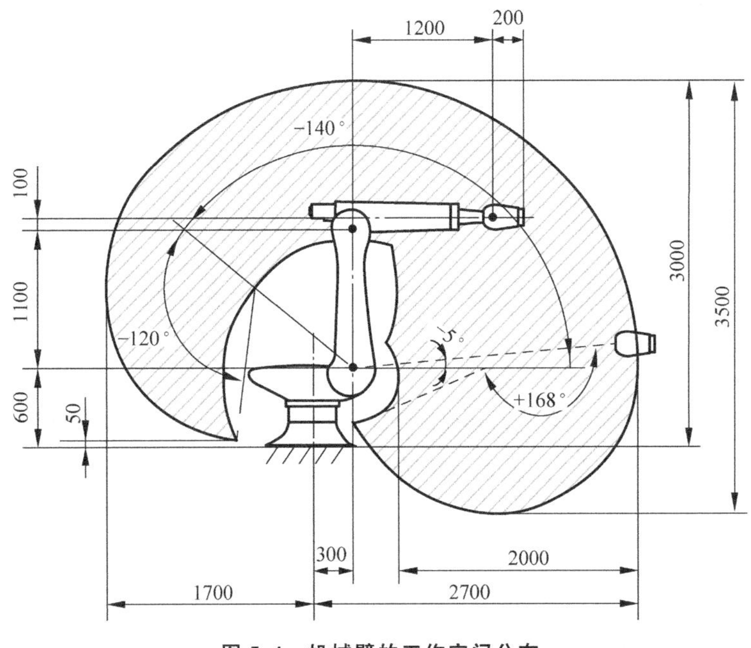

图 5.4 机械臂的工作空间分布

5.1.5 机械臂平衡器

对于 6 自由度工业机器人，在运行的大部分时间里，第二轴所承受的负载是最高的，尤其在机械臂大臂和小臂都伸展开的时候，如图 5.6 所示，第二轴电动机需要承担整个机械臂大部分的自重和负载，因而会产生由于惯性矩的放大引起驱动功率需求更大的问题。出于结构设计和功耗方面的考虑，第二轴电动机的功率需求很大，电动机的选择极其苛刻。在这种情况下只靠第二轴电动机无法提供足够的转矩输出，需要额外的平衡系统来为第二轴提

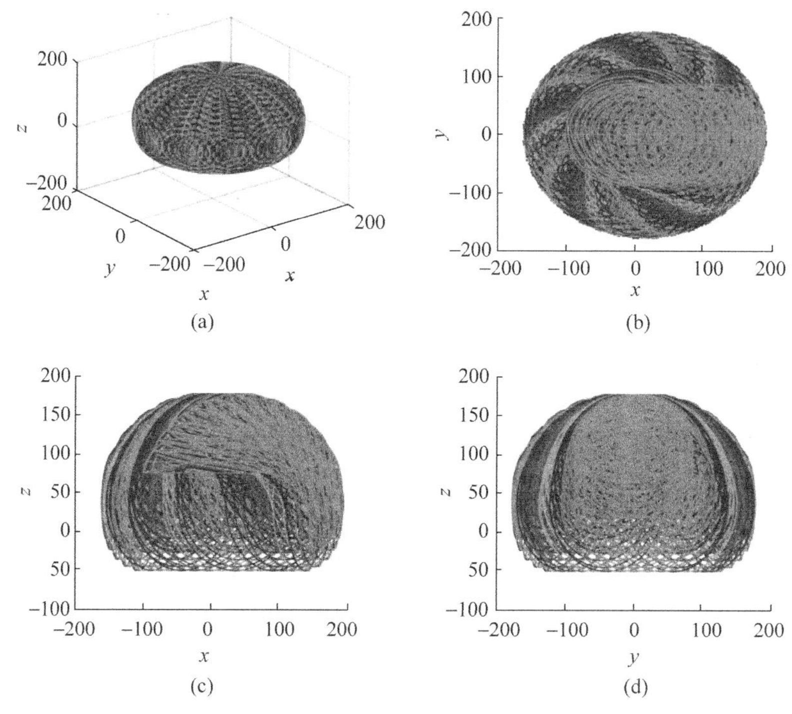

图 5.5 仿生机械臂的工作空间

(Luo, Z., Shang, J., Wei, G., & Renaut, L. (2016). Design and analysis of a bio-inspired module-based robotic arm. *Mechanical Sciences*, 7 (2), 155-166.)

(a) 3D 工作空间；(b) x-y 平面工作空间；(c) x-z 平面工作空间；(d) y-z 平面工作空间

供辅助转矩。一般情况下，平衡系统可以提供全部所需转矩的 40%以上。因此，大部分的工业机械臂为第二轴配备了机械臂平衡器，机械臂平衡器的引入不仅大大减小了第二轴电动机的驱动功率，而且还改善了机械臂的控制精度和稳定性。

机械臂平衡器有弹簧式、气压和液压式，还有组合式等。液压式平衡器相对弹簧式更加小巧简约，如图 5.7 所示的 KUKA 机器人底座所配备的液压式平衡器，带有一个液压推杆、两个球状蓄能器，节省空间，外形美观。在实际应用中，机械臂平衡器已经成为工业机器人不可或缺的重要部件。

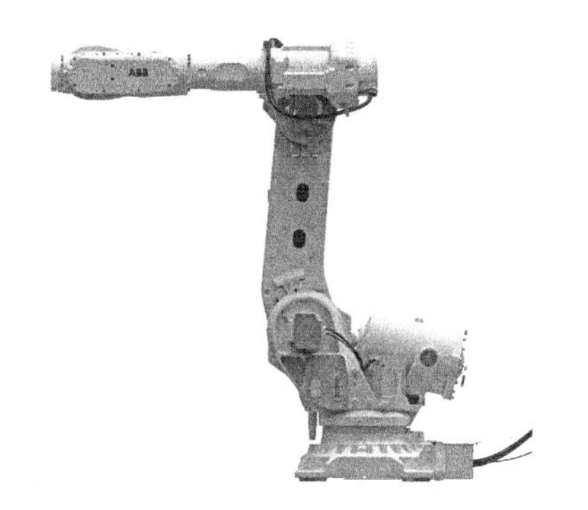

图 5.6 机械臂平衡器

资料来源：https://new.abb.com/

图 5.7 液压蓄能式机械臂的平衡器

资料来源：http://kuka.robot-china.com/

5.2 欧拉-拉格朗日方程

欧拉-拉格朗日方程是用广义坐标表示完整工业机器人系统的动力学方程，拉格朗日函数 L 定义为系统的全部动能 T 和全部势能 U 之差，即

$$L = T - U \tag{5.13}$$

式中，动能 T 取决于机器人系统中连杆的位形（即位置和姿态）和速度；而势能 U 仅取决于连杆的位形。系统动力学方程式，即欧拉-拉格朗日方程如下：

$$\frac{\mathrm{d}}{\mathrm{d}t}\left(\frac{\partial L}{\partial \dot{q}_i}\right) - \frac{\partial L}{\partial q_i} = \phi_i, \quad i = 1, 2, \cdots, n \tag{5.14}$$

式中，ϕ_i 表示与广义坐标 q_i 相关的广义力；$\dot{q}_i$ 为相应的广义速度。

5.2.1 动能计算

在机械臂中，连杆是运动部件，连杆 i 的动能 T_i 为连杆质心线速度产生的动能和连杆角速度产生的动能之和。因此，对于有 n 个连杆的机器人系统，其总动能是每一连杆相关运动产生的动能之和，表达如下：

$$T = \sum_{i=1}^{n} T_i = \frac{1}{2}\sum_{i=1}^{n}(m_i \dot{\boldsymbol{c}}_i^{\mathrm{T}} \dot{\boldsymbol{c}}_i + \boldsymbol{\omega}_i^{\mathrm{T}} \boldsymbol{I}_i \boldsymbol{\omega}_i) \tag{5.15}$$

式中，$\dot{\boldsymbol{c}}_i$ 为连杆 i 的质心 C_i 的三维线速度矢量；$\boldsymbol{\omega}_i$ 为连杆 i 的三维角速度矢量；m_i 为连杆 i 的质量，是标量；$\boldsymbol{I}_i$ 为连杆 i 的惯性张量。

由于 $\dot{\boldsymbol{c}}_i$ 和 $\boldsymbol{\omega}_i$ 分别为关节变量 θ 和关节速度 $\dot{\theta}$ 的函数，由式(5.15)可知机器人的动能是关节变量 θ 和关节速度 $\dot{\theta}$ 的函数。

5.2.2 势能计算

与动能计算类似，机器人的总势能也是各连杆的势能之和。假设连杆是刚性体，势能的表达如下：

$$U = \sum_{i=1}^{n} U_i = -\sum_{i=1}^{n} m_i \boldsymbol{c}_i^{\mathrm{T}} \boldsymbol{g} \tag{5.16}$$

式中，矢量 $\boldsymbol{c}_i$ 为关节变量的函数，且该函数是非线性的。由此可知，总势能 U 是只关于关节变量 θ 的函数，与关节速度 $\dot{\theta}$ 无关。

5.2.3 运动方程

按照式(5.15)和式(5.16)计算系统总动能和总势能，式(5.13)中机器人的拉格朗日函数可写为

$$L=T-U=\sum_{i=1}^{n}\left[\frac{1}{2}(m_i\dot{\boldsymbol{c}}_i^{\mathrm{T}}\dot{\boldsymbol{c}}_i+\boldsymbol{\omega}_i^{\mathrm{T}}\boldsymbol{I}_i\boldsymbol{\omega}_i)+m_i\boldsymbol{c}_i^{\mathrm{T}}\boldsymbol{g}\right] \tag{5.17}$$

拉格朗日函数对关节变量 θ_i、关节速度 $\dot{\theta}_i$ 和时间 t 求导可得动力学运动方程，其中势能与关节速度 $\dot{\theta}_i$ 无关，即有

$$\frac{\mathrm{d}}{\mathrm{d}t}\left(\frac{\partial T}{\partial \dot{q}_i}\right)-\left(\frac{\partial T}{\partial q_i}\right)+\frac{\partial U}{\partial q_i}=\phi_i,\quad i=1,2,\cdots,n \tag{5.18}$$

式中，ϕ_i 表示与广义坐标 q_i 相关的广义力；$\dot{q}_i$ 为相应的广义速度。实际计算机械臂动力学时，$\dot{\theta}$ 和 θ 对应连杆转矩 τ；而 $\dot{b}$ 和 b 对应连杆推力 f。

例题 5.3 如图 5.8 所示的转动伸缩机械臂，假设连杆 1 的质量 m_1 集中在连杆中点，且主惯性矩 $I_{xx1}=I_{yy1}=I_{zz1}=I_1$；连杆 2 的质量 m_2 集中在机械臂执行器即坐标系 3 的原点，且主惯性矩 $I_{xx2}=I_{yy2}=I_{zz2}=I_2$。$\theta_1$ 和 b_2 为机械臂的变量，其中 b_2 的最大值为 B。试用欧拉-拉格朗日动力学方程求解该机械臂的驱动力 τ_1 和 f_2。

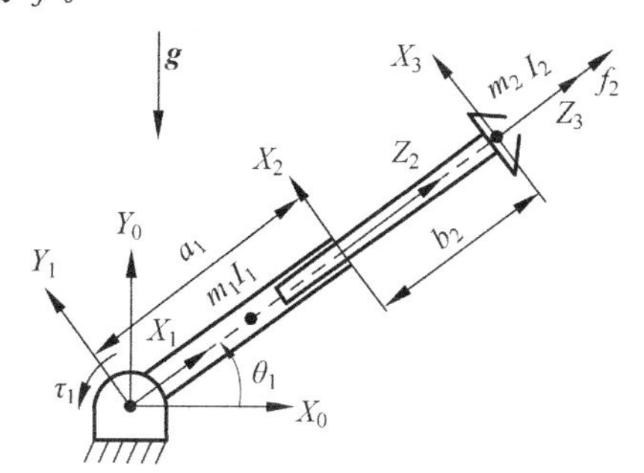

图 5.8 转动伸缩机械臂

解：根据式(5.15)计算连杆 1 和连杆 2 的动能如下：

$$T_1=\frac{1}{2}\left[m_1\left(\frac{a_1}{2}\right)^2\dot{\theta}_1^2+I_1\dot{\theta}_1^2\right] \tag{5.19}$$

$$T_2=\frac{1}{2}m_2(a_1+b_2)^2\dot{\theta}_1^2+\frac{1}{2}m_2\dot{b}_2^2+\frac{1}{2}I_2\dot{\theta}_1^2 \tag{5.20}$$

根据式(5.16)计算连杆 1 和连杆 2 的势能如下：

$$U_1=m_1\frac{a_1}{2}g\sin\theta_1+m_1\frac{a_1}{2}g \tag{5.21}$$

$$U_2=m_2(a_1+b_2)g\sin\theta_1+m_2(a_1+B)g \tag{5.22}$$

则总的动能和势能为

$$T=T_1+T_2=\frac{1}{2}\left[m_1\left(\frac{a_1}{2}\right)^2+m_2(a_1+b_2)^2+I_1+I_2\right]\dot{\theta}_1^2+\frac{1}{2}m_2\dot{b}_2^2 \tag{5.23}$$

$$U=U_1+U_2=\left[m_1\frac{a_1}{2}+m_2(a_1+b_2)\right]g\sin\theta_1+\left[m_1\frac{a_1}{2}+m_2(a_1+B)\right]g \tag{5.24}$$

将式(5.23)和式(5.24)代入拉格朗日动力学方程(5.18)，即有

$$\tau_1=\frac{\mathrm{d}}{\mathrm{d}t}\left(\frac{\partial T}{\partial \dot{\theta}_1}\right)-\left(\frac{\partial T}{\partial \theta_1}\right)+\frac{\partial U}{\partial \theta_1} \tag{5.25}$$

$$f_2=\frac{\mathrm{d}}{\mathrm{d}t}\left(\frac{\partial T}{\partial \dot{b}_2}\right)-\left(\frac{\partial T}{\partial b_2}\right)+\frac{\partial U}{\partial b_2} \tag{5.26}$$

进一步整理可以得到

$$\tau_1=\left[m_1\left(\frac{a_1}{2}\right)^2+m_2(a_1+b_2)^2+I_1+I_2\right]\ddot{\theta}_1+2m_2(a_1+b_2)\dot{\theta}_1\dot{b}_2+$$

$$\left[m_1\frac{a_1}{2}+m_2(a_1+b_2)\right]g\cos\theta_1 \tag{5.27}$$

$$f_2=m_2\ddot{b}_2-m_2(a_1+b_2)\dot{\theta}_1^2+m_2 g\sin\theta_1 \tag{5.28}$$

分析与讨论

从例题5.3可以看出,拉格朗日动力学方程在理论上是完整的,可以应用于一些简单的机械臂的动力学计算。但对于要求计算出连杆之间的三维内力分布,拉格朗日动力学方程就凸显出它的不足。同时,如果机械臂连杆系统复杂且自由度较多(如6自由度),应用拉格朗日动力学方程的求解效率会大打折扣。下一节将讨论递推牛顿-欧拉算法,这一方法可以用于递推机械臂连杆之间的内力和连杆加速度等参数的机械臂动力学计算。

5.3 递推牛顿-欧拉算法

在欧拉-拉格朗日方程中,机器人的动力学模型由系统总的欧拉-拉格朗日方程导出。除此之外,对于串行机械臂,可以应用递推牛顿-欧拉算法进行有关动力学的计算。该算法包括所有作用于机械臂各个连杆上的力和力矩,其递推方程是建立在连杆之间所有的力和力矩动态平衡关系基础之上的。我们可以从机械臂的基座开始,正向计算出各个连杆的速度和加速度,然后应用递推牛顿-欧拉算法逆向递推计算出各个关节的力和力矩。

类似第4章的静力学的讨论过程,需要定义一系列的技术参数。这些技术参数除了力学参数、几何参数和坐标系参数,还需要定义一些速度和加速度参数。在定义了这些参数后就可以应用递推牛顿-欧拉的方法依次求得各个连杆的力、力矩以及速度和加速度等参数。

1) 坐标系参数

为了求得各个连杆所受的力和力矩等动力学参数,需要将连杆放置于某一坐标系中。这里我们采用改进型DH坐标系方法,将坐标系0作为固定参考坐标系,而将坐标系i固定于连杆i的始端,以此推出连杆$i+1$的始端固定的是坐标系$i+1$。图5.9绘出了连杆i所连接的坐标系情况,Z_i轴的单位矢量为$\boldsymbol{e}_i$,同时也标注了相关的其他技术参数。

2) 几何参数

定义了一些几何参数(如图5.9所示),主要包括坐标原点O_i到坐标原点O_{i+1}的三维距离矢量$\boldsymbol{\varepsilon}_i$、坐标原点$O_i$到连杆$i$的质心$C_i$的三维距离矢量$\boldsymbol{d}_i$和连杆$i$的质心$C_i$到坐标原点$O_{i+1}$的三维距离矢量$\boldsymbol{r}_i$。其中依据改进型DH坐标系方法,距离矢量$\boldsymbol{\varepsilon}_i$在$Z_{i+1}$轴上的投影即是连杆偏距$b_{i+1}$,而在$Z_i$轴和$Z_{i+1}$轴公垂线上的投影即是连杆长度$a_i$。

3) 力学参数

为了计算连杆的动力学参数,我们可以将连杆i分离出来,如图5.9所示。连杆i受到的力除了自身的重力$m_i\boldsymbol{g}$外,还有作用于连杆两端的外力和外力矩。作用于连杆i的始端,即坐标系原点O_i的外力包括连杆$i-1$通过O_i点作用于连杆i的三维力矢量$\boldsymbol{F}_{i-1,i}$和三维力矩矢量$\boldsymbol{N}_{i-1,i}$;而作用于连杆i的末端,即坐标系原点O_{i+1}的外力包括连杆$i+1$通过O_{i+1}点作用于连杆i的三维力矢量$\boldsymbol{F}_{i+1,i}$和三维力矩矢量$\boldsymbol{N}_{i+1,i}$。根据牛顿作用力

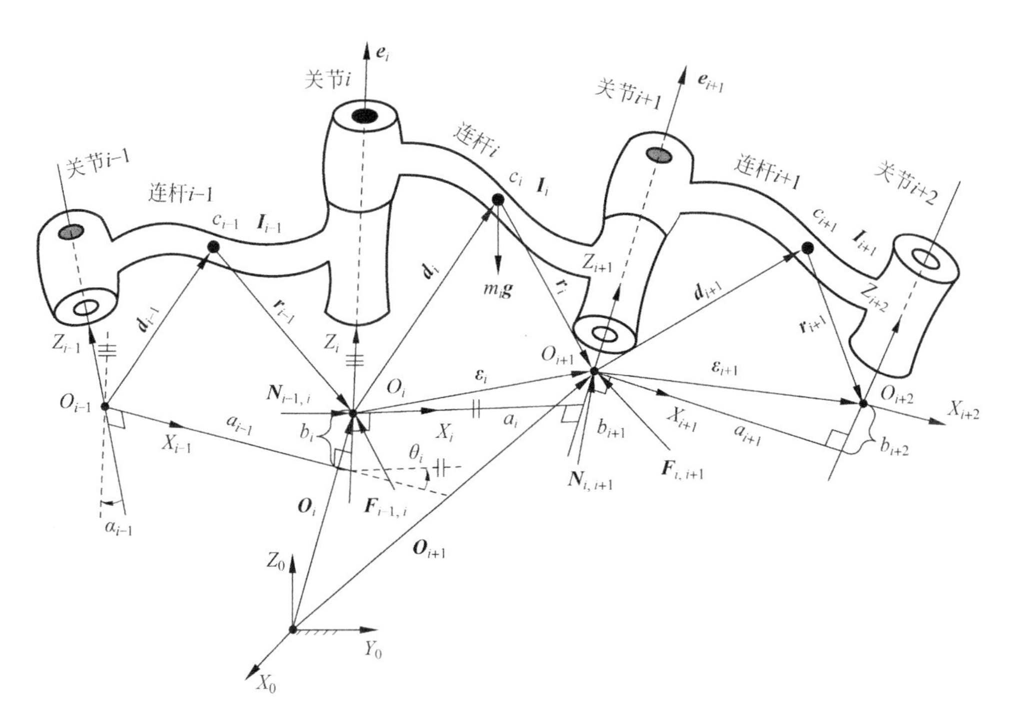

图 5.9 连杆 i 上的动力学计算参数

和反作用力定律，有

$$\boldsymbol{F}_{i+1,i}=-\boldsymbol{F}_{i,i+1} \tag{5.29}$$

$$\boldsymbol{N}_{i+1,i}=-\boldsymbol{N}_{i,i+1} \tag{5.30}$$

为了进行动力学计算，还需要定义作用到连杆 i 质心 C_i 的合力和合力矩矢量，主要包括作用到连杆 i 质心 C_i 的合力矩矢量 $\sum \boldsymbol{N}_i$ 和合力矢量 $\sum \boldsymbol{F}_i$。另外，动力学计算还需要用到连杆 i 的质心 C_i 的惯性张量 $\boldsymbol{I}_i$。

4）速度和加速度参数

如图 5.9 所示，在定义连杆 i 坐标原点 O_i 的位置矢量 $\boldsymbol{O}_i$ 和连杆 i 质心 C_i 的位置矢量 $\boldsymbol{C}_i$ 的基础上，我们再定义连杆 i 坐标原点 O_i 的速度为 $\dot{\boldsymbol{O}}_i$，相应的连杆 i 坐标原点 O_i 的加速度为 $\ddot{\boldsymbol{O}}_i$；同时定义连杆 i 质心 C_i 的速度为 $\dot{\boldsymbol{C}}_i$，相应的连杆 i 质心 C_i 的加速度为 $\ddot{\boldsymbol{C}}_i$。同样原理，定义连杆 i 的转动角速度为 $\boldsymbol{\omega}_i$，连杆 i 的转动角加速度为 $\dot{\boldsymbol{\omega}}_i$。

应用以上的参数并结合之前的知识，我们可以借助递推牛顿-欧拉算法进行机械臂动力学的递推计算。

5.3.1 运动参数的递推计算

可以用递推的方法计算出机械臂每个连杆的运动参数，这种递推计算可以理解为正向递推计算。具体而言，对于机械臂的基座，即连杆 0，它的所有运动学参数都为 0，即有初始条件

$$\dot{\boldsymbol{C}}_0=\ddot{\boldsymbol{C}}_0=\boldsymbol{\omega}_0=\dot{\boldsymbol{\omega}}_0=0 \tag{5.31}$$

这样可以从第一个运动的连杆开始,直到最后的末端执行器,依次计算出它们的速度、加速度、角速度和角加速度。

1) 角速度的递推计算

由于串行机器人的结构约束,连杆 $i+1$ 相对于连杆 i 的转动速度对于转动关节为 $\dot{\theta}_{i+1}\boldsymbol{e}_{i+1}$,对于滑动关节转动速度为 0,因此,连杆 $i+1$ 的角速度可以表示为

$$\boldsymbol{\omega}_{i+1}=\begin{cases}\boldsymbol{\omega}_i+\dot{\theta}_{i+1}\boldsymbol{e}_{i+1}, & \text{对于转动关节}\\ \boldsymbol{\omega}_i, & \text{对于滑动关节}\end{cases} \tag{5.32}$$

将式(5.32)投影在第 $i+1$ 的坐标系中,则有

$$[\boldsymbol{\omega}_{i+1}]_{i+1}=\begin{cases}{}_{i+1}^{\;\;i}\boldsymbol{Q}^{\mathrm{T}}[\boldsymbol{\omega}_i]_i+\dot{\theta}_{i+1}[\boldsymbol{e}_{i+1}]_{i+1}, & \text{对于转动关节}\\ {}_{i+1}^{\;\;i}\boldsymbol{Q}^{\mathrm{T}}[\boldsymbol{\omega}_i]_i, & \text{对于滑动关节}\end{cases} \tag{5.33}$$

式中,单位矢量 $[\boldsymbol{e}_{i+1}]_{i+1}=[0\quad 0\quad 1]^{\mathrm{T}}$。其中根据改进型 DH 坐标系方法,转置旋转矩阵的计算公式为

$${}_{i+1}^{\;\;i}\boldsymbol{Q}^{\mathrm{T}}=\begin{bmatrix}\mathrm{c}\theta_{i+1} & \mathrm{c}\alpha_i\mathrm{s}\theta_{i+1} & \mathrm{s}\alpha_i\mathrm{c}\theta_{i+1}\\ -\mathrm{s}\theta_{i+1} & \mathrm{c}\alpha_i\mathrm{c}\theta_{i+1} & \mathrm{s}\alpha_i\mathrm{c}\theta_{i+1}\\ 0 & -\mathrm{s}\alpha_i & \mathrm{c}\alpha_i\end{bmatrix} \tag{5.34}$$

式中,θ_{i+1} 和 α_i 分别为改进型 DH 参数的连杆转角和扭角,从而式(5.33)提供了一种基于前一连杆角速度来计算后一连杆角速度的计算手段。

2) 角加速度的递推计算

连杆 $i+1$ 的角加速度可以通过对式(5.32)进行求导获得:

$$\dot{\boldsymbol{\omega}}_{i+1}=\begin{cases}\dot{\boldsymbol{\omega}}_i+\ddot{\theta}_{i+1}\boldsymbol{e}_{i+1}+\dot{\theta}_{i+1}\,\boldsymbol{\omega}_{i+1}\times\boldsymbol{e}_{i+1}, & \text{对于转动关节}\\ \dot{\boldsymbol{\omega}}_i, & \text{对于滑动关节}\end{cases} \tag{5.35}$$

将方程(5.35)投影在第 $i+1$ 的坐标系中,则有

$$[\dot{\boldsymbol{\omega}}_{i+1}]_{i+1}=\begin{cases}{}_{i+1}^{\;\;i}\boldsymbol{Q}^{\mathrm{T}}[\dot{\boldsymbol{\omega}}\,i]_i+\ddot{\theta}_{i+1}[\boldsymbol{e}_{i+1}]_{i+1}+\dot{\theta}_{i+1}\,[\boldsymbol{\omega}_{i+1}]_{i+1}\times[\boldsymbol{e}_{i+1}]_{i+1}, & \text{对于转动关节}\\ {}_{i+1}^{\;\;i}\boldsymbol{Q}^{\mathrm{T}}[\dot{\boldsymbol{\omega}}_i]_i, & \text{对于滑动关节}\end{cases} \tag{5.36}$$

式中,$\boldsymbol{\omega}_{i+1}\times\boldsymbol{e}_{i+1}=\dot{\boldsymbol{e}}_{i+1}$。同样,式(5.36)提供了一种基于前一连杆角加速度来计算后一连杆角加速度的计算手段。

3) 线速度的递推计算

为了进行动力学的计算,必须计算出连杆质心的运动参数。连杆 $i+1$ 质心的速度 $\dot{\boldsymbol{C}}_{i+1}$ 除了与前一连杆 i 质心的速度 $\dot{\boldsymbol{C}}_i$ 和角速度 $\boldsymbol{\omega}_i$ 有关外,还与本身的角速度 $\boldsymbol{\omega}_{i+1}$ 有关,计算公式如下:

$$\dot{\boldsymbol{C}}_{i+1}=\begin{cases}\dot{\boldsymbol{C}}_i+\boldsymbol{\omega}_i\times\boldsymbol{r}_i+\boldsymbol{\omega}_{i+1}\times\boldsymbol{d}_{i+1}, & \text{对于转动关节}\\ \dot{\boldsymbol{C}}_i+\boldsymbol{\omega}_i\times(\boldsymbol{r}_i+\boldsymbol{d}_{i+1})+\dot{b}_{i+1}\boldsymbol{e}_{i+1}, & \text{对于滑动关节}\end{cases} \tag{5.37}$$

下面将方程(5.37)投影到连杆 $i+1$ 的坐标系中，对于转动关节，投影方程为

$$[\dot{\boldsymbol{C}}_{i+1}]_{i+1}={}_{i+1}^{i}\boldsymbol{Q}^{\mathrm{T}}([\dot{\boldsymbol{C}}_i]_i+[\boldsymbol{\omega}_i]_i\times[\boldsymbol{r}_i]_i)+[\boldsymbol{\omega}_{i+1}]_{i+1}\times[\boldsymbol{d}_{i+1}]_{i+1} \tag{5.38}$$

而对于滑动关节，投影方程为

$$[\dot{\boldsymbol{C}}_{i+1}]_{i+1}={}_{i+1}^{i}\boldsymbol{Q}^{\mathrm{T}}([\dot{\boldsymbol{C}}_i]_i+[\boldsymbol{\omega}_i]_i\times[\boldsymbol{r}_i]_i)+{}_{i+1}^{i}\boldsymbol{Q}^{\mathrm{T}}[\boldsymbol{\omega}_i]_i\times[\boldsymbol{d}_{i+1}]_{i+1}+\dot{b}_{i+1}[\boldsymbol{e}_{i+1}]_{i+1} \tag{5.39}$$

一般情况下，矢量 $\boldsymbol{d}_{i+1}$ 比较容易获得，因为矢量 $\boldsymbol{d}_{i+1}$ 就是连杆 $i+1$ 的质心坐标。如果矢量 $\boldsymbol{d}_{i+1}$ 不能直接获得，可以用下式计算出，即

$$\begin{aligned}[\boldsymbol{d}_{i+1}]_{i+1}&=[\boldsymbol{\varepsilon}_{i+1}]_{i+1}-[\boldsymbol{r}_{i+1}]_{i+1}\\&={}_{i+2}^{i+1}\boldsymbol{Q}\left\{\begin{bmatrix}a_{i+1}\mathrm{c}\theta_{i+2}\\-a_{i+1}\mathrm{s}\theta_{i+2}\\b_{i+2}\end{bmatrix}-\begin{bmatrix}r_{i+1x_{i+2}}\\r_{i+1y_{i+2}}\\r_{i+1z_{i+2}}\end{bmatrix}\right\}\end{aligned} \tag{5.40}$$

其中，$r_{i+1x_{i+2}}$，$r_{i+1y_{i+2}}$ 和 $r_{i+1z_{i+2}}$ 是矢量 $\boldsymbol{r}_{i+1}$ 在第 $i+2$ 坐标系沿着 X_{i+2}，Y_{i+2} 和 Z_{i+2} 方向的投影值。

同样，结合 DH 参数连杆长 a_i 和连杆偏距 b_{i+1}，可以得到矢量 $\boldsymbol{\varepsilon}_i$ 在第 $i+1$ 坐标系的投影为

$$[\boldsymbol{\varepsilon}_i]_{i+1}=\begin{bmatrix}a_i\mathrm{c}\theta_{i+1}\\-a_i\mathrm{s}\theta_{i+1}\\b_{i+1}\end{bmatrix} \tag{5.41}$$

设 ${}_{i+1}^{i}\boldsymbol{Q}$ 是坐标系 $i+1$ 相对于坐标系 i 的旋转矩阵，则可以得到矢量 $\boldsymbol{\varepsilon}_i$ 在第 i 坐标系的投影为

$$[\boldsymbol{\varepsilon}_i]_i={}_{i+1}^{i}\boldsymbol{Q}\begin{bmatrix}a_i\mathrm{c}\theta_{i+1}\\-a_i\mathrm{s}\theta_{i+1}\\b_{i+1}\end{bmatrix}=\begin{bmatrix}a_i\\-\sin\alpha_i b_{i+1}\\\cos\alpha_i b_{i+1}\end{bmatrix} \tag{5.42}$$

式中，如果 $b_{i+1}=0$，则有

$$[\boldsymbol{\varepsilon}_i]_i=\begin{bmatrix}a_i\\0\\0\end{bmatrix} \tag{5.43}$$

利用方程(5.32)～方程(5.39)，可以进行关节速度和加速度的递推计算。

4）线加速度的递推计算

连杆 $i+1$ 的质心线加速度可以通过对式(5.37)求导获得，对于转动关节，投影方程为

$$\begin{aligned}\ddot{\boldsymbol{C}}_{i+1}=&\ddot{\boldsymbol{C}}_i+\dot{\boldsymbol{\omega}}_i\times\boldsymbol{r}_i+\boldsymbol{\omega}_i\times(\boldsymbol{\omega}_i\times\boldsymbol{r}_i)+\\&\dot{\boldsymbol{\omega}}_{i+1}\times\boldsymbol{d}_{i+1}+\boldsymbol{\omega}_{i+1}\times(\boldsymbol{\omega}_{i+1}\times\boldsymbol{d}_{i+1})\end{aligned} \tag{5.44}$$

式中，$\boldsymbol{\omega}_i\times\boldsymbol{r}_i=\dot{\boldsymbol{r}}_i$；$\boldsymbol{\omega}_{i+1}\times\boldsymbol{d}_{i+1}=\dot{\boldsymbol{d}}_{i+1}$。

而对于滑动关节，投影方程为

$$\ddot{\boldsymbol{C}}_{i+1}=\ddot{\boldsymbol{C}}_i+\dot{\boldsymbol{\omega}}_i\times(\boldsymbol{r}_i+\boldsymbol{d}_{i+1})+\boldsymbol{\omega}_i\times[\boldsymbol{\omega}_i\times(\boldsymbol{r}_i+\boldsymbol{d}_{i+1})]+\ddot{b}_{i+1}\boldsymbol{e}_{i+1}+\dot{b}_{i+1}\boldsymbol{\omega}_{i+1}\times\boldsymbol{e}_{i+1} \tag{5.45}$$

将转动关节方程(5.44)投影到坐标系 $i+1$ 中，则有

$$[\ddot{\boldsymbol{C}}_{i+1}]_{i+1}={}_{i+1}^{i}\boldsymbol{Q}^{\mathrm{T}}[\ddot{\boldsymbol{C}}_i+\dot{\boldsymbol{\omega}}_i\times\boldsymbol{r}_i+\boldsymbol{\omega}_i\times(\boldsymbol{\omega}_i\times\boldsymbol{r}_i)]_i+[\dot{\boldsymbol{\omega}}_{i+1}\times\boldsymbol{d}_{i+1}+\boldsymbol{\omega}_{i+1}\times(\boldsymbol{\omega}_{i+1}\times\boldsymbol{d}_{i+1})]_{i+1} \tag{5.46}$$

同样，将滑动关节方程(5.45)投影到坐标系 $i+1$ 中，则有

$$[\ddot{\boldsymbol{C}}_{i+1}]_{i+1}={}_{i+1}^{i}\boldsymbol{Q}^{\mathrm{T}}[\ddot{\boldsymbol{C}}_i+\dot{\boldsymbol{\omega}}_i\times\boldsymbol{r}_i+\boldsymbol{\omega}_i\times(\boldsymbol{\omega}_i\times\boldsymbol{r}_i)]_i+[\dot{\boldsymbol{\omega}}_i\times\boldsymbol{d}_{i+1}+\boldsymbol{\omega}_i\times(\boldsymbol{\omega}_i\times\boldsymbol{d}_{i+1})+\ddot{b}_{i+1}\boldsymbol{e}_{i+1}+\dot{b}_{i+1}\boldsymbol{\omega}_{i+1}\times\boldsymbol{e}_{i+1}]_{i+1} \tag{5.47}$$

通过方程(5.46)和方程(5.47)，可以分别递推计算出转动关节和滑动关节各个连杆质心的加速度。

5）重力加速度的递推计算

注意到重力加速度往往是相对于参考坐标系 0 的，重力加速度的递推计算可以由前一连杆的投影通过转置矩阵得到，即

$$[\boldsymbol{g}]_{i+1}={}_{i+1}^{i}\boldsymbol{Q}^{\mathrm{T}}[\boldsymbol{g}]_i \tag{5.48}$$

当进行机器人设计时，为保证控制精度，机器人各个连杆的重力是必须要考虑的参数，实际设计时往往是合理分布连杆的强度和刚度关系，以使重力的影响减到最小。

5.3.2　力和力矩参数的递推计算

当各个连杆的速度和加速度已知后，可以从机械臂的执行器开始到基座递推计算出各个关节的力和力矩，这一递推计算可以理解为逆向递推计算。首先，假设连杆 i 所受到的合力为 $\sum\boldsymbol{F}_i$，合力矩为 $\sum\boldsymbol{N}_i$ 。合力 $\sum\boldsymbol{F}_i$ 包括连杆 i 自身的重力 $m_i\boldsymbol{g}$ 以及作用到连杆 i 的两端的外力 $\boldsymbol{F}_{i-1,i}$ 和 $-\boldsymbol{F}_{i,i+1}$；合力矩 $\sum\boldsymbol{N}_i$ 包括作用到连杆 i 两端的外力矩 $\boldsymbol{N}_{i-1,i}$ 和 $-\boldsymbol{N}_{i,i+1}$ 以及两端的外力 $\boldsymbol{F}_{i-1,i}$ 和 $-\boldsymbol{F}_{i,i+1}$ 引起的作用力矩。

对于合力 $\sum\boldsymbol{F}_i$ 可以计算如下：

$$\sum\boldsymbol{F}_i=\boldsymbol{F}_{i-1,i}-\boldsymbol{F}_{i,i+1}+m_i\boldsymbol{g} \tag{5.49}$$

对于合力矩 $\sum\boldsymbol{N}_i$，相对于连杆 i 的质心 C_i 计算力矩平衡可得

$$\sum\boldsymbol{N}_i=\boldsymbol{N}_{i-1,i}-\boldsymbol{N}_{i,i+1}+\boldsymbol{d}_i\times\boldsymbol{F}_{i-1,i}-\boldsymbol{r}_i\times\boldsymbol{F}_{i,i+1} \tag{5.50}$$

则对于连杆 i，由牛顿-欧拉方程可以得出如下递推方程：

$$\left[\sum\boldsymbol{F}_i\right]_i=m_i[\ddot{\boldsymbol{C}}_i]_i \tag{5.51}$$

$$\left[\sum\boldsymbol{N}_i\right]_i=[\boldsymbol{I}_i]_i[\dot{\boldsymbol{\omega}}_i]_i+[\boldsymbol{\omega}_i]_i\times[\boldsymbol{I}_i]_i[\boldsymbol{\omega}_i]_i \tag{5.52}$$

连杆 i 质心的合力和合力矩在坐标系 i 的投影可以表示为

$$\left[\sum\boldsymbol{F}_i\right]_i=[\boldsymbol{F}_{i-1,i}]_i-[\boldsymbol{F}_{i,i+1}]_i+m_i[\boldsymbol{g}]_i \tag{5.53}$$

$$\left[\sum \boldsymbol{N}_i\right]_i = [\boldsymbol{N}_{i-1,i}]_i - [\boldsymbol{N}_{i,i+1}]_i + [\boldsymbol{d}_i]_i \times [\boldsymbol{F}_{i-1,i}]_i - [\boldsymbol{r}_i]_i \times [\boldsymbol{F}_{i,i+1}]_i \tag{5.54}$$

重新排列方程(5.53)和方程(5.54)，可以得到各个连杆的力和合力矩递推方程如下：

$$[\boldsymbol{F}_{i-1,i}]_i = \left[\sum \boldsymbol{F}_i\right]_i + [\boldsymbol{F}_{i,i+1}]_i - m_i[\boldsymbol{g}]_i \tag{5.55}$$

$$[\boldsymbol{N}_{i-1,i}]_i = \left[\sum \boldsymbol{N}_i\right]_i + [\boldsymbol{N}_{i,i+1}]_i - [\boldsymbol{d}_i]_i \times [\boldsymbol{F}_{i-1,i}]_i + [\boldsymbol{r}_i]_i \times [\boldsymbol{F}_{i,i+1}]_i \tag{5.56}$$

显然，从最后一个连杆(如执行器)开始到机器人基座(如第一个关节)，利用递推方程(5.55)和方程(5.56)可以计算出各个关节的力和力矩。需要说明的是，如果 n 是机械臂的最后一个连杆，则 $-[\boldsymbol{F}_{n,n+1}]_{n+1}$ 和 $-[\boldsymbol{N}_{n,n+1}]_{n+1}$ 分别表示由外部作业环境施加在末端执行器上的反作用力和反作用力矩，并且假定外部作用力和力矩都是已知的。

5.3.3　驱动力和驱动力矩的计算

可以在单位矢量 $\boldsymbol{e}_i$ 上投影计算出各个连杆的驱动力 $\boldsymbol{\sigma}_i$ 和驱动力矩 $\boldsymbol{\tau}_i$，即有

$$\boldsymbol{\sigma}_i = \boldsymbol{e}_i^{\mathrm{T}} \boldsymbol{F}_{i-1,i},\quad \text{对于滑动关节} \tag{5.57a}$$

$$\boldsymbol{\tau}_i = \boldsymbol{e}_i^{\mathrm{T}} \boldsymbol{N}_{i-1,i},\quad \text{对于转动关节} \tag{5.57b}$$

实际上，不考虑机械效率等能耗，静态平衡条件下，机械臂的驱动电动机仅需要提供式(5.57)确定的关节转矩或力即可。

分析与讨论

在递推公式推导的过程中，我们碰到了 Z_i 轴的方向矢量 $\boldsymbol{e}_i$ 对时间的导数 $\dot{\boldsymbol{e}}_i$，下面进行推导讨论。为简化讨论将下标 i 去掉，则 Z 轴的方向矢量 $\boldsymbol{e}$ 是时间的函数，则 $\boldsymbol{e}$ 对时间的导数 $\dot{\boldsymbol{e}}$ 可以表示如下：

$$\dot{\boldsymbol{e}} = \lim_{\Delta t \to 0} \frac{1}{\Delta t}[\boldsymbol{e}(t+\Delta t) - \boldsymbol{e}(t)] = \lim_{\Delta t \to 0} \frac{\Delta \boldsymbol{e}}{\Delta t}$$

假设 $\Delta \boldsymbol{e}$ 在坐标系中的投影为 $\Delta \boldsymbol{e} = [\Delta e_x \quad \Delta e_y \quad \Delta e_z]^{\mathrm{T}}$，则有

$$\dot{\boldsymbol{e}} = \lim_{\Delta t \to 0} \frac{\Delta \boldsymbol{e}}{\Delta t} = \lim_{\Delta t \to 0} \frac{\Delta \boldsymbol{e}_x + \Delta \boldsymbol{e}_y + \Delta \boldsymbol{e}_z}{\Delta t}$$

如果假设 $\boldsymbol{\omega} = [\omega_x \quad \omega_y \quad \omega_z]^{\mathrm{T}}$，我们可以逐项求得 $\boldsymbol{e}$ 对时间的导数 $\dot{\boldsymbol{e}}$ 的分量。参考图 5.10，对于 X 方向有

$$\dot{e}_x = \lim_{\Delta t \to 0} \frac{\Delta e_x}{\Delta t} = \lim_{\Delta t \to 0} \left[\frac{\Delta t \omega_y e_z - \Delta t \omega_z e_y}{\Delta t}\right]$$

同理，可以导出对于 Y 方向和 Z 方向的导数分量为

$$\dot{e}_y = \lim_{\Delta t \to 0} \frac{\Delta e_y}{\Delta t} = \lim_{\Delta t \to 0} \left[\frac{\Delta t \omega_z e_x - \Delta t \omega_x e_y}{\Delta t}\right]$$

$$\dot{e}_z = \lim_{\Delta t \to 0} \frac{\Delta e_z}{\Delta t} = \lim_{\Delta t \to 0} \left[\frac{\Delta t \omega_x e_y - \Delta t \omega_y e_x}{\Delta t}\right]$$

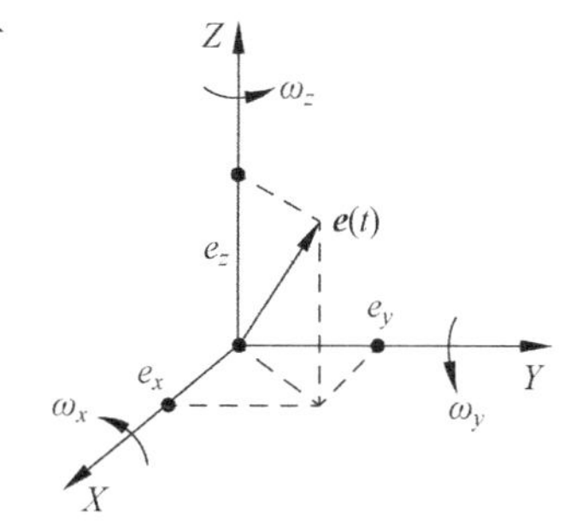

图 5.10　$\boldsymbol{e}$ 对时间的导数 $\dot{\boldsymbol{e}}$ 示意图

根据矢量叉乘的定义，有 $\dot{\boldsymbol{e}} = \boldsymbol{\omega} \times \boldsymbol{e}$，或者 $\dot{\boldsymbol{e}}_i = \boldsymbol{\omega}_i \times \boldsymbol{e}_i$。注意到在推导过程中并没有强调单位矢量 $\boldsymbol{e}_i$ 的绝对长度值，自然有关系式 $\dot{\boldsymbol{r}}_i = \boldsymbol{\omega}_i \times \boldsymbol{r}_i$ 和 $\dot{\boldsymbol{d}}_{i+1} = \boldsymbol{\omega}_{i+1} \times \boldsymbol{d}_{i+1}$ 成立。

例题 5.4 二连杆机械臂的动力学计算

假设连杆质量沿着杆长均匀分布，且环境对机械臂的作用力和力矩为零，试根据递推牛顿-欧拉算法计算二连杆机械臂各个关节的驱动力和力矩。

解：二连杆机械臂示意图如图 5.11 所示。

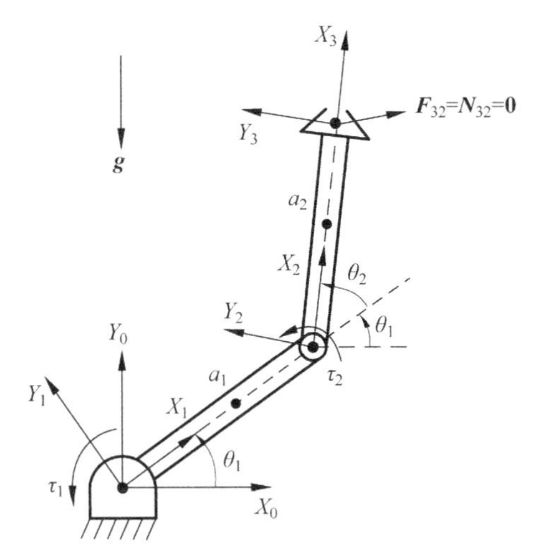

图 5.11 二连杆机械臂示意图

二连杆机械臂的旋转矩阵为

$$ {}_1^0\boldsymbol{Q}=\begin{bmatrix} c\theta_1 & -s\theta_1 & 0 \\ s\theta_1 & c\theta_1 & 0 \\ 0 & 0 & 1 \end{bmatrix} \tag{5.58} $$

$$ {}_2^1\boldsymbol{Q}=\begin{bmatrix} c\theta_2 & -s\theta_2 & 0 \\ s\theta_2 & c\theta_2 & 0 \\ 0 & 0 & 1 \end{bmatrix} \tag{5.59} $$

矢量$\boldsymbol{\varepsilon}_1$ 和$\boldsymbol{\varepsilon}_2$ 在相应坐标系的投影为

$$ [\boldsymbol{\varepsilon}_1]_1=[a_1 \quad 0 \quad 0]^{\mathrm{T}} \tag{5.60} $$

$$ [\boldsymbol{\varepsilon}_2]_2=[a_2 \quad 0 \quad 0]^{\mathrm{T}} \tag{5.61} $$

由于连杆是均匀的直杆件，则矢量 $[\boldsymbol{d}_i]_i$ 和 $[\boldsymbol{r}_i]_i$ 在相应坐标系的投影为

$$ [\boldsymbol{d}_1]_1=[a_1/2 \quad 0 \quad 0]^{\mathrm{T}} \tag{5.62} $$

$$ [\boldsymbol{d}_2]_2=[a_2/2 \quad 0 \quad 0]^{\mathrm{T}} \tag{5.63} $$

$$ [\boldsymbol{r}_1]_1=[a_1/2 \quad 0 \quad 0]^{\mathrm{T}} \tag{5.64} $$

$$ [\boldsymbol{r}_2]_2=[a_2/2 \quad 0 \quad 0]^{\mathrm{T}} \tag{5.65} $$

1）运动参数的递推计算

依据递推原理，第一个连杆的运动学参数为

$$ [\boldsymbol{\omega}_1]_1=[0 \quad 0 \quad \dot{\theta}_1]^{\mathrm{T}} \tag{5.66} $$

$$ [\dot{\boldsymbol{\omega}}_1]_1=[0 \quad 0 \quad \ddot{\theta}_1]^{\mathrm{T}} \tag{5.67} $$

$$[\dot{\boldsymbol{C}}_1]_1 = {}_1^0\boldsymbol{Q}^{\mathrm{T}}([\dot{\boldsymbol{C}}_0]_0 + [\boldsymbol{\omega}_0]_0 \times [\boldsymbol{r}_0]_0) + [\boldsymbol{\omega}_1]_1 \times [\boldsymbol{d}_1]_1$$

$$= \begin{bmatrix} \mathrm{c}\theta_1 & \mathrm{s}\theta_1 & 0 \\ -\mathrm{s}\theta_1 & \mathrm{c}\theta_1 & 0 \\ 0 & 0 & 1 \end{bmatrix} (0+0) + \begin{bmatrix} 0 \\ 0 \\ \dot{\theta}_1 \end{bmatrix} \times \begin{bmatrix} \frac{a_1}{2} \\ 0 \\ 0 \end{bmatrix} = \begin{bmatrix} 0 \\ \frac{a_1}{2}\dot{\theta}_1 \\ 0 \end{bmatrix} \tag{5.68}$$

$$[\ddot{\boldsymbol{C}}_1]_1 = \begin{bmatrix} 0 \\ \frac{a_1}{2}\ddot{\theta}_1 \\ 0 \end{bmatrix} \tag{5.69}$$

$$[\boldsymbol{g}]_1 = \begin{bmatrix} \mathrm{c}\theta_1 & \mathrm{s}\theta_1 & 0 \\ -\mathrm{s}\theta_1 & \mathrm{c}\theta_1 & 0 \\ 0 & 0 & 1 \end{bmatrix} \begin{bmatrix} 0 \\ -g \\ 0 \end{bmatrix} = \begin{bmatrix} -\mathrm{s}\theta_1 g \\ -\mathrm{c}\theta_1 g \\ 0 \end{bmatrix} \tag{5.70}$$

同样,第二个连杆的运动学参数为

$$[\boldsymbol{\omega}_2]_2 = [0 \quad 0 \quad \dot{\theta}_1 + \dot{\theta}_2]^{\mathrm{T}} \tag{5.71}$$

$$[\dot{\boldsymbol{\omega}}_2]_2 = [0 \quad 0 \quad \ddot{\theta}_1 + \ddot{\theta}_2]^{\mathrm{T}} \tag{5.72}$$

$$[\dot{\boldsymbol{C}}_2]_2 = {}_2^1\boldsymbol{Q}^{\mathrm{T}}([\dot{\boldsymbol{C}}_1]_1 + [\boldsymbol{\omega}_1]_1 \times [\boldsymbol{r}_1]_1) + [\boldsymbol{\omega}_2]_2 \times [\boldsymbol{d}_2]_2$$

$$= \begin{bmatrix} \mathrm{c}\theta_2 & \mathrm{s}\theta_2 & 0 \\ -\mathrm{s}\theta_2 & \mathrm{c}\theta_2 & 0 \\ 0 & 0 & 1 \end{bmatrix} \left(\begin{bmatrix} 0 \\ \frac{a_1}{2}\dot{\theta}_1 \\ 0 \end{bmatrix} + \begin{bmatrix} 0 \\ 0 \\ \dot{\theta}_1 \end{bmatrix} \times \begin{bmatrix} \frac{a_1}{2} \\ 0 \\ 0 \end{bmatrix} \right) + \begin{bmatrix} 0 \\ 0 \\ \dot{\theta}_1 + \dot{\theta}_2 \end{bmatrix} \times \begin{bmatrix} \frac{a_2}{2} \\ 0 \\ 0 \end{bmatrix}$$

$$= \begin{bmatrix} a_1\dot{\theta}_1\mathrm{s}\theta_2 \\ a_1\dot{\theta}_1\mathrm{c}\theta_2 + \frac{a_2}{2}(\dot{\theta}_1 + \dot{\theta}_2) \\ 0 \end{bmatrix} \tag{5.73}$$

$$[\ddot{\boldsymbol{C}}_2]_2 = \begin{bmatrix} a_1\ddot{\theta}_1\mathrm{s}\theta_2 + a_1\dot{\theta}_1\dot{\theta}_2\mathrm{c}\theta_2 \\ a_1\ddot{\theta}_1\mathrm{c}\theta_2 - a_1\dot{\theta}_1\dot{\theta}_2\mathrm{s}\theta_2 + \frac{a_2}{2}(\ddot{\theta}_1 + \ddot{\theta}_2) \\ 0 \end{bmatrix} \tag{5.74}$$

$$[\boldsymbol{g}]_2 = [-g\,\mathrm{s}\theta_{12} \quad -g\,\mathrm{c}\theta_{12} \quad 0]^{\mathrm{T}} \tag{5.75}$$

2) 力和力矩参数的递推计算

由于假定环境对机械臂的作用力和力矩为零,有

$$[\boldsymbol{F}_{32}]_2 = [\boldsymbol{N}_{32}]_2 = 0 \tag{5.76}$$

$$[\boldsymbol{F}_{23}]_3 = [\boldsymbol{N}_{23}]_3 = 0 \tag{5.77}$$

根据牛顿-欧拉方程(5.51)和式(5.52)第二个连杆的动力学参数为

$$\left[\sum \boldsymbol{F}_2\right]_2 = m_2 [\ddot{\boldsymbol{C}}_2]_2 = m_2 \begin{bmatrix} a_1\ddot{\theta}_1 s\theta_2 + a_1\dot{\theta}_1\dot{\theta}_2 c\theta_2 \\ a_1\ddot{\theta}_1 c\theta_2 - a_1\dot{\theta}_1\dot{\theta}_2 s\theta_2 + \dfrac{a_2}{2}(\ddot{\theta}_1 + \ddot{\theta}_2) \\ 0 \end{bmatrix} \tag{5.78}$$

$$\begin{aligned} \left[\sum \boldsymbol{N}_2\right]_2 &= [\boldsymbol{I}_2]_2 [\dot{\boldsymbol{\omega}}_2]_2 + [\boldsymbol{\omega}_2]_2 \times [\boldsymbol{I}_2]_2 [\boldsymbol{\omega}_2]_2 \\ &= m_2 \frac{a_2^2}{12} \begin{bmatrix} 0 \\ 0 \\ \ddot{\theta}_1 + \ddot{\theta}_2 \end{bmatrix} + m_2 \frac{a_2^2}{12} \begin{bmatrix} 0 \\ 0 \\ \dot{\theta}_1 + \dot{\theta}_2 \end{bmatrix} \times \begin{bmatrix} 0 \\ 0 \\ \dot{\theta}_1 + \dot{\theta}_2 \end{bmatrix} \\ &= m_2 \frac{a_2^2}{12} \begin{bmatrix} 0 \\ 0 \\ \ddot{\theta}_1 + \ddot{\theta}_2 \end{bmatrix} \end{aligned} \tag{5.79}$$

根据递推方程(5.55)和式(5.56)，推力 $[\boldsymbol{F}_{12}]_2$ 和力矩 $[\boldsymbol{N}_{12}]_2$ 分别为

$$\begin{aligned} [\boldsymbol{F}_{12}]_2 &= \left[\sum \boldsymbol{F}_2\right]_2 + [\boldsymbol{F}_{23}]_2 - m_2 [\boldsymbol{g}]_2 \\ &= m_2 \begin{bmatrix} a_1\ddot{\theta}_1 s\theta_2 + a_1\dot{\theta}_1\dot{\theta}_2 c\theta_2 \\ a_1\ddot{\theta}_1 c\theta_2 - a_1\dot{\theta}_1\dot{\theta}_2 s\theta_2 + \dfrac{a_2}{2}(\ddot{\theta}_1 + \ddot{\theta}_2) \\ 0 \end{bmatrix} - m_2 \begin{bmatrix} -g\, s\theta_{12} \\ -g\, c\theta_{12} \\ 0 \end{bmatrix} \\ &= m_2 \begin{bmatrix} a_1\ddot{\theta}_1 s\theta_2 + a_1\dot{\theta}_1\dot{\theta}_2 c\theta_2 + g\, s\theta_{12} \\ a_1\ddot{\theta}_1 c\theta_2 - a_1\dot{\theta}_1\dot{\theta}_2 s\theta_2 + \dfrac{a_2}{2}(\ddot{\theta}_1 + \ddot{\theta}_2) + g\, s\theta_{12} \\ 0 \end{bmatrix} \end{aligned} \tag{5.80}$$

$$\begin{aligned} [\boldsymbol{N}_{12}]_2 &= \left[\sum \boldsymbol{N}_2\right]_2 + [\boldsymbol{N}_{23}]_2 - [\boldsymbol{d}_2]_2 \times [\boldsymbol{F}_{12}]_2 + [\boldsymbol{r}_2]_2 \times [\boldsymbol{F}_{23}]_2 \\ &= m_2 \frac{a_2^2}{12} \begin{bmatrix} 0 \\ 0 \\ \ddot{\theta}_1 + \ddot{\theta}_2 \end{bmatrix} - m_2 \begin{bmatrix} \dfrac{a_2}{2} \\ 0 \\ 0 \end{bmatrix} \times \begin{bmatrix} a_1\ddot{\theta}_1 s\theta_2 + a_1\dot{\theta}_1\dot{\theta}_2 c\theta_2 + g\, s\theta_{12} \\ a_1\ddot{\theta}_1 c\theta_2 - a_1\dot{\theta}_1\dot{\theta}_2 s\theta_2 + \dfrac{a_2}{2}(\ddot{\theta}_1 + \ddot{\theta}_2) + g\, s\theta_{12} \\ 0 \end{bmatrix} \\ &= m_2 \frac{a_2^2}{12} \begin{bmatrix} 0 \\ 0 \\ \ddot{\theta}_1 + \ddot{\theta}_2 \end{bmatrix} - m_2 \begin{bmatrix} 0 \\ 0 \\ \dfrac{a_2}{2}\left(a_1\ddot{\theta}_1 c\theta_2 - a_1\dot{\theta}_1\dot{\theta}_2 s\theta_2 + \dfrac{a_2}{2}(\ddot{\theta}_1 + \ddot{\theta}_2) + g\, s\theta_{12}\right) \end{bmatrix} \\ &= \frac{1}{2} m_2 \begin{bmatrix} 0 \\ 0 \\ \dfrac{a_2^2}{6}(\ddot{\theta}_1 + \ddot{\theta}_2) + a_2\left[a_1\ddot{\theta}_1 c\theta_2 + a_1\dot{\theta}_1\dot{\theta}_2 s\theta_2 - \dfrac{a_2}{2}(\ddot{\theta}_1 + \ddot{\theta}_2) - g\, s\theta_{12}\right] \end{bmatrix} \end{aligned} \tag{5.81}$$

再根据牛顿-欧拉方程(5.51)和式(5.52),则第一个连杆的动力学参数为

$$\left[\sum \boldsymbol{F}_1\right]_1 = m_1 [\ddot{\boldsymbol{C}}_1]_1 = m_1 \begin{bmatrix} 0 \\ \frac{a_1}{2}\ddot{\theta}_1 \\ 0 \end{bmatrix} \tag{5.82}$$

$$\left[\sum \boldsymbol{N}_1\right]_1 = [\boldsymbol{I}_1]_1 [\dot{\boldsymbol{\omega}}_1]_1 + [\boldsymbol{\omega}_1]_1 \times [\boldsymbol{I}_1]_1 [\boldsymbol{\omega}_1]_1 = m_1 \frac{a_1^2}{12}\begin{bmatrix} 0 \\ 0 \\ \ddot{\theta}_1 \end{bmatrix} \tag{5.83}$$

同样,根据递推方程(5.55)和式(5.56),推力 $[\boldsymbol{F}_{01}]_1$ 和力矩 $[\boldsymbol{N}_{01}]_1$ 分别为

$$\begin{aligned} [\boldsymbol{F}_{01}]_1 &= \left[\sum \boldsymbol{F}_1\right]_1 + {}^1_2\boldsymbol{Q}\,[\boldsymbol{F}_{12}]_2 - m_1 [\boldsymbol{g}]_1 \\ &= m_1 \begin{bmatrix} 0 \\ \frac{a_1}{2}\ddot{\theta}_1 \\ 0 \end{bmatrix} + m_2 \begin{bmatrix} c\theta_2 & -s\theta_2 & 0 \\ s\theta_2 & c\theta_2 & 0 \\ 0 & 0 & 1 \end{bmatrix} \begin{bmatrix} a_1\ddot{\theta}_1 s\theta_2 + a_1\dot{\theta}_1\dot{\theta}_2 c\theta_2 + g s\theta_{12} \\ a_1\ddot{\theta}_1 c\theta_2 - a_1\dot{\theta}_1\dot{\theta}_2 s\theta_2 + \frac{a_2}{2}(\ddot{\theta}_1 + \ddot{\theta}_2) + g s\theta_{12} \\ 0 \end{bmatrix} - \\ &\quad m_1 \begin{bmatrix} -g s\theta_1 \\ -g c\theta_1 \\ 0 \end{bmatrix} = \begin{bmatrix} [f_{01}^x]_1 \\ [f_{01}^y]_1 \\ 0 \end{bmatrix} \end{aligned} \tag{5.84}$$

$$\begin{aligned} [\boldsymbol{N}_{01}]_1 &= \left[\sum \boldsymbol{N}_1\right]_1 + {}^1_2\boldsymbol{Q}\,[\boldsymbol{N}_{12}]_2 - [\boldsymbol{d}_1]_1 \times [\boldsymbol{F}_{01}]_1 + [\boldsymbol{r}_1]_1 \times {}^1_2\boldsymbol{Q}\,[\boldsymbol{F}_{12}]_2 \\ &= \begin{bmatrix} 0 \\ 0 \\ [n_{01}^z]_1 \end{bmatrix} \end{aligned} \tag{5.85}$$

3) 驱动力和驱动力矩的计算

根据递推公式(5.57)计算出各个连杆的驱动力矩,即有

$$\boldsymbol{\tau}_1 = \boldsymbol{e}_1^{\mathrm{T}} \boldsymbol{N}_{01} = [n_{01}^z]_1 \tag{5.86}$$

$$\begin{aligned} \boldsymbol{\tau}_2 &= \boldsymbol{e}_2^{\mathrm{T}} \boldsymbol{N}_{12} \\ &= \frac{1}{2} m_2 \frac{a_2^2}{6}(\ddot{\theta}_1 + \ddot{\theta}_2) + a_2\left[a_1\ddot{\theta}_1 c\theta_2 + a_1\dot{\theta}_1\dot{\theta}_2 s\theta_2 - \frac{a_2}{2}(\ddot{\theta}_1 + \ddot{\theta}_2) - g s\theta_{12}\right] \end{aligned} \tag{5.87}$$

分析与讨论

从例题 5.4 求得的结果可以很直观地看到,第二关节的动力学方程要比第一关节简单。从整个计算来看,即使对于这样简单的 2 自由度机械臂,其动力学模型依然是相当复杂的,但是可以应用递推牛顿-欧拉算法进行逐个连杆的递推计算。应用递推牛顿-欧拉算法同时也求出了所有关节的内作用力,这些计算结果对机械臂的优化设计具有重要的价值。

另外,对于如何直观地校核递推计算的准确性,我们可以应用绘制矢量几何图形的方法来进行递推的计算结果的核对。比如式(5.73)表示了速度 $[\dot{\boldsymbol{C}}_2]_2$ 的递推函数,我们可以取一组数据并用绘制矢量几何图形的方法进行核对递推计算结果是否正确。为了计算方便,暂不考虑速度的单位,取连杆长 $a_1 = a_2 = 1$; $\dot{\theta}_1 = \dot{\theta}_2 = 1$; $\theta_2 = 90°$。计算结果如下:

$$[\dot{\boldsymbol{C}}_2]_2=\begin{bmatrix} a_1\dot{\theta}_1 s\theta_2 \\ a_1\dot{\theta}_1 c\theta_2+\dfrac{a_2}{2}(\dot{\theta}_1+\dot{\theta}_2) \\ 0 \end{bmatrix}=\begin{bmatrix}1\\1\\0\end{bmatrix} \tag{5.88}$$

按照质心速度的递推原理公式(5.73),质心 C_2 在 X_2 方向的速度分量包括 $\dot{C}_1=\dfrac{a_2}{2}\dot{\theta}_1=0.5$ 和 $d_1\dot{\theta}_1=\dfrac{a_2}{2}\dot{\theta}_1=0.5$;在 Y_2 方向的速度分量为$\dfrac{a_2}{2}(\dot{\theta}_1+\dot{\theta}_2)=1$。图 5.12 绘制出了质心 C_2 的速度合成矢量$\dot{\boldsymbol{C}}_2$,在数值上 $\dot{C}_2=\sqrt{2}$,这表明通过绘制矢量图形方法验证其计算结果是正确的。同时,可以注意到质心 C_2 的速度矢量与 θ_1 的角度无关。当然,我们也可以对其他的计算结果用绘制矢量图的方法验证递推结果的正确性。

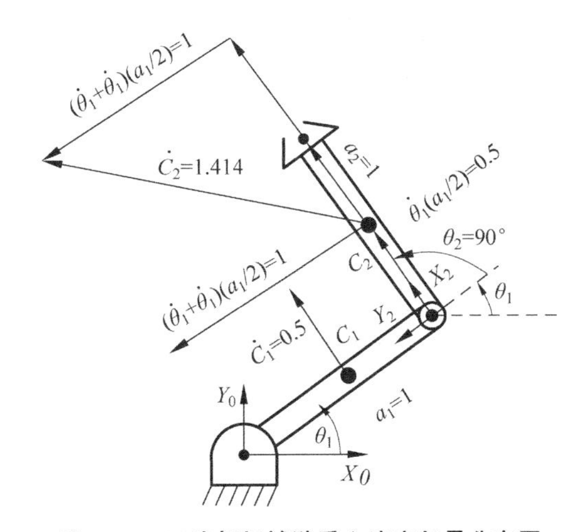

图 5.12 二连杆机械臂质心速度矢量分布图

5.4 工业机械臂动力学递推计算

在静力学递推计算的基础上,可以进行机械臂动力学的递推计算,但动力学要考虑各个连杆质量的运动惯性和转动惯性。实际上,当我们将各个连杆的运动惯性和转动惯性包括在递推计算中时,动力学的递推计算就非常类似静力学的计算过程。本节我们仍然选择同一种典型的机械臂结构来进行动力学的递推讨论,目的也仍然是在递推公式的基础上编写合适的计算机程序,使相应的动力学递推计算能够在输入必要的动力学参数后,递推程序自动计算出相应的动力学参数。

1) 坐标系标注

动力学递推计算的坐标系标注完全类似于静力学图 4.4 的标注,但为了讨论方便,本节再次重述部分有关的标注内容。动力学的讨论仍然采用改进型 DH 坐标系方法,将坐标系 0 固定在机械臂的底座中心上并作为固定参考坐标系。设定坐标系 1 作为第一轴坐标系,

但是 X_1 和 X_0 轴之间有一偏距 b_1；而将坐标系 2 固定在机械臂大臂始端即第二转轴上，即第二转轴 Z_2 上；坐标系 3 固定在小臂的始端，即第三转轴 Z_3 上；坐标系 4 固定在小臂的末端即第四转轴上；坐标系 5 固定在俯仰基座的始端即转轴 Z_5 上并与坐标系 4 的原点重合；坐标系 6 固定在俯仰基座的末端的第六转轴 Z_6 上。同时还假设惯性力 $m_i\boldsymbol{g}$ 和转动惯性张量 $\boldsymbol{I}_i$ 都是相对于质心 C_i 的，如图 5.13 所示。

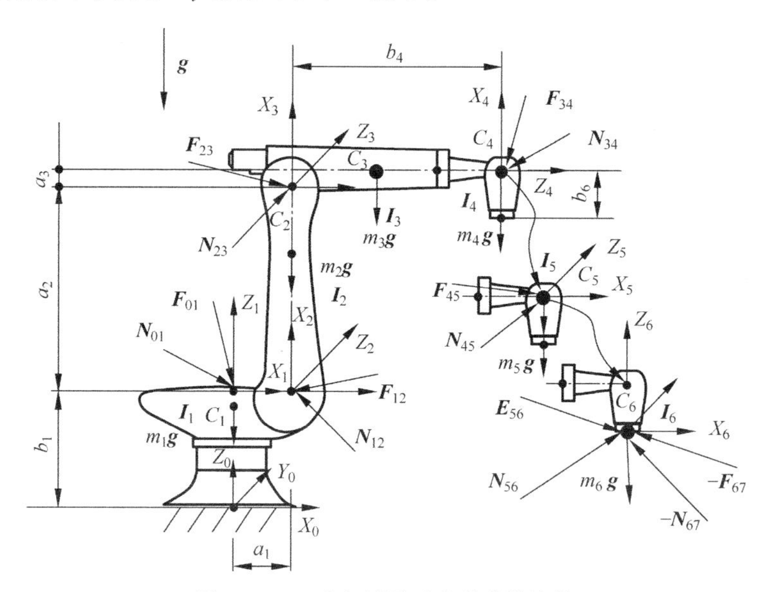

图 5.13 工业机械臂动力学递推计算

表 5.1 列出了相应于图 5.13 典型工业机械臂改进型坐标系的 DH 参数，其中 θ_i $(i=1,2,3,4,5,6)$ 为变量，其余的 DH 参数为固定的常量。

表 5.1 机械臂改进型 DH 建模等参数

坐标系 i	b_i	θ_i	a_{i-1}	α_{i-1}	m_i	$\boldsymbol{I}_i$
1	b_1	$\theta_1, \theta_{10}=0$	0	0	m_1	$\boldsymbol{I}_1$
2	0	$\theta_2, \theta_{20}=-90°$	a_1	$-90°$	m_2	$\boldsymbol{I}_2$
3	0	$\theta_3, \theta_{30}=0$	a_2	0	m_3	$\boldsymbol{I}_3$
4	b_4	$\theta_4, \theta_{40}=0$	a_3	$-90°$	m_4	$\boldsymbol{I}_4$
5	0	$\theta_5, \theta_{50}=90°$	0	90°	m_5	$\boldsymbol{I}_5$
6	$-b_6$	$\theta_6, \theta_{60}=0$	0	90°	m_6	$\boldsymbol{I}_6$

注：θ_{i0} 表示机械臂在图示位置，即起步零点的连杆角度。

2）坐标系变换矩阵

设置图 5.13 所示机械臂各个坐标系的位置为起步零点位置。在机械臂零点校整后，其坐标系 6 相对于坐标系 0 的变换矩阵为

$$
{}_6^0\boldsymbol{T}=\begin{bmatrix} 1 & 0 & 0 & a_1+b_4 \\ 0 & 1 & 0 & 0 \\ 0 & 0 & 1 & b_1+a_2+a_3-b_6 \\ 0 & 0 & 0 & 1 \end{bmatrix} \tag{5.89}
$$

可以注意到式(5.89)的姿态与坐标系式0完全一样,这是为方便机械臂起步零点校正而故意设计的。根据改进型DH坐标系方法式(3.3)推出机械臂各个坐标系的变换矩阵如下:

$$^{0}_{1}\boldsymbol{T}=\begin{bmatrix} c\theta_1 & -s\theta_1 & 0 & 0 \\ s\theta_1 & c\theta_1 & 0 & 0 \\ 0 & 0 & 1 & b_1 \\ 0 & 0 & 0 & 1 \end{bmatrix} \tag{5.90a}$$

$$^{1}_{2}\boldsymbol{T}=\begin{bmatrix} c\theta_2 & -s\theta_2 & 0 & a_1 \\ 0 & 0 & 1 & 0 \\ -s\theta_2 & -c\theta_2 & 0 & 0 \\ 0 & 0 & 0 & 1 \end{bmatrix} \tag{5.90b}$$

$$^{2}_{3}\boldsymbol{T}=\begin{bmatrix} c\theta_3 & -s\theta_3 & 0 & a_2 \\ s\theta_3 & c\theta_3 & 0 & 0 \\ 0 & 0 & 1 & 0 \\ 0 & 0 & 0 & 1 \end{bmatrix} \tag{5.90c}$$

$$^{3}_{4}\boldsymbol{T}=\begin{bmatrix} c\theta_4 & -s\theta_4 & 0 & a_3 \\ 0 & 0 & 1 & b_4 \\ -s\theta_4 & -c\theta_4 & 0 & 0 \\ 0 & 0 & 0 & 1 \end{bmatrix} \tag{5.90d}$$

$$^{4}_{5}\boldsymbol{T}=\begin{bmatrix} c\theta_5 & -s\theta_5 & 0 & 0 \\ 0 & 0 & -1 & 0 \\ s\theta_5 & c\theta_5 & 0 & 0 \\ 0 & 0 & 0 & 1 \end{bmatrix} \tag{5.90e}$$

$$^{5}_{6}\boldsymbol{T}=\begin{bmatrix} c\theta_6 & -s\theta_6 & 0 & 0 \\ 0 & 0 & -1 & b_6 \\ s\theta_6 & c\theta_6 & 0 & 0 \\ 0 & 0 & 0 & 1 \end{bmatrix} \tag{5.90f}$$

3) 力学参数

依据典型工业机械臂的设计结构,我们假设转动基座的质心在坐标系1的原点 O_1 上;大臂的质心在坐标系原点 O_2 和 O_3 连线的中点,即 $a_1/2$ 处;小臂的质心在 b_4 方向的中点,即 $b_4/2$ 处;与坐标系4,5和6联接的结构件的质心分别分布在坐标系4,5和6的原点。连杆6受到的力除了自身的重力 $m_6\boldsymbol{g}$ 和作用于连杆6两端的外力和外力矩,就是由于加速度引起的惯性力。作用于连杆6的始端,即坐标系原点 O_6 的外力包括连杆5通过原点 O_6 作用于连杆6的三维力矢量 $\boldsymbol{F}_{56}$ 和三维力矩矢量 $\boldsymbol{N}_{56}$;由于假设连杆6的长度为0,即坐标系原点 O_6 的外力还包括了连杆7(或外部环境)通过原点 O_6 作用于连杆6的三维力矢量 $-\boldsymbol{F}_{67}$ 和三维力矩矢量 $-\boldsymbol{N}_{67}$。类似静力学的作用力分布情况,连杆6受到的力全部作用在了坐标系6的原点 O_6,而连杆4受到的力全部作用在了坐标系4的原点 O_4。

4）递推计算坐标系变换参数

基于表 5.1 和各个连杆质心的定义，根据式(4.7)～式(4.12)，因此有$\boldsymbol{\varepsilon}_i$ 在坐标系 i 的投影为

$$[\boldsymbol{\varepsilon}_6]_6=[0 \quad 0 \quad 0]^{\mathrm{T}} \tag{5.91a}$$

$$[\boldsymbol{\varepsilon}_5]_5=[0 \quad b_6 \quad 0]^{\mathrm{T}} \tag{5.91b}$$

$$[\boldsymbol{\varepsilon}_4]_4=[0 \quad 0 \quad 0]^{\mathrm{T}} \tag{5.91c}$$

$$[\boldsymbol{\varepsilon}_3]_3=[a_3 \quad b_4 \quad 0]^{\mathrm{T}} \tag{5.91d}$$

$$[\boldsymbol{\varepsilon}_2]_2=[a_2 \quad 0 \quad 0]^{\mathrm{T}} \tag{5.91e}$$

$$[\boldsymbol{\varepsilon}_1]_1=[a_1 \quad 0 \quad 0]^{\mathrm{T}} \tag{5.91f}$$

$$[\boldsymbol{\varepsilon}_0]_0=[0 \quad 0 \quad b_1]^{\mathrm{T}} \tag{5.91g}$$

同样可以获得质心点的矢量 $\boldsymbol{d}_i$ 在坐标系 i 投影方程为

$$[\boldsymbol{d}_6]_6=[0 \quad 0 \quad 0]^{\mathrm{T}} \tag{5.92a}$$

$$[\boldsymbol{d}_5]_5=[0 \quad 0 \quad 0]^{\mathrm{T}} \tag{5.92b}$$

$$[\boldsymbol{d}_4]_4=[0 \quad 0 \quad 0]^{\mathrm{T}} \tag{5.92c}$$

$$[\boldsymbol{d}_3]_3=[a_3 \quad b_4/2 \quad 0]^{\mathrm{T}} \tag{5.92d}$$

$$[\boldsymbol{d}_2]_2=[a_2/2 \quad 0 \quad 0]^{\mathrm{T}} \tag{5.92e}$$

$$[\boldsymbol{d}_1]_1=[a_1/2 \quad 0 \quad 0]^{\mathrm{T}} \tag{5.92f}$$

$$[\boldsymbol{d}_0]_0=[0 \quad 0 \quad 0]^{\mathrm{T}} \tag{5.92g}$$

依据(4.18)，可以计算各个连杆质量加速度在相应坐标系的投影方程为

$$[\boldsymbol{g}]_6={}_6^0\boldsymbol{Q}^{\mathrm{T}}[0 \quad 0 \quad -g]^{\mathrm{T}} \tag{5.93a}$$

$$[\boldsymbol{g}]_5={}_5^0\boldsymbol{Q}^{\mathrm{T}}[0 \quad 0 \quad -g]^{\mathrm{T}} \tag{5.93b}$$

$$[\boldsymbol{g}]_4={}_4^0\boldsymbol{Q}^{\mathrm{T}}[0 \quad 0 \quad -g]^{\mathrm{T}} \tag{5.93c}$$

$$[\boldsymbol{g}]_3={}_3^0\boldsymbol{Q}^{\mathrm{T}}[0 \quad 0 \quad -g]^{\mathrm{T}} \tag{5.93d}$$

$$[\boldsymbol{g}]_2={}_2^0\boldsymbol{Q}^{\mathrm{T}}[0 \quad 0 \quad -g]^{\mathrm{T}} \tag{5.93e}$$

$$[\boldsymbol{g}]_1={}_1^0\boldsymbol{Q}^{\mathrm{T}}[0 \quad 0 \quad -g]^{\mathrm{T}} \tag{5.93f}$$

$$[\boldsymbol{g}]_0=[0 \quad 0 \quad -g]^{\mathrm{T}} \tag{5.93g}$$

式中的逆矩阵${}_i^0\boldsymbol{Q}^{\mathrm{T}}$($i=1,2,3,4,5,6$)可以根据如下式(5.94a)～式(5.94f)转动矩阵计算出，即

$${}_1^0\boldsymbol{Q}=\begin{bmatrix} \mathrm{c}\theta_1 & -\mathrm{s}\theta_1 & 0 \\ \mathrm{s}\theta_1 & \mathrm{c}\theta_1 & 0 \\ 0 & 0 & 1 \end{bmatrix} \tag{5.94a}$$

$${}_2^1\boldsymbol{Q}=\begin{bmatrix} \mathrm{c}\theta_2 & -\mathrm{s}\theta_2 & 0 \\ 0 & 0 & 1 \\ -\mathrm{s}\theta_2 & -\mathrm{c}\theta_2 & 0 \end{bmatrix} \tag{5.94b}$$

$$ {}_{3}^{2}\boldsymbol{Q}=\begin{bmatrix} c\theta_3 & -s\theta_3 & 0 \\ s\theta_3 & c\theta_3 & 0 \\ 0 & 0 & 1 \end{bmatrix} \tag{5.94c} $$

$$ {}_{4}^{3}\boldsymbol{Q}=\begin{bmatrix} c\theta_4 & -s\theta_4 & 0 \\ 0 & 0 & 1 \\ -s\theta_4 & -c\theta_4 & 0 \end{bmatrix} \tag{5.94d} $$

$$ {}_{5}^{4}\boldsymbol{Q}=\begin{bmatrix} c\theta_5 & -s\theta_5 & 0 \\ 0 & 0 & -1 \\ s\theta_5 & c\theta_5 & 0 \end{bmatrix} \tag{5.94e} $$

$$ {}_{6}^{5}\boldsymbol{Q}=\begin{bmatrix} c\theta_6 & -s\theta_6 & 0 \\ 0 & 0 & -1 \\ s\theta_6 & c\theta_6 & 0 \end{bmatrix} \tag{5.94f} $$

相应可以计算出各个坐标系相当于参考坐标系 0 的逆矩阵为

$$ {}_{1}^{0}\boldsymbol{Q}^{\mathrm{T}}=\begin{bmatrix} c\theta_1 & s\theta_1 & 0 \\ -s\theta_1 & c\theta_1 & 0 \\ 0 & 0 & 1 \end{bmatrix} \tag{5.95a} $$

$$ \begin{aligned} {}_{2}^{0}\boldsymbol{Q}^{\mathrm{T}}={}_{2}^{1}\boldsymbol{Q}^{\mathrm{T}}{}_{1}^{0}\boldsymbol{Q}^{\mathrm{T}}&=\begin{bmatrix} c\theta_2 & 0 & -s\theta_2 \\ -s\theta_2 & 0 & -c\theta_2 \\ 0 & 1 & 0 \end{bmatrix}\begin{bmatrix} c\theta_1 & s\theta_1 & 0 \\ -s\theta_1 & c\theta_1 & 0 \\ 0 & 0 & 1 \end{bmatrix} \\ &=\begin{bmatrix} c\theta_2 c\theta_1 & c\theta_2 s\theta_1 & -s\theta_2 \\ -s\theta_2 c\theta_1 & -s\theta_2 s\theta_1 & -c\theta_2 \\ -s\theta_1 & c\theta_1 & 0 \end{bmatrix} \end{aligned} \tag{5.95b} $$

$$ {}_{3}^{0}\boldsymbol{Q}^{\mathrm{T}}={}_{3}^{2}\boldsymbol{Q}^{\mathrm{T}}{}_{2}^{1}\boldsymbol{Q}^{\mathrm{T}}{}_{1}^{0}\boldsymbol{Q}^{\mathrm{T}} \tag{5.95c} $$

$$ {}_{4}^{0}\boldsymbol{Q}^{\mathrm{T}}={}_{4}^{3}\boldsymbol{Q}^{\mathrm{T}}{}_{3}^{2}\boldsymbol{Q}^{\mathrm{T}}{}_{2}^{1}\boldsymbol{Q}^{\mathrm{T}}{}_{1}^{0}\boldsymbol{Q}^{\mathrm{T}} \tag{5.95d} $$

$$ {}_{5}^{0}\boldsymbol{Q}^{\mathrm{T}}={}_{5}^{4}\boldsymbol{Q}^{\mathrm{T}}{}_{4}^{3}\boldsymbol{Q}^{\mathrm{T}}{}_{3}^{2}\boldsymbol{Q}^{\mathrm{T}}{}_{2}^{1}\boldsymbol{Q}^{\mathrm{T}}{}_{1}^{0}\boldsymbol{Q}^{\mathrm{T}} \tag{5.95e} $$

$$ {}_{6}^{0}\boldsymbol{Q}^{\mathrm{T}}={}_{6}^{5}\boldsymbol{Q}^{\mathrm{T}}{}_{5}^{4}\boldsymbol{Q}^{\mathrm{T}}{}_{4}^{3}\boldsymbol{Q}^{\mathrm{T}}{}_{3}^{2}\boldsymbol{Q}^{\mathrm{T}}{}_{2}^{1}\boldsymbol{Q}^{\mathrm{T}}{}_{1}^{0}\boldsymbol{Q}^{\mathrm{T}} \tag{5.95f} $$

5）运动参数的递推计算

对于图 5.13 所示机器人的基座，即连杆 0，它的所有运动参数都为 0，即有初始条件

$$ \dot{\boldsymbol{C}}_0=\ddot{\boldsymbol{C}}_0=\boldsymbol{\omega}_0=\dot{\boldsymbol{\omega}}_0=0 \tag{5.96} $$

由于串行机器人的结构约束，连杆 $i+1$ 相对于连杆 i 的转动速度对于转动关节为 $\dot{\theta}_{i+1}\boldsymbol{e}_{i+1}$，对于滑动关节转动速度为 0，因此，连杆 1～6 的角速度在相应的坐标系投影可以表示为

$$ [\boldsymbol{\omega}_{i+1}]_{i+1}={}_{i+1}^{\ \ i}\boldsymbol{Q}^{\mathrm{T}}[\boldsymbol{\omega}_i]_i+\dot{\theta}_{i+1}[\boldsymbol{e}_{i+1}]_{i+1},\quad i=0,1,2,3,4,5 \tag{5.97} $$

式(5.97)中，单位矢量 $[\boldsymbol{e}_{i+1}]_{i+1}=[0\quad 0\quad 1]^{\mathrm{T}}$，其中根据改进型 DH 坐标系方法，转置旋转矩阵的计算公式为

$$ {}^{i}_{i+1}\boldsymbol{Q}^{\mathrm{T}}=\begin{bmatrix} \mathrm{c}\theta_{i+1} & \mathrm{c}\alpha_i\,\mathrm{s}\theta_{i+1} & \mathrm{s}\alpha_i\,\mathrm{c}\theta_{i+1} \\ -\mathrm{s}\theta_{i+1} & \mathrm{c}\alpha_i\,\mathrm{c}\theta_{i+1} & \mathrm{s}\alpha_i\,\mathrm{c}\theta_{i+1} \\ 0 & -\mathrm{s}\alpha_i & \mathrm{c}\alpha_i \end{bmatrix},\quad i=0,1,2,3,4,5 \tag{5.98} $$

式中，θ_{i+1} 和 α_i 分别为表 5.1 列出的改进型 DH 参数的连杆转角和扭角。

对于角加速度的递推计算，连杆 $i+1$ 的角加速度可以通过式(5.35)获得，即连杆 1～6 的角加速度在相应的坐标系投影可以表示为

$$ [\dot{\boldsymbol{\omega}}_{i+1}]_{i+1}={}^{i}_{i+1}\boldsymbol{Q}^{\mathrm{T}}[\dot{\boldsymbol{\omega}}_i]_i+\ddot{\theta}_{i+1}[\boldsymbol{e}_{i+1}]_{i+1}+\dot{\theta}_{i+1}[\boldsymbol{\omega}_{i+1}]_{i+1}\times[\boldsymbol{e}_{i+1}]_{i+1},\quad i=0,1,2,3,4,5 \tag{5.99} $$

根据式(5.37)可以计算出连杆质心的运动参数。连杆 1～6 质心的速度递推计算如下：

$$ [\dot{\boldsymbol{C}}_{i+1}]_{i+1}={}^{i}_{i+1}\boldsymbol{Q}^{\mathrm{T}}([\dot{\boldsymbol{C}}_i]_i+[\boldsymbol{\omega}_i]_i\times[\boldsymbol{r}_i]_i)+[\boldsymbol{\omega}_{i+1}]_{i+1}\times[\boldsymbol{d}_{i+1}]_{i+1},\quad i=0,1,2,3,4,5 \tag{5.100} $$

连杆 1～6 的质心加速度可以通过式(5.46)获得

$$ \begin{aligned} [\ddot{\boldsymbol{C}}_{i+1}]_{i+1}={}&{}^{i}_{i+1}\boldsymbol{Q}^{\mathrm{T}}[\ddot{\boldsymbol{C}}_i+\dot{\boldsymbol{\omega}}_i\times\boldsymbol{r}_i+\boldsymbol{\omega}_i\times(\boldsymbol{\omega}_i\times\boldsymbol{r}_i)]_i+[\dot{\boldsymbol{\omega}}_{i+1}\times\boldsymbol{d}_{i+1}+\\ &\boldsymbol{\omega}_{i+1}\times(\boldsymbol{\omega}_{i+1}\times\boldsymbol{d}_{i+1})]_{i+1},\quad i=0,1,2,3,4,5 \end{aligned} \tag{5.101} $$

6) 力和力矩参数的递推计算

假设连杆 6 所受到的合力为 $\sum\boldsymbol{F}_6$，合力矩为 $\sum\boldsymbol{N}_6$。合力 $\sum\boldsymbol{F}_6$ 包括连杆 6 自身的重力 $m_6\boldsymbol{g}$ 和作用到连杆 6 的两端的外力 $\boldsymbol{F}_{56}$ 和 $-\boldsymbol{F}_{67}$；合力矩 $\sum\boldsymbol{N}_6$ 包括作用到连杆 6 两端的外力矩 $\boldsymbol{N}_{56}$ 和 $-\boldsymbol{N}_{67}$ 以及两端的外力 $\boldsymbol{F}_{56}$ 和 $-\boldsymbol{F}_{67}$ 引起的作用力矩。

对于各个连杆的合力和合力矩可以计算如下：

$$ \left[\sum\boldsymbol{F}_i\right]_i=m_i[\ddot{\boldsymbol{C}}_i]_i,\quad i=6,5,4,3,2,1 \tag{5.102} $$

$$ \left[\sum\boldsymbol{N}_i\right]_i=[\boldsymbol{I}_i]_i[\dot{\boldsymbol{\omega}}_i]_i+[\boldsymbol{\omega}_i]_i\times[\boldsymbol{I}_i]_i[\boldsymbol{\omega}_i]_i,\quad i=6,5,4,3,2,1 \tag{5.103} $$

根据式(5.55)和式(5.56)，我们可以得到各个连杆的力和合力矩递推计算结果如下：

$$ [\boldsymbol{F}_{i-1,i}]_i=\left[\sum\boldsymbol{F}_i\right]_i+[\boldsymbol{F}_{i,i+1}]_i-m_i[\boldsymbol{g}]_i,\quad i=6,5,4,3,2,1 \tag{5.104} $$

$$ \begin{aligned} [\boldsymbol{N}_{i-1,i}]_i={}&\left[\sum\boldsymbol{N}_i\right]_i+[\boldsymbol{N}_{i,i+1}]_i-[\boldsymbol{d}_i]_i\times[\boldsymbol{F}_{i-1,i}]_i+\\ &[\boldsymbol{r}_i]_i\times[\boldsymbol{F}_{i,i+1}]_i,\quad i=6,5,4,3,2,1 \end{aligned} \tag{5.105} $$

实际的递推计算过程需要从 $i=6$ 开始，首先计算式(5.100)，然后计算式(5.103)～式(5.105)。对于其他连杆($i=5,4,3,2,1$)如此循环，完成动力学的递推计算。

7) 驱动力矩参数的递推计算

可以在 $\boldsymbol{e}_i$ 上投影计算出各个轴的驱动力矩，即

$$ \boldsymbol{\tau}_i=\boldsymbol{e}_i^{\mathrm{T}}\boldsymbol{N}_{i-1,i},\quad i=6,5,4,3,2,1 \tag{5.106} $$

由于以上的递推计算都是基于已知参数的矩阵计算，我们可以用 MATLAB 程序设计一个机械臂动力学递推计算界面，当从界面输入必要的参数时(如力为 $\boldsymbol{F}_{67}=[f_x\quad f_y\quad f_z]^{\mathrm{T}}$ 和力矩为 $\boldsymbol{N}_{67}=[n_x\quad n_y\quad n_z]^{\mathrm{T}}$)，就可以自动递推计算出各个连杆的动力学参数。在程序中还可以通过调整机械臂的结构参数和质心来优化机械臂的结构设计。同样，这部分将在实验课中进行学习。

分析与讨论

以上关于动力学讨论是理想情况条件下进行的，运动参数是从第0个基座连杆开始到最后第5个连杆正向递推出来的，而动力学的参数是从第6个环境连杆开始反向递推到第1个连杆的。递推计算的结果可以作为机械臂设计的第一手技术数据，实际的机械臂连杆之间的动力学作用过程是非常复杂的，比如运动副之间摩擦力的影响和减速机效率对传动功率的影响。由于机械臂结构的复杂性，传动过程往往消耗了很大比例的能量，在工作区间内有些机械臂的位姿消耗的功率可达50%左右，很多时候的控制要求会超过机械臂的实际能力。这导致在实际设计机械臂时不得不考虑摩擦力和传动效率的影响。另外一个重要的问题是机械臂的控制算法，显然，动力学的计算本身就是控制算法过程的重要内容。为了实现高质量的快速跟踪控制，机械臂动力学的计算已经是工业机器人学的重要研究领域。由于计算机技术的飞速发展，加上各种控制算法的应用，机械臂的控制已经达到了很高的水平。相关的内容读者可参考有关文献。

5.5 正向动力学与逆向动力学

正向动力学研究机器人整体机构在各个关节的力和力矩的作用下机器人末端执行器的运动规律，即计算出各关节的角度位置、速度和加速度。逆向动力学则是研究对于预期的运动状态，求出能够实现预期运动状态的关节驱动力和力矩。一般地，正向动力学用于工业机器人的仿真，用于检测创建的动力学模型的正确性和有效性，而逆向动力学用在工业机器人的实时控制中。本节我们讨论的逆向动力学是基于机械臂执行器特定输出要求的速度及力和力矩来控制各个轴的扭矩和速度的，而不仅仅是满足于轨迹的跟踪。实际上，前一节讨论的动力学递推过程就是逆向计算过程，即已知连杆 $i=6$ 的末端作用力和作用力矩递推计算出各个关节的驱动力或驱动力矩。应用5.4节的计算机程序我们可以讨论6自由度各个连杆的一些动力学特性。

5.5.1 正向动力学应用

在创建了机器人动力学模型后，一般会使用正向动力学方法来检验模型的效果，包括正确性和计算效率等，通常使用仿真方法：由机器人控制器发出关节驱动力和力矩，通过正向动力学计算出连杆的运动状态，通过数据检测或可视化的方法观察机器人各个连杆的运动，是否在误差允许的范围内有效，如果有效则认为动力学模型创建正确；如果无效则检查和修改模型。

对于一台机械臂，其正向动力学的计算过程如下：

(1) 在机械臂运动的某一时刻，由机械臂控制器(如PID控制器)发出施加在机械臂各个关节的力 σ_i 和力矩 τ_i，由方程(5.57)可以计算出相应连杆上的力 $[\boldsymbol{F}_{i-1,i}]_i$ 和力矩矢量 $[\boldsymbol{N}_{i-1,i}]_i$。

(2) 若连杆 n 为机器人最后一个连杆，则力和力矩从连杆 n 开始迭代，令 $i=n$，使用方程(5.55)和方程(5.56)可得

$$[\boldsymbol{F}_{n-1,n}]_n=\left[\sum\boldsymbol{F}_n\right]_n+[\boldsymbol{F}_{n,n+1}]_n-m_n[\boldsymbol{g}]_n \tag{5.107}$$

$$[\boldsymbol{N}_{n-1,n}]_n=\left[\sum\boldsymbol{N}_n\right]_n+[\boldsymbol{N}_{n,n+1}]_n-[\boldsymbol{d}_i]_i\times[\boldsymbol{F}_{n-1,n}]_n+[\boldsymbol{r}_n]_n\times[\boldsymbol{F}_{n,n+1}]_n \tag{5.108}$$

式中，$[\boldsymbol{F}_{n-1,n}]_n$ 和 $[\boldsymbol{N}_{n-1,n}]_n$ 是连杆 $n-1$ 对连杆 n 的力和力矩；$[\boldsymbol{F}_{n,n+1}]_n$ 和 $[\boldsymbol{N}_{n,n+1}]_n$ 为连杆 n 向外部环境施加的力和力矩；m_n，$[\boldsymbol{g}]_n$，$[\boldsymbol{d}_n]_n$ 和 $[\boldsymbol{r}_n]_n$ 均为机械臂的属性常量，因此可以求得 $\left[\sum\boldsymbol{F}_n\right]_n$ 和 $\left[\sum\boldsymbol{N}_n\right]_n$。

(3) 从连杆 n 向连杆 1 递推，以方程(5.107)和方程(5.108)为例，迭代使用方程(5.55)和方程(5.56)，可以求得连杆 i 的惯性力和惯性力矩 $\left[\sum\boldsymbol{F}_i\right]_i$ 和 $\left[\sum\boldsymbol{N}_i\right]_i$。

(4) 对于机器人每一个连杆 i，根据方程(5.51)和方程(5.52)，当已知 $\left[\sum\boldsymbol{F}_i\right]_i$ 和 $\left[\sum\boldsymbol{N}_i\right]_i$，可以求出连杆相应的线加速度 $[\ddot{\boldsymbol{C}}_i]_i$、角速度 $[\boldsymbol{\omega}_i]_i$ 和角加速度 $[\dot{\boldsymbol{\omega}}_i]_i$。

(5) 从连杆 0 到连杆 n 进行正向推导，根据角速度递推公式(5.33)、角加速度递推公式(5.36)、线速度递推公式(5.38)和公式(5.39)以及线加速度递推公式(5.46)和公式(5.47)，可以求得各个关节的运动参数 $\dot{\theta}_i$，$\dot{b}_i$，$\ddot{\theta}_i$ 和 $\ddot{b}_i$。

(6) 由机械臂各个关节的运动参数，就可得到机械臂的运动状态。

通过以上过程，就可完成机械臂正向动力学计算。

5.5.2 逆向动力学应用

逆向动力学用于工业机器人的实时控制。一般地，对于控制精度要求不高的场合，仅仅使用逆向运动学就可以完成对机械臂的运动控制。如果不考虑机械臂系统的干扰，可以绘出图 5.14 所示的控制过程方框图。此控制过程仅仅面向位置层控制，并未涉及机械臂动力学特性，大的惯性变化和扰动可能引起系统振荡，破坏系统稳定性，从而导致操作臂末端跟踪误差较大[29]。

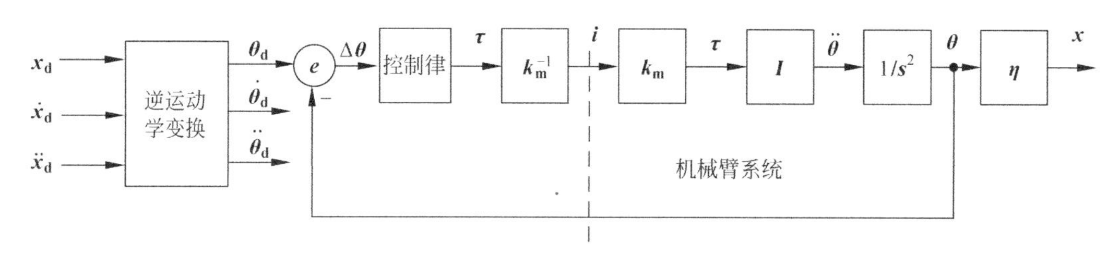

图 5.14 常规机器人运动控制

逆向动力学是已知预期的关节角度、角速度和角加速度，求解期望的力矩。计算过程如下：

(1) 从连杆 0 到连杆 n 进行正向推导，已知关节运动参数 $\dot{\theta}_i$、$\dot{b}_i$、$\ddot{\theta}_i$ 和 $\ddot{b}_i$，根据角速度递推式(5.33)、角加速度递推式(5.36)、线速度递推式(5.38)和式(5.39)以及线加速度递推公式(5.46)和式(5.47)，可以求得各个连杆的角速度 $[\boldsymbol{\omega}_i]_i$、角加速度 $[\dot{\boldsymbol{\omega}}_i]_i$、线速度 $[\dot{\boldsymbol{C}}_i]_i$

和线加速度$[\ddot{\boldsymbol{C}}_i]_i$。

(2) 对于机械臂每一个连杆i,根据式(5.51)和式(5.52),已知连杆相应的线加速度$[\ddot{\boldsymbol{C}}_i]_i$、角速度$[\boldsymbol{\omega}_i]_i$和角加速度$[\dot{\boldsymbol{\omega}}_i]_i$,可以求出连杆相应的惯性力$\left[\sum \boldsymbol{F}_i\right]_i$和惯性力矩$\left[\sum \boldsymbol{N}_i\right]_i$。

(3) 从连杆n向连杆1递推,迭代使用式(5.55)和式(5.56),已知$\left[\sum \boldsymbol{F}_i\right]_i$和$\left[\sum \boldsymbol{N}_i\right]_i$、连杆$n$向外部环境施加的力和力矩$[\boldsymbol{F}_{n,n+1}]_n$和$[\boldsymbol{N}_{n,n+1}]_n$,机器人属性常量$m_i$,$[\boldsymbol{g}]_i$,$[\boldsymbol{d}_i]_i$和$[\boldsymbol{r}_i]_i$,可以求得连杆$i-1$对连杆$i$施加的力$[\boldsymbol{F}_{i-1,i}]_i$和力矩$[\boldsymbol{N}_{i-1,i}]_i$。

(4) 由式(5.57)可以计算出需要施加在机器人各个关节的力σ_i和力矩τ_i。

通过以上过程,就可完成机器人逆向动力学计算。对于需要高速、重载和较高精度运动的机器人来说,将动力学模型添加进入控制环路是必要的。在常规机械臂运动控制的基础上,添加机械臂逆向动力学模型作为前馈控制模型,由期望的机械臂关节位置$\boldsymbol{\theta}_d$、速度$\dot{\boldsymbol{\theta}}_d$和加速度$\ddot{\boldsymbol{\theta}}_d$求出期望的关节力矩$\boldsymbol{\tau}_d$,将此力矩添加到控制器的输出的控制力矩$\Delta\boldsymbol{\tau}$中,从而实现对机械臂的控制。相较于常规控制结构而言,通过动力学特性补偿,改善了机械臂系统非线性、强耦合时变问题,提高了系统动态响应和控制精度,从而改善了笛卡儿空间运动品质[29]。不考虑机械臂系统的干扰时,基于逆动力学的控制框图如图5.15所示。图中$\boldsymbol{x}$代表机械臂笛卡儿空间运动状态;$\boldsymbol{\theta}$表示关节角度;$\Delta\boldsymbol{\theta}$运动状态作为控制器的输入。

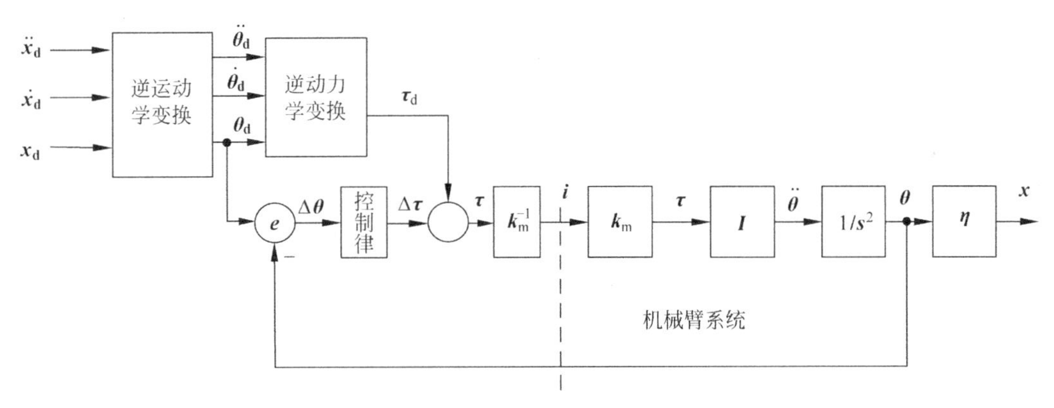

图5.15　基于动力学前馈的机械臂运动控制

小　　结

本章首先研究了机器人系统刚体动力学方程的相关问题,然后介绍了两种方法来进行分析(欧拉-拉格朗日方程和牛顿-欧拉方程),并且通过例题,给出了两种方程的具体应用,并应用牛顿-欧拉递推方程讨论了典型机械臂的动力学计算。动力学是一个广泛的研究领域,这两种分析工业机器人动力学的方法需要读者认真理解和掌握,其他方法可查阅相关资料进行学习，本章不予探讨。

练 习 题

5.1 求一匀质且坐标原点建立在其质心的刚性圆柱体的惯性张量，设其直径为 d，长度为 l。

5.2 假设长度为 l 的连杆两端各自联接一匀质且直径为 d 和质量为 m 的球体，如果忽略连杆的质量，且坐标原点建立在一端球体的质心上，试计算这一连杆体的惯性张量。

5.3 试简述在讨论动力学时，在图 5.9 中引入坐标系 $X_0Y_0Z_0$ 和质心 C_i 的意义。

5.4 试简述在讨论动力学时，在图 5.9 中引入三维距离矢量 $\boldsymbol{O}_i$，$\boldsymbol{\varepsilon}_i$，$\boldsymbol{d}_i$ 和 $\boldsymbol{r}_i$ 的意义。

5.5 试简述作用力和反作用力即式(5.29)和式(5.30)在机械臂动力学递推计算中的作用。

5.6 将欧拉-拉格朗日动力学方法与牛顿-欧拉递推方法相比较，试讨论两种方法对于机械臂动力学分析的区别和优缺点。

5.7 如图 5.16 所示的旋转-平移机械臂中，惯性力 $m_i\boldsymbol{g}$ 和转动惯性张量 $\boldsymbol{I}_i$ 都是相对于质心 C_i 的($i=1,2$)。假设 $\theta_1=\sin t$ 和 $d_2=\cos t$；机械臂执行器给外部环境施加一外力 $\boldsymbol{F}$，即有已知作用力 $\boldsymbol{F}=[\boldsymbol{F}_{23}]_3=[f_x \quad 0 \quad 0]^{\mathrm{T}}$。试求各个关节的驱动力和力矩。

5.8 如图 5.17 所示的平移-旋转机械臂中，假设由机械臂执行器给外部环境施加一外力 $\boldsymbol{F}$，即有已知作用力 $\boldsymbol{F}=[\boldsymbol{F}_{23}]_3=[f_x \quad f_y \quad 0]^{\mathrm{T}}$。惯性力 $m_i\boldsymbol{g}$ 和转动惯性张量 $\boldsymbol{I}_i$ 都是相对于质心 C_i 的($i=1,2$)。假设 $d_1=\sin t$ 和 $\theta_2=\cos t$。试求各个关节的驱动力和力矩。

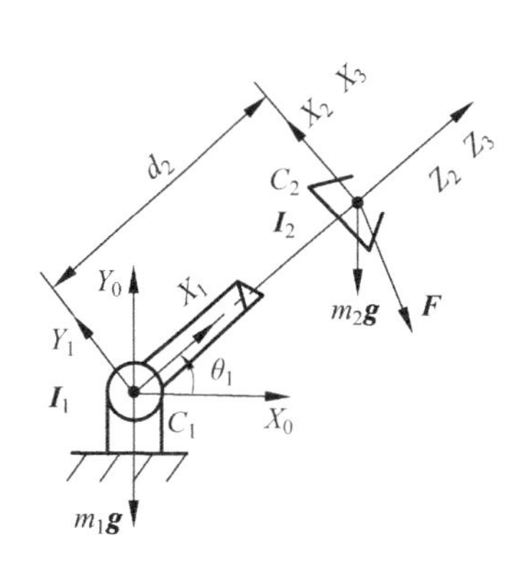

图 5.16 旋转-平移机械臂动力学分析

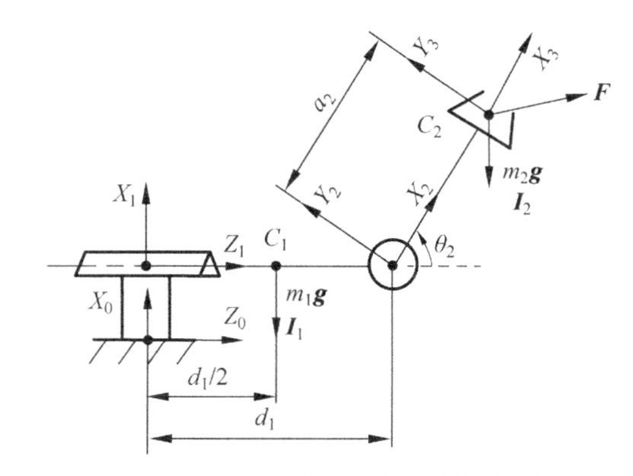

图 5.17 平移-旋转机械臂动力学分析

5.9 如图 5.18 所示的平面滑动转动机构机械臂，其中第一关节为滑动关节，第二关节和第三关节为转动关节。惯性力 $m_i\boldsymbol{g}$ 和转动惯性张量 $\boldsymbol{I}_i$ 都是相对于质心 C_i 的($i=1,2,3$)。假设 $d_1=\sin t$，$\theta_2=\cos t$ 和 $\theta_3=2\cos t$。机械臂执行器给外部环境施加一外力 $\boldsymbol{F}$，即有已知作用力 $\boldsymbol{F}=[\boldsymbol{F}_{34}]_4=[f_x \quad f_y \quad 0]^{\mathrm{T}}$。试求各个关节的驱动力和力矩。

5.10 如图 5.19 所示的 3 自由度机器人，其各个连杆长为 $a_1=3$；$a_2=2$；$a_3=1$。所有关节都为转动关节且 $\theta_1=\theta_2=\theta_3=\sin t$。由机械臂执行器给外部环境施加一外力 $\boldsymbol{F}=$

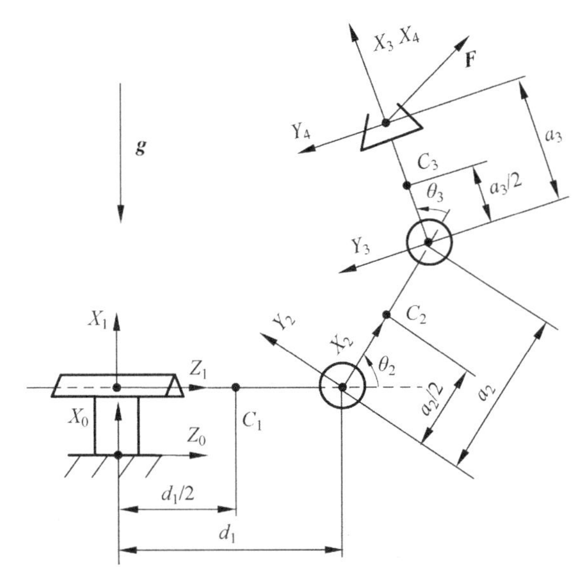

图 5.18　平面滑动转动机构机械臂动力学分析

$[\boldsymbol{F}_{34}]_4=[3\quad 6\quad 0]^{\mathrm{T}}$ 和力矩 $\boldsymbol{N}=[\boldsymbol{N}_{34}]_4=[0\quad 0\quad 5]^{\mathrm{T}}$。忽略重力和惯性矩的影响,求各个关节的驱动力矩。

5.11　如图 5.20 所示的 5 自由度机器人,其各个连杆长为 $a_1=4$; $a_2=3$; $a_3=2$; $a_4=1$。所有关节都为转动关节且 $\theta_1=\theta_2=\theta_3=\theta_4=\theta_5=\sin t$。由机械臂执行器给外部环境施加一外力 $\boldsymbol{F}=[\boldsymbol{F}_{34}]_4=[3\quad 6\quad 0]^{\mathrm{T}}$ 和力矩 $\boldsymbol{N}=[\boldsymbol{N}_{34}]_4=[0\quad 0\quad 5]^{\mathrm{T}}$。忽略重力和惯性矩的影响,求各个关节的驱动力矩并与习题 5.10 的递推结果进行分析比较。

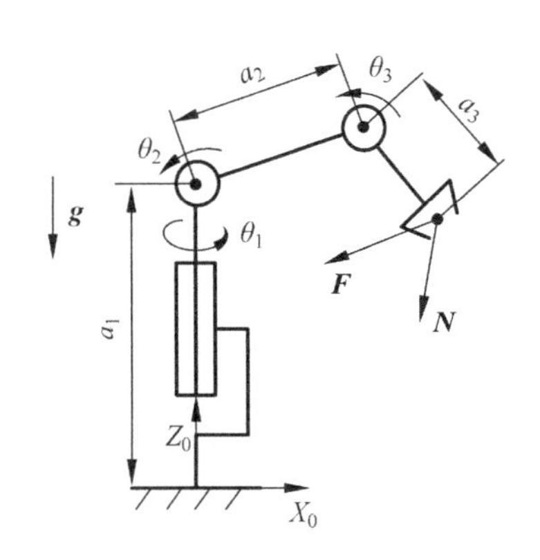

图 5.19　3 自由度转动关节机械臂动力学分析

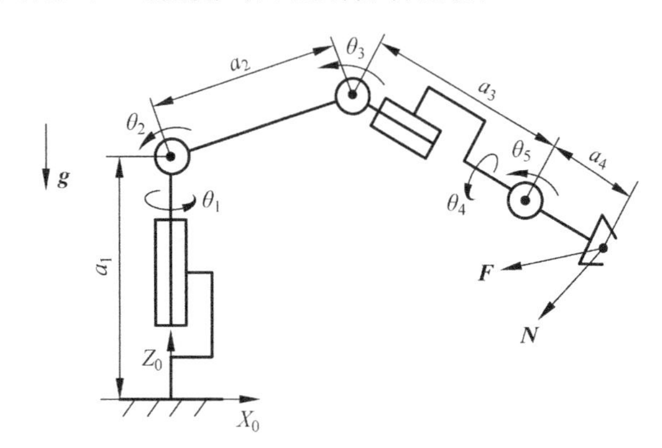

图 5.20　5 自由度转动关节机械臂动力学分析

5.12　如图 5.21 所示的 SCARA 机器人,其中 θ_1,θ_2 和 θ_3 为转动关节变量; b_4 为滑动关节变量。所有转动关节的转角 $\theta_1=\theta_2=\theta_3=\sin t$,$b_4=\cos t$。机械臂执行器给外部环境施加一外力矩 $\boldsymbol{N}=[\boldsymbol{N}_{34}]_4=[0\quad 0\quad n_z]^{\mathrm{T}}$。忽略重力和惯性矩的影响,求各个关节的驱动力矩并与习题 5.10 和习题 5.11 的递推结构进行分析比较。

5.13　如图 5.22 所示的 6 自由度机器人,机械臂尺寸如图所示,单位为 mm,所有关节

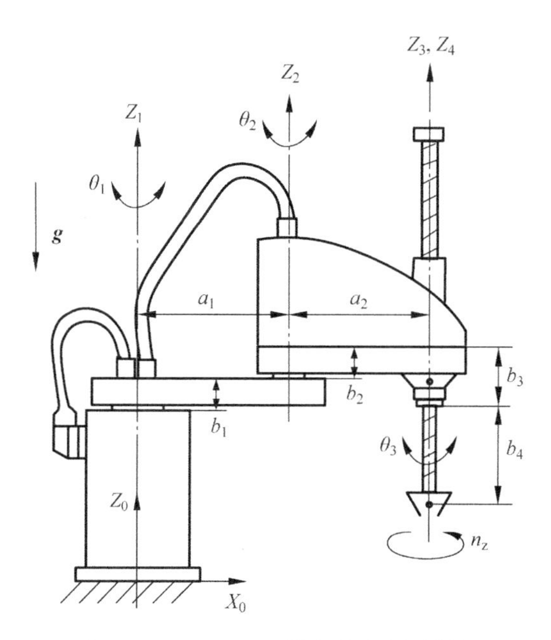

图 5.21　SCARA 机器人驱动力矩计算

都为转动关节且 $\theta_1=\theta_2=\theta_3=\theta_4=\theta_5=\theta_6=\sin t$。由机械臂执行器给外部环境施加一外力 $\boldsymbol{F}=[\boldsymbol{F}_{34}]_4=[50\quad 60\quad 0]^{\mathrm{T}}(\mathrm{N})$ 和力矩 $\boldsymbol{N}=[\boldsymbol{N}_{34}]_4=[0\quad 0\quad 5]^{\mathrm{T}}(\mathrm{N\cdot m})$。忽略重力和惯性矩的影响，求各个关节的驱动力矩并分析计算结果。

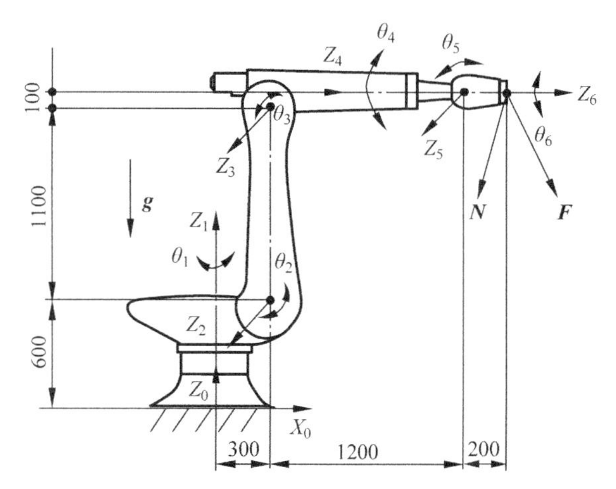

图 5.22　6 自由度转动关节机械臂动力学计算

5.14　根据所学到的知识，试设计一款具有良好的动力学结构的 SCARA 机械臂。

5.15　根据所学到的知识，试设计一款具有良好的动力学结构的 6 自由度转动关节机械臂。

5.16　根据所学到的知识，试分析研究 3 自由度 DELTA 机械臂的动力学特性，假设两连杆的质量为 m_1 和 m_2，所受外力和力矩都为 0。质心都在两连杆结构的几何中心，如图 5.23 所示。

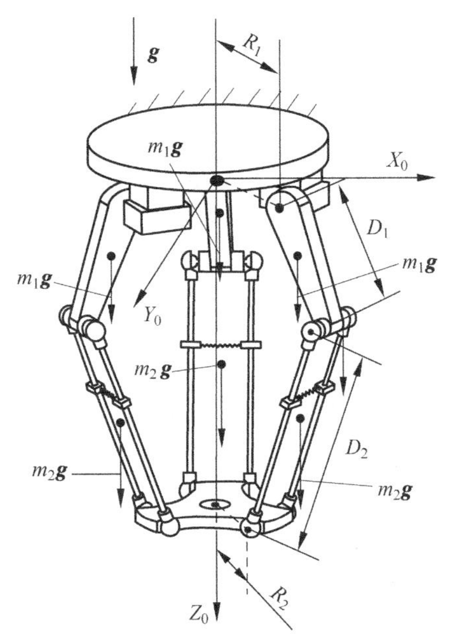

图 5.23 3 自由度 DELTA 机械臂动力学计算

实 验 题

扫描二维码可以浏览第 5 章实验的基本内容。

5.1 动力学计算坐标系 3D 演绎

为了帮助学生建立关于动力学计算的三维空间感,更直观地理解工业机器人动力学各个参数在空间上的表述,本实验将提供关于动力学计算坐标系的 3D 演绎模型。学生可以在 SolidWorks 中自由变换角度,理解各个参数在空间上的相互关系。

5.2 工业机械臂动力学计算

在第 4 章的实验中,我们针对典型 6 轴机械臂处在静态位置时的力学情况进行了分析和计算,本次实验要解决的是动力学的问题,即机器人在任意位置、速度、加速度运动过程中各个关节应该输出的转矩。本章已经对工业机器人动力学的理论知识进行了详细讲解,在本次实验中我们采用的是牛顿-欧拉递推动力学方程,同样是借助 MATLAB 来对 6 轴机械臂的动力学进行求解。在此基础上,大家可以尝试去解决其他任意自由度机械臂的动力学问题。

第 5 章教学课件

第 6 章

运动控制

运动控制是指机器人系统在关节力或力矩的驱动下，其机械臂执行器按照既定的路径运动或做出相应的动作，如机械臂抓取或放下零件的动作是严格按照规划的路径来完成的。本章将讨论基于古典控制理论的机械臂运动控制的基本数理模型及实现方法。主要包括如下内容：首先是关节的基本控制方法，如比例控制、微分控制、积分控制和混合控制等；其次是机械臂控制系统的分解和耦合计算；最后，初步分析了非线性控制问题。

6.1 运动控制概念

首先，施加力或力矩使机械臂各连杆按照给定的一组控制参数做出运动，而这组控制参数往往是由控制系统的轨迹发生器产生的，对于转动关节，控制参数可以是机械臂关节的角位移、角速度和角加速度；对于滑动关节，控制参数可以是连杆位移、速度和加速度。控制参数输入给控制系统后，产生所需要的关节力和力矩，再由驱动器(如电动机、液压马达等)来执行相应的操作，最终控制机械臂执行器按照既定的路径运动。这些运动可以是点到点的运动，或是某一曲线段的运动。为了精确控制机械臂的运动，往往将关节的实际输出运动状态作为反馈参数，采用机械臂的闭环反馈控制系统。

工业机器人大多是由一系列串联转动关节构成的，而通常的操作任务往往是在机械臂执行器操作空间提出来的，完成任务的控制却是在各个连杆的关节空间实现的，所以存在两种控制问题，即关节空间控制和操作空间控制(或笛卡儿空间控制)。图 6.1(a)和(b)分别示意了关节空间和操作空间的控制结构。

在机械臂控制系统中，关节空间控制就是将操作空间的需求 $\boldsymbol{x}_{\mathrm{d}}$ 通过逆运动学计算出关节空间的关节转角$\boldsymbol{\theta}_{\mathrm{d}}$，然后去控制各个关节的转角使其达到目标值$\boldsymbol{\theta}_{\mathrm{d}}$。显然，最终的操作空间需求 $\boldsymbol{x}_{\mathrm{d}}$ 还要通过一系列的驱动机构来实现，这一传动过程的误差不容易控制。操作空间控制方案由于直接控制操作空间变量，可以克服这一缺点，但显然又使控制系统复杂化。

机械臂系统控制也会存在线性控制和非线性控制问题，当机械臂关节减速比较大而运动速度较慢时，往往可以用线性控制方法处理；但当运动速度较大，惯性和摩擦等参数以及不同关节运动状态的相互影响不可忽略时，必须用非线性控制方法处理。然而，线性控制技术也是非线性控制的基础。

机械臂是多关节系统，也是多输入-多输出系统，如 3 自由度机械臂、6 自由度机械臂

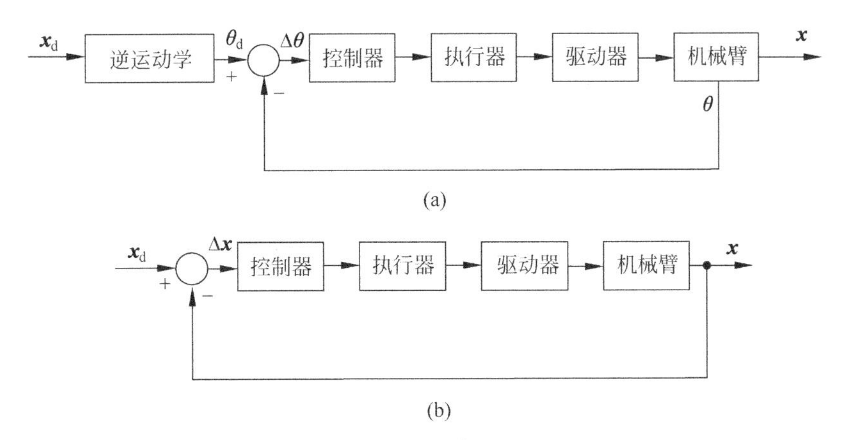

图 6.1　机械臂控制系统

(a) 关节空间控制；(b) 操作空间控制

等。图 6.1 中的控制参数也可以看成多维矩阵控制参数。我们需要先从单输入-单输出控制系统开始讨论机械臂的控制问题。

常见的机械臂控制方法有如下几种：

1) 开关控制

开关控制是较为简单的控制方式，驱动器仅仅以开启或停止方式操作关节的运动，也即常说的二值控制系统。

2) 比例控制(P)

如果将理想参数输入减去实际输出结果称为误差，则此误差乘以一个比例系数作为控制信号作用于控制系统，相应的控制系统可以称为比例控制系统。

3) 微分控制(D)

如果将系统误差的微分作为控制信号，相应的控制系统可以称为微分控制系统。

4) 积分控制(I)

类似地，如果将系统误差的积分作为控制信号，相应的控制系统可以称为积分控制系统。

5) 混合控制(PID)

如果将如上的比例、微分和积分控制方法混合使用，则相应的控制系统可以称为混合控制系统。常见的有比例微分控制(PD)、比例积分控制(PI)和比例积分微分控制(PID)。

6) 前馈控制

前馈控制是基于不变性原理实现的，比反馈控制及时有效。其控制信号是基于干扰作用的瞬间而不是等待输出偏差的出现。比如对于机械臂动力学确定的模型，就可以应用前馈控制来实现精确控制。显然，前馈控制属于开环控制。

7) 其他控制

上述 PID 控制经常用于对系统进行串联校正，此外，也有前馈校正和反馈校正等复合校正方式。随着控制技术的发展，自适应控制、电动机力矩控制、模糊控制技术也陆续成熟并应用于机械臂控制。同时，专门用于机械臂控制的关节空间控制技术和操作空间控制技术已越来越成熟。

6.2 二阶线性系统

我们以机械臂的滑动关节或转动关节为例，如图 6.2 所示。假设关节系统有质量 m 或转动惯性 I、黏性系数 b 和弹性系数 k。当连杆偏离平衡位置时，对于滑动关节图 6.2(a)，可以得到运动微分方程(6.1)；对于转动关节图 6.2(b)，可以得到运动微分方程(6.2)。

$$m\ddot{x}+b\dot{x}+kx=0 \tag{6.1}$$

$$I\ddot{\theta}+b\dot{\theta}+k\theta=0 \tag{6.2}$$

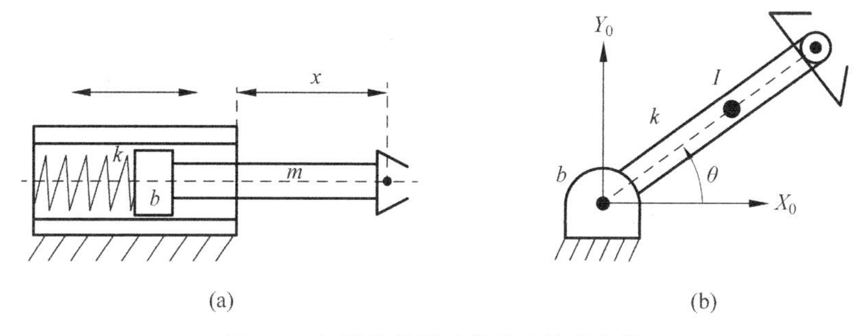

图 6.2 机械臂的滑动关节或转动关节

(a) 滑动关节；(b) 转动关节

由于两种关节的物理模型的数学推演过程类似，下面仅讨论滑动关节的情况。方程(6.1)是二阶线性常系数微分方程，假设方程的解是 $x=e^{st}$，则方程(6.1)的特征方程为

$$ms^2+bs+k=0 \tag{6.3}$$

对应特征方程的两个根为

$$s_1=\frac{-b+\sqrt{b^2-4mk}}{2m} \tag{6.4a}$$

$$s_2=\frac{-b-\sqrt{b^2-4mk}}{2m} \tag{6.4b}$$

根据控制理论，当 s_1 和 s_2 为不相等实根时，关节系统是无振荡的过阻尼系统；当 s_1 和 s_2 为复根时，关节系统是振荡的欠阻尼系统；而当 s_1 和 s_2 为相等的实根时，关节系统是无振荡的临界阻尼系统。下面分别讨论。

1) s_1 和 s_2 为不相等实根

当 $b^2>4mk$ 时，黏性(摩擦)占主导，关节系统为过阻尼系统，其系统输出为

$$x(t)=c_1e^{s_1t}+c_2e^{s_2t} \tag{6.5}$$

式中，常数 c_1 和 c_2 与关节系统的初始位置和速度有关。图 6.3 所示为过阻尼关节系统的特征根位置及输出响应曲线。分析可知，当 $s_2\ll s_1$ 时，s_1 主导了系统的输出特性，而 s_2 的影响可以忽略；从而可以推测，对于一个复杂的三阶系统，有可能忽略一个根，从而将其当作二阶系统来处理。

例题 6.1 假设滑动关节的参数 $m=2,b=11,k=15$。试分析不相等实根情况下滑动

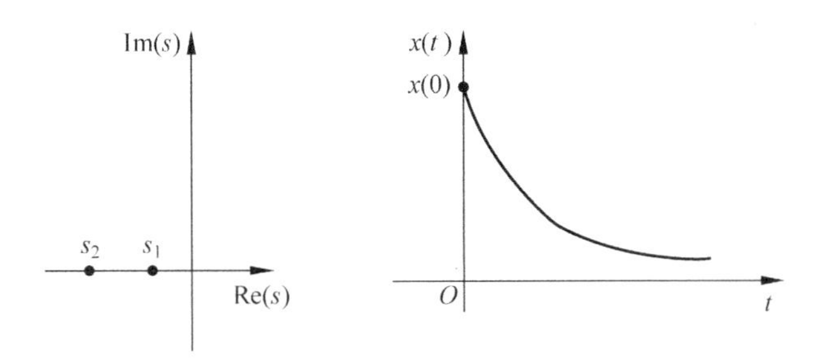

图 6.3　过阻尼关节系统的特征根位置及输出响应曲线

关节的运动。

解：不相等实根情况下，其对应的特征方程为

$$2s^2+11s+15=0 \tag{6.6}$$

方程的解为 $s_1=-2.5$ 和 $s_2=-3$，滑动关节的输出响应为

$$x(t)=c_1\mathrm{e}^{-2.5t}+c_2\mathrm{e}^{-3t} \tag{6.7}$$

假设滑动连杆初始速度为零，从 $x=-1$ 处释放，则该系统有边界条件

$$x(0)=-1 \tag{6.8a}$$

$$\dot{x}(0)=0 \tag{6.8b}$$

将边界条件代入方程(6.7)，可以得到常数的值为

$$c_1=-6 \tag{6.9a}$$

$$c_2=5 \tag{6.9b}$$

则对于 $t\geqslant 0$，滑动关节的运动方程为

$$x(t)=-6\mathrm{e}^{-2.5t}+5\mathrm{e}^{-3t} \tag{6.10}$$

分析与讨论

在例题 6.1 中，两个实根 $s_1=-2.5$ 和 $s_2=-3$ 比较相近，从而导致两个根对输出响应都有决定性的影响。如果假设 $m=1,b=25,k=1$，相应的解为 $s_1=-0.04$ 和 $s_2=-24.95$，再假设在同样的初始条件下释放，则相应的运动方程为 $x(t)=-\mathrm{e}^{-0.04t}+0.0016\mathrm{e}^{-24.95t}\approx-\mathrm{e}^{-0.04t}$。可见，实根 $s_2=-24.95$ 对滑动关节输出的影响可以忽略不计。

另外一个问题是弹性系数 k。弹性系数往往由弹簧引起，但在实际系统中，即便没有弹簧也可能出现弹性系数，这是由机械臂控制系统决定的设计特征——系统必须有抗干扰的回复能力；运行中，前后关节的角度变化也会导致重力产生类似弹簧的交互效应。实际解决问题时可以根据影响的权重来决定一些取舍，使简化后的控制模型尽量符合实际情况。

2) s_1 和 s_2 为复根

当 $b^2<4mk$ 时，弹性(刚度)占主导，系统输出表示为欠阻尼的振荡特性，相应的特征根为一对复根，即

$$s_1=\lambda+\mathrm{i}\mu \tag{6.11a}$$

$$s_2=\lambda-\mathrm{i}\mu \tag{6.11b}$$

相应的复域欧拉方程为

$$\mathrm{e}^{\mathrm{i}t}=\cos t+\mathrm{i}\sin t \tag{6.12}$$

将方程(6.11)及欧拉方程代入方程(6.5)，得时域输出响应为

$$x(t)=(c_1+c_2)e^{\lambda t}\cos(\mu t)+i(c_1-c_2)e^{\lambda t}\sin(\mu t) \tag{6.13}$$

如果令

$$\delta_1=(c_1+c_2) \tag{6.14a}$$

$$\delta_2=i(c_1-c_2) \tag{6.14b}$$

又由于 δ_1 和 δ_2 为常量，可以找到

$$\delta_1=r\cos\beta \tag{6.15a}$$

$$\delta_2=r\sin\beta \tag{6.15b}$$

则有

$$r=\sqrt{\delta_1^2+\delta_2^2} \tag{6.16a}$$

$$\beta=\operatorname{atan2}(\delta_2,\delta_1) \tag{6.16b}$$

这时系统输出响应为

$$x(t)=re^{\lambda t}\cos(\mu t-\beta) \tag{6.17}$$

从式(6.17)可以看出，特征方程为复根的情况下，其系统输出为衰减振荡型。图6.4所示为特征方程为复根的系统输出曲线。

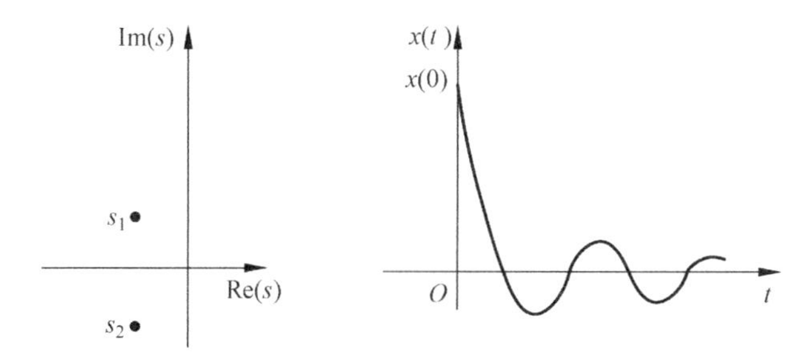

图6.4　特征方程为复根的系统输出曲线

例题6.2　假设滑动关节的参数 $m=1,b=1,k=1$。试分析复根情况下滑动关节的运动。

解：复根情况下，其对应的特征方程为

$$s^2+s+1=0 \tag{6.18}$$

一对复根为

$$s_1=-\frac{1}{2}+\frac{\sqrt{3}}{2}i \tag{6.19a}$$

$$s_2=-\frac{1}{2}-\frac{\sqrt{3}}{2}i \tag{6.19b}$$

依据式(6.17)，解的形式为式

$$x(t)=re^{-\frac{1}{2}t}\cos\left(\frac{\sqrt{3}}{2}t-\beta\right) \tag{6.20}$$

相应的速度为

$$\dot{x}(t)=-\frac{1}{2}re^{-\frac{1}{2}t}\cos\left(\frac{\sqrt{3}}{2}t-\beta\right)-\frac{\sqrt{3}}{2}re^{-\frac{1}{2}t}\sin\left(\frac{\sqrt{3}}{2}t-\beta\right) \tag{6.21}$$

假设滑动连杆初始速度为零，从 $x=-1$ 处释放，则该系统有边界条件 $x(0)=-1$ 和

$\dot{x}(0)=0$，依据式(6.13)～式(6.17)，可以解出

$$r=\frac{2\sqrt{3}}{3} \tag{6.22}$$

$$\beta=-150^\circ \tag{6.23}$$

系统的输出响应为

$$x(t)=\frac{2\sqrt{3}}{3}e^{-\frac{1}{2}t}\cos\left(\frac{\sqrt{3}}{2}t+150^\circ\right) \tag{6.24}$$

分析与讨论

在例题 6.2 中，特征方程的解为两个复根 $s_1=-\frac{1}{2}+\frac{\sqrt{3}}{2}i$ 和 $s_2=-\frac{1}{2}-\frac{\sqrt{3}}{2}i$，从而导致系统输出为欠阻尼的衰减振荡运动，显然，这种工况往往不是工业机器人控制所追求的。只要存在振荡，则至少有一次超调的运动情况，为了尽快达到控制的目标值，工业机械臂设计上不仅要控制振荡，系统输出响应出现超调的现象也是要避免的。

3) s_1 和 s_2 为相等实根

当 $b^2=4mk$ 时，黏性(摩擦)与弹性(刚度)平衡，特征方程的解为相等实根，即 $s_1=s_2=-\frac{b}{2m}$，系统输出表现为临界阻尼特性。这时的输出为最快的无振荡响应，其输出方程为

$$x(t)=(c_1+c_2t)e^{-\frac{b}{2m}t} \tag{6.25}$$

图 6.5 所示为控制系统为临界阻尼时的特征根位置和输出响应，这种临界阻尼工况系统的输出响应最快，且无超调现象，往往是机械臂控制比较理想的控制方式。

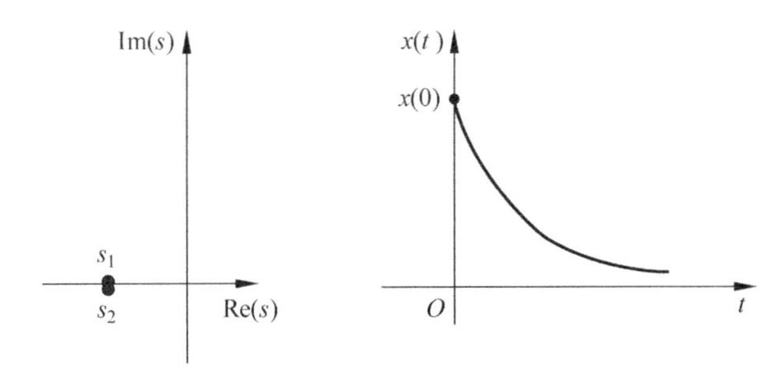

图 6.5 控制系统为临界阻尼的输出响应

例题 6.3 假设，如图 6.2 所示滑动关节的参数分别为 $m=1, b=2\sqrt{3}, k=3$。试分析相等实根情况下滑动关节的运动。

解：根据所给参数，其对应的特征方程为

$$s^2+2\sqrt{3}s+3=0 \tag{6.26}$$

其解为 $s_1=s_2=-\sqrt{3}$。相应的时域输出为

$$x(t)=(c_1+c_2t)e^{-\sqrt{3}t} \tag{6.27}$$

仍然假设滑动连杆初始速度为零，从 $x=-1$ 处释放，则该系统有边界条件 $x(0)=-1$ 和 $\dot{x}(0)=0$，可以解出

$$c_1=-1 \tag{6.28a}$$

$$c_2 = -\sqrt{3} \tag{6.28b}$$

对于 $t \geqslant 0$,输出响应为

$$x(t) = (-1 - \sqrt{3}t)\mathrm{e}^{-\sqrt{3}t} \tag{6.29}$$

分析与讨论

从方程(6.29)可以看出,输出最终会趋于零,但实际中的干扰(如摩擦和机械间隙等)会导致输出稳态误差的存在,且由于是开环控制,这一误差无法自行消除。

在例题 6.1～例题 6.3 中,系统的参数 m,b 和 k 都大于 0,对于这样的二阶开环系统,其输出响应虽然是稳定的,但即便是比较理想的临界阻尼工况也不能满足实际的控制需要,如稳态误差的存在。因此,当输出控制有较高要求时可以采用闭环反馈控制。

6.3 反馈控制及系统特性

从 6.2 节的讨论可知,图 6.2 所示的控制系统不论在何种阻尼工况下都可以逐渐回归或逼近原来的位置。以单关节控制为例,机械臂单关节控制的目标值 x_{d},$\dot{x}_{\mathrm{d}}$ 和 $\ddot{x}_{\mathrm{d}}$ 是随时间不断变化的,但是实际的应用有一定的运动精度和响应速度要求,这种控制方法无法真正用于工业机器人控制。为了实现机械臂关节的过程控制,控制系统就必须施加额外的控制力或力矩,如图 6.6 所示,即对于滑动关节需要施加额外的控制力 f,而对转动关节施加额外的控制力矩 τ。施加额外的控制力或力矩后,滑动关节系统和转动关节系统的控制方程分别变为

$$m\ddot{x} + b\dot{x} + kx = f \tag{6.30a}$$

$$I\ddot{\theta} + b\dot{\theta} + k\theta = \tau \tag{6.30b}$$

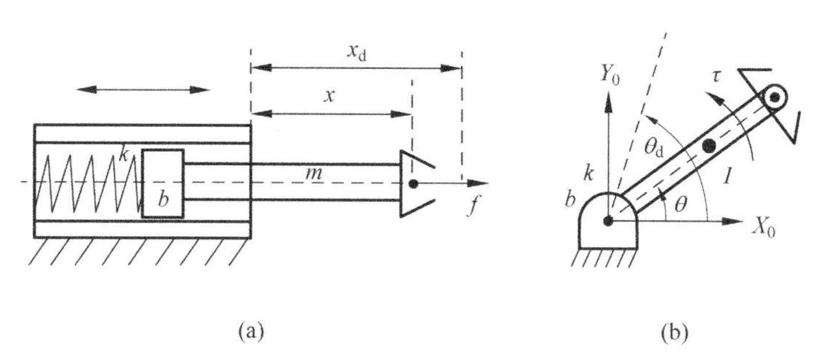

图 6.6 施加控制力或力矩后机器人关节

(a) 滑动关节;(b) 转动关节

为便于讨论,我们以滑动关节为例对方程(6.30a)用传统方式重新进行标记,得如下方程:

$$\ddot{x} + 2\zeta\omega_{\mathrm{n}}\dot{x} + \omega_{\mathrm{n}}^2 x = f' \tag{6.31}$$

式中,$\omega_{\mathrm{n}} = \sqrt{\dfrac{k}{m}}$ 为控制系统自然频率;$\zeta = \dfrac{b}{2\sqrt{km}}$ 为控制系统阻尼系数;$f' = \dfrac{f}{m}$ 为控制系统修正控制力。

为了实现对关节系统的实际目标值控制，控制力可以依据传感器反馈的位置信息 x 和速度信息 $\dot{x}$ 与目标值 x_d 和 $\dot{x}_d$ 组合成系统的输入控制力 f，如下式所示：

$$f = k_p(x_d - x) + k_v(\dot{x}_d - \dot{x}) \tag{6.32}$$

式中，k_p 和 k_v 分别是位置反馈系数和速度反馈系数。

从式(6.32)可知，仅仅当实际控制位置 x 和速度 $\dot{x}$ 与目标值 x_d 和 $\dot{x}_d$ 全部相同时，反馈控制力 f 才回归为零，这意味着已经实现了控制目标，如目标值 $x_d=0$，$\dot{x}_d=0$ 和 $\ddot{x}_d=0$，则当控制力保持使 $x=0$，$\dot{x}=0$ 时，由于反馈控制力 f 也回归为零，则 $\ddot{x}=0$ 在控制系统中同时实现。

下面进一步分析控制系统。首先，将系统分为左右两部分(图 6.7)，左边是机械臂的控制箱部分，右边是机械臂本体，两部分由控制信号(如控制力 f)和反馈信号(如位置 x 和速度 $\dot{x}$)联结。

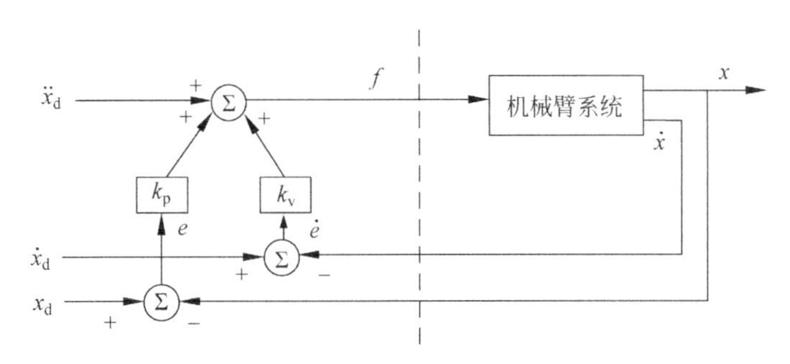

图 6.7　机器人闭环控制系统

假设滑动关节的控制力为式(6.32)，代入式(6.30a)，有

$$m\ddot{x} + b\dot{x} + kx = k_p(x_d - x) + k_v(\dot{x}_d - \dot{x}) \tag{6.33}$$

进一步整理，有

$$m\ddot{x} + (b + k_v)\dot{x} + (k + k_p)x = k_p x_d + k_v \dot{x}_d \tag{6.34}$$

当 $k_p x_d + k_v \dot{x}_d$ 为常值时，方程(6.34)的特征方程变为

$$ms^2 + (b + k_v)s + (k + k_p) = 0 \tag{6.35}$$

令 $b' = b + k_v$；$k' = k + k_p$，得

$$ms^2 + b's + k' = 0 \tag{6.36}$$

从式(6.36)可以看出，通过选择合适的反馈系数 k_v 和 k_p，可以使控制方程变成一般的二阶系统。根据控制方程(6.36)，可以选取合适的反馈系数 k_p 和 k_v 来改变被控制系统的黏性和弹性，从而改善控制系统的特性并满足实际机器人控制的需要。反馈系数 k_p 和 k_v 可以是负值或正值，当然，为使系统稳定，控制系统在修正后，控制方程(6.36)的所有系数必须大于零。另外，如果使控制系统为临界阻尼工况，则有

$$b' = 2\sqrt{mk'} \tag{6.37}$$

例题 6.4　假设原滑动关节的参数 $m=1$，$b=1$，且 $k=1$。如果需要闭环控制系统的刚度改为 $k'=16$，并使控制系统在临界阻尼工况下运动，试计算反馈系数 k_p 和 k_v。

解：由于希望控制系统在临界阻尼工况下工作，根据式(6.37)有

$$b' = 2\sqrt{mk'} = 2\sqrt{1 \times 16} = 8 \tag{6.38}$$

由 $b'=b+k_v=8$ 得出 $k_v=7$；又由 $k'=k+k_p=1+k_p=16$ 计算出 $k_p=15$，所以，如果取反馈系数 $k_p=15$ 和 $k_v=7$，就可以使控制系统工作在临界阻尼工况，且系统刚度为 16。

分析与讨论

从例题 6.4 可以看出，对于既定的机械臂关节系统，可以应用闭环控制方式，选取合适的位置反馈和速度反馈系数来修正系统的工作特性，并且根据实际需要，可以使机械臂关节系统工作在临界阻尼状态或其他工况。实际的工作系统可能会存在各种干扰和误差，这时反馈系数还可以由控制系统自行调整，以控制机械臂系统达到较理想的运动精度和响应速度。

6.4 闭环系统的传递函数

同样可以在复域讨论上述控制律，应用拉普拉斯(Laplace)变换，可以将 6.3 节的控制方程表示为复域函数。对于开环系统有

$$G(s)=\frac{x(s)}{f(s)}=\frac{1}{ms^2+bs+k} \tag{6.39}$$

式中，$x(s)$为位移的拉普拉斯变换，而 $f(s)$是控制力的拉普拉斯变换；传递函数是输出与输入的比值。在闭环反馈系统中，输出 $x(s)$被反馈与目标值 $x_d(s)$相减再乘以放大系数(k_p+k_vs)后，再输入原控制系统，如图 6.8 所示。这时输出 $x(s)$可以重新表示为

$$x(s)=G(s)(k_p+k_vs)[x_d(s)-x(s)] \tag{6.40}$$

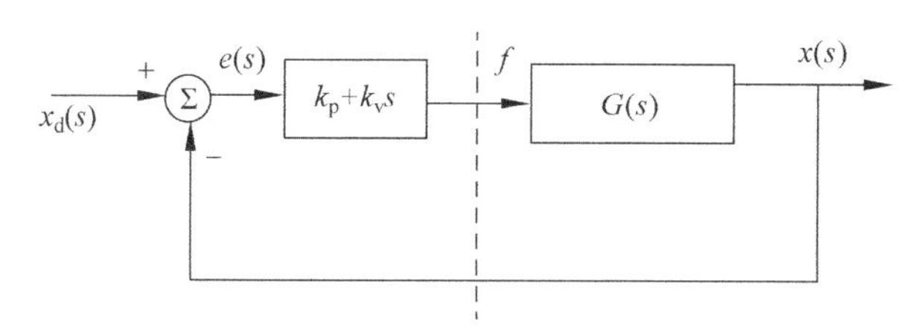

图 6.8 闭环反馈系统

$e(s)=x_d(s)-x(s)$为误差函数

由式(6.40)可以导出闭环反馈系统的传递函数为

$$G'(s)=\frac{x(s)}{x_d(s)}=\frac{G(s)(k_p+k_vs)}{1+G(s)(k_p+k_vs)} \tag{6.41}$$

相应闭环控制系统的特征方程为

$$1+G(s)(k_p+k_vs)=0 \tag{6.42}$$

式(6.41)表达了在复域空间，输出与目标输入的关系。由式(6.42)知，在本质上它与时域描述的系统特性完全一致，实际应用时，可以根据具体情况进行开环系统和闭环系统的转换和计算。

例题 6.5 假设原滑动关节的参数和要求同例题 6.4，假设输入为脉冲函数，试比较开环和闭环控制系统的输出响应特性。

解：根据所给的关节系统参数，$m=1$，$b=1$，且 $k=1$，有开环传递函数为

$$G(s)=\frac{x(s)}{f(s)}=\frac{1}{s^2+s+1} \tag{6.43}$$

依据式(6.41)，可以得出闭环系统的传递函数为

$$G'(s)=\frac{x(s)}{x_d(s)}=\frac{G(s)(k_p+k_v s)}{1+G(s)(k_p+k_v s)}=\frac{7s+15}{s^2+8s+16} \tag{6.44}$$

对于开环系统输入脉冲函数 $f(s)=1$，而对于闭环系统输入 $x_d(s)=1$；两种系统的时域响应曲线如图 6.9 所示；其中图 6.9(a)为开环系统的脉冲响应，图 6.9(b)为闭环系统的脉冲响应。

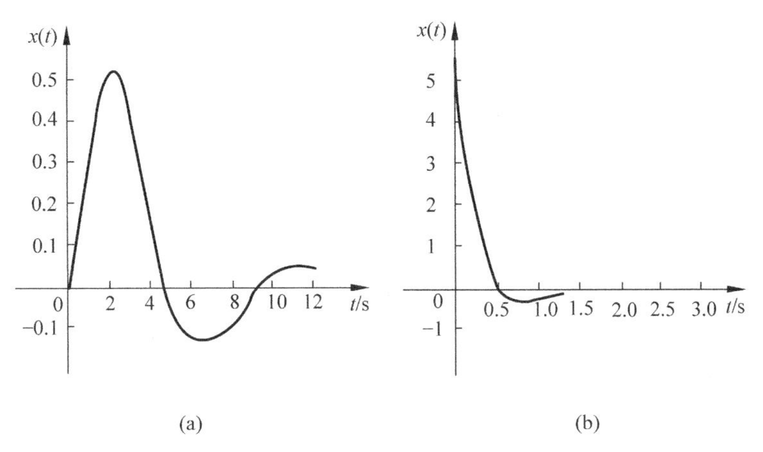

图 6.9　开环和闭环系统的脉冲响应曲线

(a) 开环控制；(b) 闭环控制

分析与讨论

从例题 6.5 的响应曲线可以看出，闭环控制系统的抗干扰能力远远优于开环系统。例题 6.5 的控制系统是假设工作于临界阻尼状态，而对于实际控制系统，其输出响应还与阻尼系数有关。图 6.10 表示不同阻尼系数对二阶系统的输出影响情况。可见阻尼系数对于系统输出的响应速度、超调量和调节时间等有决定性的影响。机械臂控制系统设计时必须进行严格的计算，并补充实验研究，最后综合确定控制方案和具体控制参数。

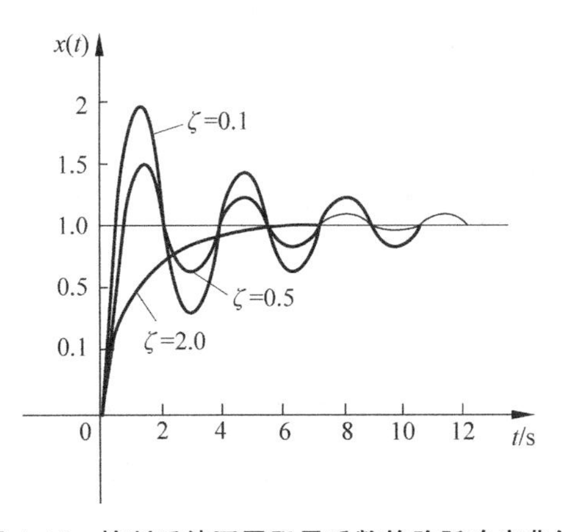

图 6.10　控制系统不同阻尼系数的阶跃响应曲线

6.5 机械臂反馈控制方程

在实际的机械臂控制中对每个关节要施加一定的力或力矩，使相应关节按照既定的规划路径运动。机械臂是由多个转动或滑动关节组成的，可以用关节空间的参数矩阵讨论反馈控制问题。假设机械臂某一时刻的目标值为$\boldsymbol{\theta}_\mathrm{d}$，$\dot{\boldsymbol{\theta}}_\mathrm{d}$和$\ddot{\boldsymbol{\theta}}_\mathrm{d}$，且$\boldsymbol{\theta}_\mathrm{d}$，$\dot{\boldsymbol{\theta}}_\mathrm{d}$和$\ddot{\boldsymbol{\theta}}_\mathrm{d}$分别为$n$维矢量，表示理想的各个关节的输出角位移、角速度和角加速度。n为机械臂的关节数量，即机械臂的自由度。则机械臂系统的控制方程可以表示为

$$\boldsymbol{I}\ddot{\boldsymbol{\theta}}_\mathrm{d}+\boldsymbol{h}_\mathrm{d}+\boldsymbol{\gamma}_\mathrm{d}=\boldsymbol{\tau}_\mathrm{d} \tag{6.45}$$

式中，$\boldsymbol{I}$为$n\times n$维惯性矩阵，是转角$\boldsymbol{\theta}_\mathrm{d}$的函数；$\boldsymbol{h}_\mathrm{d}$为$n$维黏性矩阵，是转角$\boldsymbol{\theta}_\mathrm{d}$和角速度$\dot{\boldsymbol{\theta}}_\mathrm{d}$的函数；$\boldsymbol{\gamma}_\mathrm{d}$为$n$维重力加速度矩阵，是转角$\boldsymbol{\theta}_\mathrm{d}$的函数；$\boldsymbol{\tau}_\mathrm{d}$为$n$维矢量力矩阵，依据转动或滑动关节，力矩阵中的参数可以是力或力矩。机械臂的各个关节正是在该力矩阵$\boldsymbol{\tau}_\mathrm{d}$的作用下，使机械臂的末端执行器运动到目标值$\boldsymbol{\theta}_\mathrm{d}$，$\dot{\boldsymbol{\theta}}_\mathrm{d}$和$\ddot{\boldsymbol{\theta}}_\mathrm{d}$。

实际上，机械臂很难按照控制方程(6.45)的规律运动，这是由于机械臂系统中存在的各种各样的误差(机械间隙、波动摩擦力和随角度变化的重力等)干扰了最终目标值的获得。为实现更精确的控制，可以取系统的目标值与实际输出的差值，然后以该组差值作为系统输入，即有误差函数为

$$\boldsymbol{E}=\boldsymbol{\theta}_\mathrm{d}-\boldsymbol{\theta} \tag{6.46}$$

$$\dot{\boldsymbol{E}}=\dot{\boldsymbol{\theta}}_\mathrm{d}-\dot{\boldsymbol{\theta}} \tag{6.47}$$

式中，$\boldsymbol{E}$为n维角位移误差；$\dot{\boldsymbol{E}}$为n维角速度误差。

定义了系统误差函数后，以误差作为系统的输入，只要误差不为零，控制系统将按照误差的大小计算出一定的力和力矩，并由驱动器执行使关节继续运动，直到使n维误差函数变为零。图6.11所示为带反馈信号的机械臂闭环控制系统。实际控制中，还要考虑机械臂运行过程中的外界干扰，有些干扰是不可预测的，因此机械臂控制系统的设计必须具有足够的抗干扰能力。

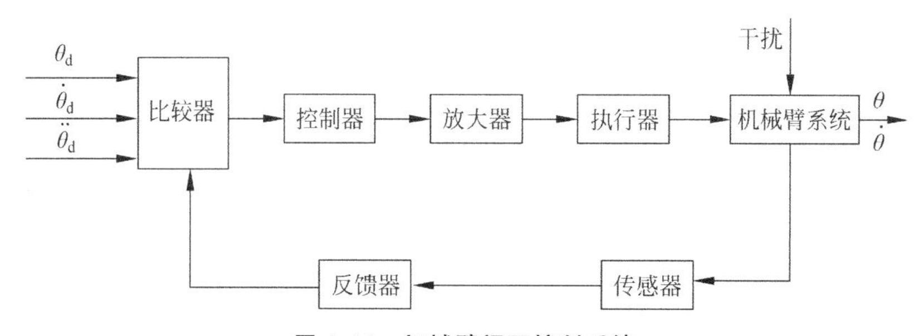

图6.11 机械臂闭环控制系统

6.6 工业机器人关节控制

本节将讨论机械臂关节控制问题，设想机械臂关节驱动电动机通过减速机构(如齿轮减速机)驱动机械臂的连杆，机械臂关节控制将研究电动机转速、电动机电流、力矩、惯性、反馈参数及目标值的交互作用等控制过程。

6.6.1 驱动关节电动机模型

假设驱动电动机为直流电动机，通过减速机安装于机械臂的转动关节处，电动机的输出扭矩与电流成正比，即有

$$\tau_m = k_m i_a \tag{6.48}$$

式中，τ_m 为电动机输出扭矩；i_a 为电枢电流；k_m 为电动机转矩系数。从式(6.48)可知，电动机输出转矩取决于电枢电流的大小。

另外，当电动机转子旋转时，会产生反电势或电压，而反电势的大小取决于电动机转子的转速，即有

$$v_b = k_e \dot{\theta}_m \tag{6.49}$$

式中，v_b 为反电势电压；$\dot{\theta}_m$ 为电动机转子转速；k_e 为电动机反电势系数。从式(6.49)可知，电动机的反电势电压与电动机转速成正比。利用式(6.48)和式(6.49)的转矩、转速与电流和电压的关系，可以通过调节电流或电压来控制机械臂关节的运动工况。

现在考虑电动机驱动回路，如图6.12左半部分所示。回路中的电源电压、电阻和电感与电动机反电势达成平衡，根据电路原理，可得电压平衡方程为

$$l_a \frac{di_a}{dt} + r_a i_a = v_a - k_e \dot{\theta}_m \tag{6.50}$$

式中，v_a，r_a，l_a 和 $v_b = k_e \dot{\theta}_m$ 分别是电源电压、电阻、电感和反电势。

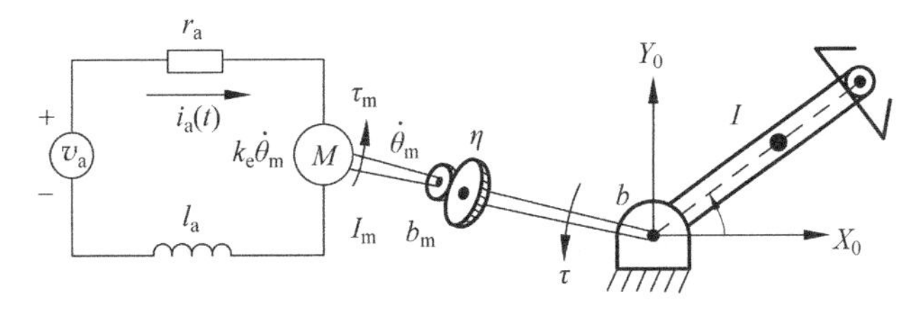

图 6.12 电动机驱动模型

对于机械臂的关节控制，比较理想的方法是控制驱动电动机产生所需的转矩，而不是直接控制转速；通过传感器测试出电枢电流，然后调节电压得到控制电流和输出转矩，继而达到控制转速的目的。这是容易理解的，因为仅仅控制转速无法有效控制机械臂连杆的后续惯性效应。

6.6.2 机械臂关节模型

在机械臂关节模型中，再假设电动机通过减速机后驱动连杆的关节，如图 6.12 右半部分所示。其中，输出端连杆关节的惯性为 I，黏性系数为 b，输入端电动机转子和减速机等的惯性为 I_{m}，黏性系数为 b_{m}，减速机的减速比为 η。当假设电动机转角为 θ_{m} 时，可以根据牛顿第二定律列出力学方程如下：

$$I_{\mathrm{m}}\ddot{\theta}_{\mathrm{m}}+b_{\mathrm{m}}\dot{\theta}_{\mathrm{m}}=\tau_{\mathrm{m}}-\frac{\tau}{\eta}=k_{\mathrm{m}}i_{\mathrm{a}}-\frac{\tau}{\eta} \tag{6.51}$$

式中，τ 为输出端的负载力矩。另外，负载力矩与连杆的转动惯性和黏性负载平衡，所以有

$$\tau=I\ddot{\theta}+b\dot{\theta} \tag{6.52}$$

又由于电动机转速 $\dot{\theta}_{\mathrm{m}}$ 被减速比为 η 的减速机转化为连杆关节转速 $\dot{\theta}$，所以有

$$\dot{\theta}=\frac{\dot{\theta}_{\mathrm{m}}}{\eta} \tag{6.53}$$

$$\ddot{\theta}=\frac{\ddot{\theta}_{\mathrm{m}}}{\eta} \tag{6.54}$$

将式(6.52)～式(6.54)代入式(6.51)中，可得电动机端的关系式

$$\tau_{\mathrm{m}}=\left(I_{\mathrm{m}}+\frac{I}{\eta^2}\right)\ddot{\theta}_{\mathrm{m}}+\left(b_{\mathrm{m}}+\frac{b}{\eta^2}\right)\dot{\theta}_{\mathrm{m}} \tag{6.55}$$

或者在负载一端有关系式

$$\tau=(I+\eta^2 I_{\mathrm{m}})\ddot{\theta}+(b+\eta^2 b_{\mathrm{m}})\dot{\theta} \tag{6.56}$$

式中，$(I+\eta^2 I_{\mathrm{m}})$称为等效惯性；$(b+\eta^2 b_{\mathrm{m}})$称为等效阻尼。从式(6.55)可以看出，当减速比 $\eta\gg 1$ 时，电动机输入端的惯性成为控制方程的主要部分，这时可以将关节系统的惯性视为常数。

另外，可在复域进行传递函数分析，对方程(6.50)和方程(6.51)进行拉普拉斯变换可得

$$(l_{\mathrm{a}}s+r_{\mathrm{a}})i_{\mathrm{a}}(s)=v_{\mathrm{a}}(s)-k_{\mathrm{e}}s\theta_{\mathrm{m}}(s) \tag{6.57}$$

$$(I_{\mathrm{m}}s^2+b_{\mathrm{m}}s)\theta_{\mathrm{m}}(s)=k_{\mathrm{m}}i_{\mathrm{a}}(s)-\frac{\tau(s)}{\eta} \tag{6.58}$$

式(6.57)和式(6.58)表示的传递函数方框图如图 6.13 所示。

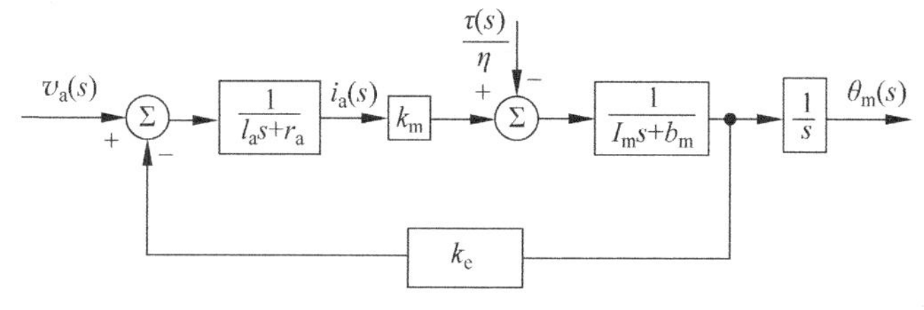

图 6.13 机械臂驱动关节的传递函数方框图

当负载转矩 $\tau(s)=0$ 时，电动机转角与电压的传递函数为

$$\frac{\theta_{\mathrm{m}}(s)}{v_{\mathrm{a}}(s)}=\frac{k_{\mathrm{m}}}{s[(l_{\mathrm{a}}s+r_{\mathrm{a}})(I_{\mathrm{m}}s+b_{\mathrm{m}})+k_{\mathrm{e}}k_{\mathrm{m}}]} \tag{6.59}$$

从负载端看，当电压 $v_a(s)=0$ 时，可以导出电动机转角与负载力矩的传递函数为

$$\frac{\theta_m(s)}{\tau(s)}=\frac{-(l_a s+r_a)/\eta}{s[(l_a s+r_a)(I_m s+b_m)+k_e k_m]} \tag{6.60}$$

对于实际的控制系统，式(6.59)和式(6.60)表示的传递函数还可以根据具体情况进行简化。例如，当电路时间常数(l_a/r_a)远远小于机械时间常数(I_m/b_m)时，同等条件下传递函数可以简化为

$$\frac{\theta_m(s)}{v_a(s)}=\frac{k_m/r_a}{s(Is+b)} \tag{6.61}$$

$$\frac{\theta_m(s)}{\tau(s)}=\frac{-1/\eta}{s(Is+b)} \tag{6.62}$$

式中，

$$I=I_m \tag{6.63}$$

$$b=b_m+\frac{k_e k_m}{r_a} \tag{6.64}$$

简化后的传递函数从原来的三阶系统变为二阶系统，再通过拉普拉斯反变换，可得时域表达式如下：

$$I\ddot{\theta}_m+b\dot{\theta}_m=u_a-\tau_{dis} \tag{6.65}$$

式中，

$$u_a=\frac{k_m}{r_a}v_a \tag{6.66}$$

$$\tau_{dis}=\frac{\tau}{\eta} \tag{6.67}$$

简化后的传递函数方框图如图6.14所示。其中，b 表示等效阻尼，u_a 表示控制输入，τ_{dis} 表示负载或干扰输入。

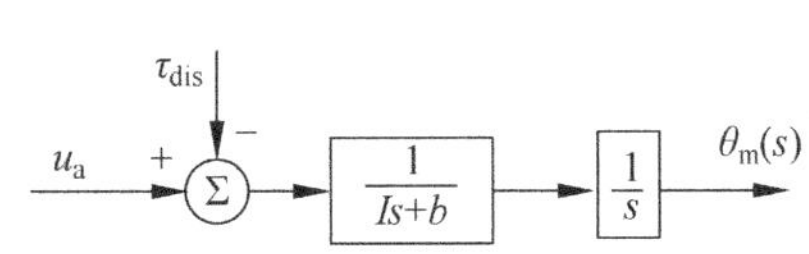

图6.14 简化传递函数方框图

例题6.6 假设连杆的惯性 $I(\min)=2\text{kg}\cdot\text{m}^2$，$I(\max)=6\text{kg}\cdot\text{m}^2$；电动机转子的惯性为 $I_m=0.02\text{kg}\cdot\text{m}^2$；试计算减速比分别为 $\eta=20$ 和 $\eta=60$ 时的等效惯性值。

解：根据等效惯性计算公式，减速比 $\eta=20$ 时，可得

$$I_{min}=I(\min)+\eta^2 I_m=2+20^2\times 0.02=10$$

$$I_{max}=I(\max)+\eta^2 I_m=6+20^2\times 0.02=14$$

因此，系统等效惯性的变化百分比为33%左右。

减速比 $\eta=60$ 时，类似计算可得

$$I_{min}=I(\min)+\eta^2 I_m=2+60^2\times 0.02=74$$

$$I_{max}=I(\max)+\eta^2 I_m=6+60^2\times 0.02=78$$

此时，系统等效惯性的变化百分比为5%。

分析与讨论

从以上计算结果可以看出，随着减速比的增大，系统等效惯性的变化百分比越来越小。

这说明系统的惯性表现为线性化，即系统等效惯性变化很小，可以视为常量。

6.7 机械臂关节控制器

可以采用在闭环控制中串联各种控制器的方法来提高机械臂关节控制性能，如比例控制器(P)、比例微分控制器(PD)和比例积分微分控制器(PID)，甚至还可以在闭环控制的基础上采用前馈控制的复合校正方法来满足对控制精度和响应速度的要求。下面讨论几种常用的控制器类型。

6.7.1 比例控制器

假设被控关节系统为二阶系统，并假设 $\theta_d(s)$ 为目标值，$\theta(s)$ 为实际输出，则有误差函数

$$e(s)=\theta_d(s)-\theta(s) \tag{6.68}$$

将误差函数 $e(s)$ 乘以比例增益 k_p 后，再输入二阶系统，则形成比例反馈控制系统，如图 6.15 所示。

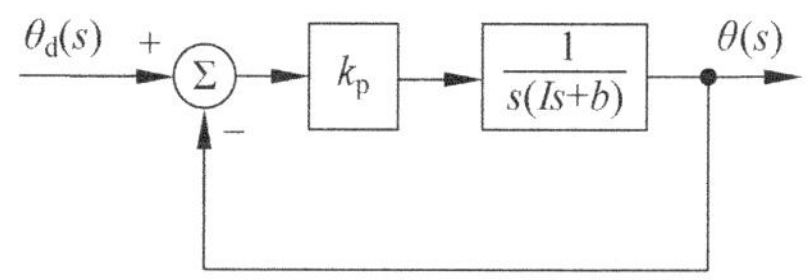

图 6.15　比例控制器形成的二阶闭环系统

根据图 6.15，可以导出闭环传递函数为

$$\frac{\theta(s)}{\theta_d(s)}=\frac{k_p}{s(Is+b)+k_p} \tag{6.69}$$

如果定义自然频率和阻尼系数为

$$\omega_n=\sqrt{\frac{k_p}{I}} \tag{6.70}$$

$$\zeta=\frac{b}{2\sqrt{k_p I}} \tag{6.71}$$

式中，ω_n 称为自然频率；ζ 称为阻尼系数。

式(6.69)又可表示如下：

$$\frac{\theta(s)}{\theta_d(s)}=\frac{\omega_n^2}{s^2+2\zeta\omega_n s+\omega_n^2} \tag{6.72}$$

从式(6.69)～式(6.72)容易看出，可以通过修改比例增益 k_p 来改变控制系统的自然频率和阻尼系数。这意味着被控系统的特性完全可以通过改变比例增益 k_p 来得到控制，即可以根据需要调节机械臂关节系统的阻尼和频率响应特性。

6.7.2 比例微分控制器

对于同样的二阶系统，如果将控制器函数设定为 $k_p+k_v s$，则形成比例微分控制器，如图 6.16 所示。当 $\tau_{dis}(s)=0$ 时，相应的闭环传递函数为

$$\frac{\theta(s)}{\theta_d(s)}=\frac{k_v s+k_p}{Is^2+(b+k_v)s+k_p} \tag{6.73}$$

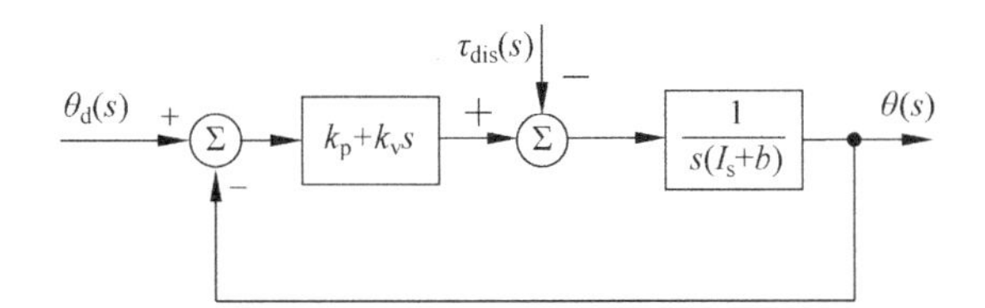

图 6.16 比例微分控制器形成的二阶闭环系统

同样如果定义自然频率和阻尼系数为

$$\omega_n=\sqrt{\frac{k_p}{I}} \tag{6.74}$$

$$\zeta=\frac{b+k_v}{2\sqrt{k_p I}} \tag{6.75}$$

式(6.73)还可表示为

$$\frac{\theta(s)}{\theta_d(s)}=\frac{k_v s/I+\omega_n^2}{s^2+2\zeta\omega_n s+\omega_n^2} \tag{6.76}$$

从式(6.76)可以看出，对于采用比例微分控制器的反馈控制系统，可以通过修改比例增益 k_p 来改变自然频率 ω_n，同时可以通过修改比例增益 k_p 和微分增益 k_v 来改变阻尼系数 ζ。增加 k_p 值可以使系统响应加快，而增加 k_v 可以降低系统的超调量，但同时会使系统响应减慢，所以可以适当选择增益参数 k_p 和 k_v 来满足实际的控制需要。如果设计成临界阻尼系统，可以取微分增益 k_v 为

$$k_v=2\sqrt{k_p I}-b \tag{6.77}$$

从上面的分析可以看出，用比例微分控制器使关节控制系统更具有可调节性。

对于采用比例微分控制器的反馈控制系统，当干扰输入 $\tau_{dis}\neq 0$ 时，可得输出为

$$\theta(s)=\frac{k_v s+k_p}{Is^2+(b+k_v)s+k_p}\theta_d(s)-\frac{\tau_{dis}(s)}{Is^2+(b+k_v)s+k_p} \tag{6.78}$$

相应误差为

$$e(s)=\theta_d(s)-\theta(s)=\frac{Is^2+bs}{Is^2+(b+k_v)s+k_p}\theta_d(s)+\frac{\tau_{dis}(s)}{Is^2+(b+k_v)s+k_p} \tag{6.79}$$

假设目标输入为一阶跃函数，且干扰为常数 τ_{dis}，即有

$$\theta_d(s)=\frac{\theta_d}{s} \tag{6.80}$$

$$\tau_{dis}(s)=\frac{\tau_{dis}}{s} \tag{6.81}$$

应用终值定理，可以求得稳态误差为

$$e_{ss}=\lim_{s\to 0} se(s)=\frac{\tau_{dis}}{k_p} \tag{6.82}$$

从式(6.82)可以看出，增大比例增益 k_p 可以减小稳态误差；然而，过大的比例增益 k_p 可能对系统的稳定性不利。

6.7.3　比例积分微分控制器

在比例微分控制器的基础上，增加积分环节，可以构成比例积分微分控制器。式(6.83)表示比例积分微分控制器的传递函数形式。

$$f(s)=k_p+k_v s+\frac{k_i}{s} \tag{6.83}$$

式中，k_i 为积分系数。图 6.17 所示为采用比例积分微分控制器的闭环回路。

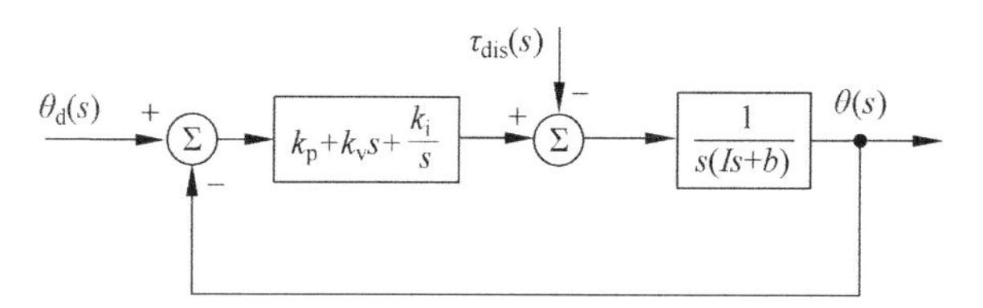

图 6.17　采用比例积分微分控制器为反馈单元的闭环回路

首先假设干扰输入 $\tau_{dis}(s)=0$，可以导出比例积分微分控制器闭环回路的传递函数如式(6.84)。

$$\frac{\theta(s)}{\theta_d(s)}=\frac{k_v s^2+k_p s+k_i}{Is^3+(b+k_v)s^2+k_p s+k_i} \tag{6.84}$$

从式(6.84)可知，比例积分微分控制器闭环回路是三阶系统。根据劳斯-赫尔维茨(Routh-Hurwitz)稳定性判据，三阶系统稳定的条件是所有增益参数 k_v，k_p 和 k_i 都大于零，并且下式成立。

$$k_i<\frac{(b+k_v)k_p}{I} \tag{6.85}$$

下面计算比例积分微分控制器组成的闭环回路的稳态误差，假设输入和干扰仍然为式(6.80)和式(6.81)，有

$$\theta(s)=\frac{k_i+k_p s+k_v s^2}{Is^3+(b+k_v)s^2+k_p s+k_i}\theta_d(s)-\frac{s\tau_{dis}(s)}{Is^3+(b+k_v)s^2+k_p s+k_i} \tag{6.86}$$

相应误差为

$$e(s)=\theta_d(s)-\theta(s)=\frac{Is^3+bs^2}{Is^3+(b+k_v)s^2+k_p s+k_i}\theta_d(s)+\frac{s\tau_{dis}(s)}{Is^3+(b+k_v)s^2+k_p s+k_i} \tag{6.87}$$

我们可以求得稳态误差为

$$e_{ss}=\lim_{s\to 0}se(s)=\lim_{s\to 0}\frac{s\tau_{dis}}{Is^3+(b+k_v)s^2+k_p s+k_i}=0 \tag{6.88}$$

由式(6.88)可知，即使存在固定的干扰输入，比例积分微分控制器组成的闭环回路也可以使稳态误差归零。

6.7.4　闭环回路反馈增益的确定

从6.6节的讨论可以看出，机械臂关节控制系统的设计是确定各个反馈系数，其中主要包括比例增益 k_p、微分增益 k_v 和积分增益 k_i 的确定。由于这些增益参数的相互影响，考虑到系统稳定性的要求和结构共振等因素，这些增益值的合理配置比较困难。表6.1总结了各个增益值增大时对控制系统特性的影响情况，首先，比例增益 k_p 除了增大超调量，总体上改进了控制系统的输出特性；微分增益 k_v 总体上对控制系统有改善；积分增益 k_i 的好处是可以使稳态误差归零，但会增大超调量和调节时间。

表6.1　比例增益 k_p、微分增益 k_v 和积分增益 k_i 对响应特性的影响

闭环增益值	上升时间	超调量	调节时间	稳态误差
比例增益 k_p	减小	增大	有影响	减小
微分增益 k_v	有影响	减小	减小	有影响
积分增益 k_i	减小	增大	增大	归零

一般来说，可以先取积分增益 $k_i=0$，然后根据系统要求的输出特性，如上升时间及调节时间等，确定比例增益 k_p 和微分增益 k_v 的值。之后，根据需要并考虑稳定性和结构共振等确定积分增益 k_i 的值。

例题6.7　对于一单关节连杆系统，假设等效惯性 $I=1$，等效阻尼 $b=1$，并取比例增益 $k_p=1$。试分析输入为单位阶跃函数时，各种控制器的闭环响应特性。

解：根据题意，系统输入目标值为单位阶跃函数，即有 $\theta_d(s)=1/s$。

首先，对于比例控制器，其对应的闭环传递函数为

$$\frac{\theta(s)}{\theta_d(s)}=\frac{1}{s^2+s+1} \tag{6.89}$$

对于比例微分控制器，我们取微分增益 $k_v=1$，闭环传递函数为

$$\frac{\theta(s)}{\theta_d(s)}=\frac{s+1}{s^2+2s+1} \tag{6.90}$$

类似，对于比例积分微分控制器，积分增益 $k_i=1$，对应的闭环传递函数为

$$\frac{\theta(s)}{\theta_d(s)}=\frac{s^2+s+1}{s^3+2s^2+s+1} \tag{6.91}$$

根据各自的闭环传递函数，可以绘出3种控制器的输出响应曲线，如图6.18所示。

分析与讨论

从这个例题的讨论可以看出，3种控制器P、PD和PID对于系统输出的特性各有千秋。从本例题来看，应该说比例微分控制器的输出响应较好些，响应时间和调节时间都比较短。而比例积分微分的超调量和调节时间都比较大，且输出有多次的振荡过程；比例控制器系统虽然最简单，但输出有超调，且调节时间也比较长。当然，在满足稳定条件下，可以选择更合适的微分增益 k_v 和积分增益 k_i 来获得更好的输出响应。本例题仅仅是对3种控制器的简单分析，实际系统要考虑更多的因素，如结构共振频率、非线性及设计制造成本等。

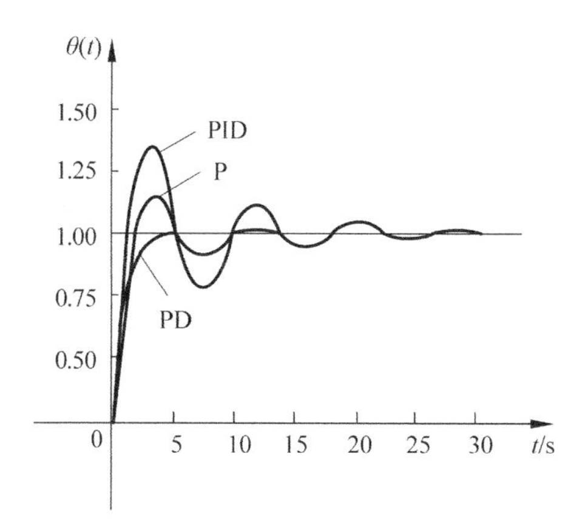

图 6.18 单关节的典型输出响应曲线

6.8 非线性轨迹控制

6.6 节和 6.7 节讨论的关节控制和闭环控制器是将被控制系统看成线性系统，实际上，多关节机械臂系统往往是非线性的；为了实现更高精度的机械臂控制，就必须研究适用于机械臂的非线性控制方法。

6.8.1 控制定律的分解

对于图 6.16 所示的控制系统，可以从另一个角度来分析。首先，一个被控系统在输入力 f 的作用下激发系统输出了位移 x 和速度 $\dot{x}$，输出的位移 x 和速度 $\dot{x}$ 又通过反馈增益 k_v 和 k_p 实现了力 f 的调节，这一过程可以用图 6.19 表示，相应的控制方程为

$$m\ddot{x}+b\dot{x}+kx=f \tag{6.92}$$

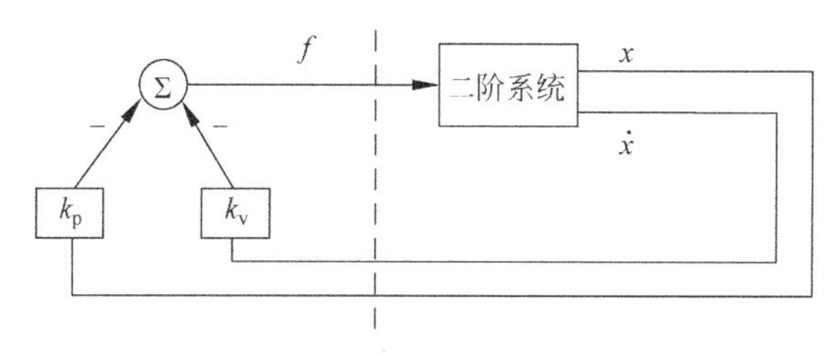

图 6.19 控制系统的分解

现在假设控制力 f 由两部分组成，一部分与系统质量 m 有关，而另一部分与系统输出位移 x 和速度 $\dot{x}$ 有关，即有

$$f=\alpha f'+\beta \tag{6.93}$$

式中，

$$\alpha=m \tag{6.94}$$

$$\beta=b\dot{x}+kx \tag{6.95}$$

将式(6.93)～式(6.95)代入式(6.92)中，有

$$\ddot{x}=f' \tag{6.96}$$

式中，f'可视为单位质量力，通过如上的转化，将原控制系统变为单位质量系统。这时，单位质量力 f'可以取值为

$$f'=-k_{\mathrm{v}}\dot{x}-k_{\mathrm{p}}x \tag{6.97}$$

将式(6.97)代入式(6.96)，我们又有

$$\ddot{x}+k_{\mathrm{v}}\dot{x}+k_{\mathrm{p}}x=0 \tag{6.98}$$

当系统处于临界阻尼状态时，有

$$k_{\mathrm{v}}=2\sqrt{k_{\mathrm{p}}} \tag{6.99}$$

图 6.20 所示为对应的控制流程的分解控制图。

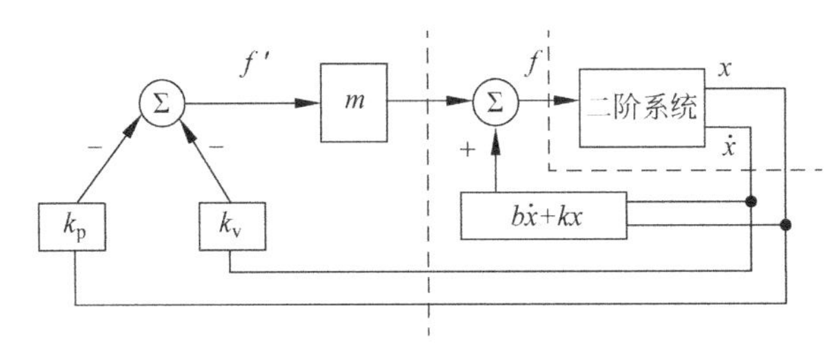

图 6.20 控制流程的分解

例题 6.8 对于某一单关节连杆系统，假设 $m=1$，阻尼 $b=1$，弹性系数 $k=1$，当取位移增益 $k_{\mathrm{p}}=16$ 时，试计算临界阻尼状态下的速度反馈增益 k_{v}。

解：根据题意及式(6.94)和式(6.95)，有

$$\alpha=1 \tag{6.100}$$

$$\beta=\dot{x}+x \tag{6.101}$$

这时系统变为单位质量系统

$$\ddot{x}=f'=-k_{\mathrm{v}}\dot{x}-k_{\mathrm{p}}x \tag{6.102}$$

将 $k_{\mathrm{p}}=16$ 代入式(6.102)得

$$\ddot{x}+k_{\mathrm{v}}\dot{x}+16x=0 \tag{6.103}$$

当系统处于临界阻尼工况时，可以根据式(6.99)计算出速度增益 k_{v}，即临界阻尼工况的速度增益为 $k_{\mathrm{v}}=2\sqrt{k_{\mathrm{p}}}=2\sqrt{16}=8$。

分析与讨论

例题 6.8 以控制定律分解的方式讨论了比例微分控制器闭环系统临界阻尼速度增益的确定，证明了控制定律分解方法的有效性和实用性。

6.8.2 单关节的轨迹跟踪控制

6.8.1 节讨论了如何控制关节系统处于一个位置点，实际上往往要求机械臂可以沿着某一空间轨迹运动。显然这一轨迹是时间的函数，即目标值 $x_{\mathrm{d}}(t)$。这个轨迹函数描述一系列的目标值，机械臂系统需要按照轨迹发生器产生的目标值连续运动完成目标值的跟踪。这里我们假设轨迹函数是平滑的，即存在一阶和二阶导数，轨迹发生器可以连续给控制系统提供目标值 x_{d}，$\dot{x}_{\mathrm{d}}$ 和 $\ddot{x}_{\mathrm{d}}$。由于轨迹函数是连续的，我们有如下误差函数式。

$$e = x_d - x \tag{6.104}$$

$$\dot{e} = \dot{x}_d - \dot{x} \tag{6.105}$$

$$\ddot{e} = \ddot{x}_d - \ddot{x} \tag{6.106}$$

为使机器人沿着既定的轨迹运动，可以取控制力函数为

$$f' = \ddot{x}_d + k_v\dot{e} + k_p e \tag{6.107}$$

按照单位质量系统的概念，有

$$\ddot{x} = f' = \ddot{x}_d + k_v\dot{e} + k_p e \tag{6.108}$$

式(6.108)以误差空间的形式表示为

$$\ddot{e} + k_v\dot{e} + k_p e = 0 \tag{6.109}$$

图 6.21 所示为目标值为 x_d，$\dot{x}_d$ 和 $\ddot{x}_d$ 的轨迹跟踪控制系统，图 6.21(a)表示系统的干扰为零，而图 6.21(b)表示存在干扰输入 f_{dis}。其中，误差的分析可参考前节的讨论。

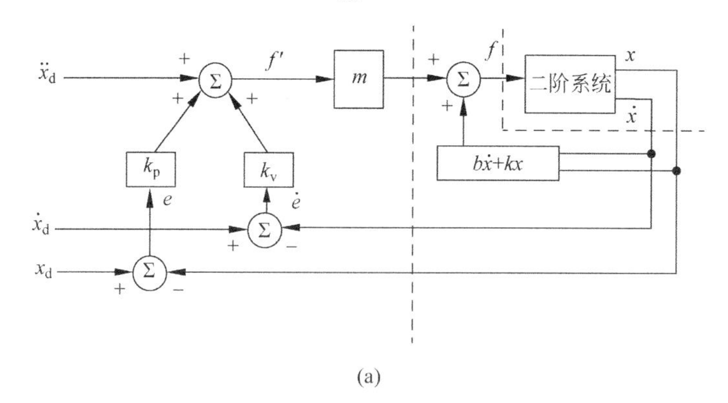

(a)

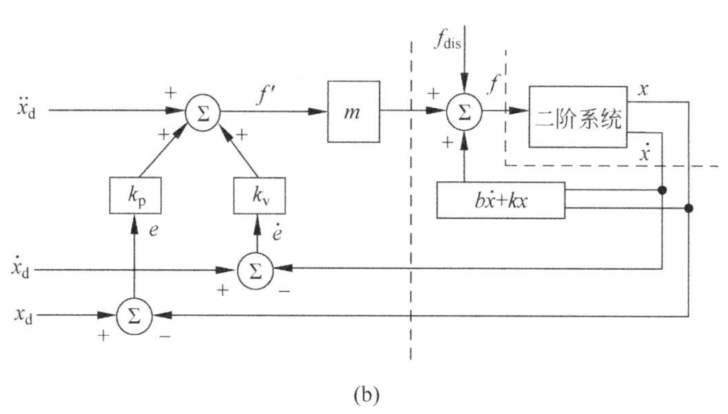

(b)

图 6.21 轨迹跟踪控制系统

(a) 无干扰输入；(b) 存在干扰输入 f_{dis}

例题 6.9 对于一单关节连杆系统，假设弹性力 f_q 与位移 x 的 3 次方成正比，即有非线性函数 $f_q = qx^3$。试用控制定律分解方法分析相应的单关节连杆非线性控制系统。

解：根据题意，对于开环系统有

$$m\ddot{x} + b\dot{x} + qx^3 = f \tag{6.110}$$

现假设对系统施加控制力为 $f = \alpha f' + \beta$，其中，取

$$\alpha = m \tag{6.111}$$

$$\beta = b\dot{x} + qx^3 \tag{6.112}$$

将式(6.111)和式(6.112)代入式(6.110)可得单位质量系统为

$$\ddot{x} = f'$$

当误差函数 $e = x_d - x$ 时,取闭环反馈系统输入为

$$f' = \ddot{x}_d + k_v\dot{e} + k_p e$$

或误差空间控制方程为

$$\ddot{e} + k_v\dot{e} + k_p e = 0$$

图 6.22 所示为此非线性弹性力单关节闭环控制系统。

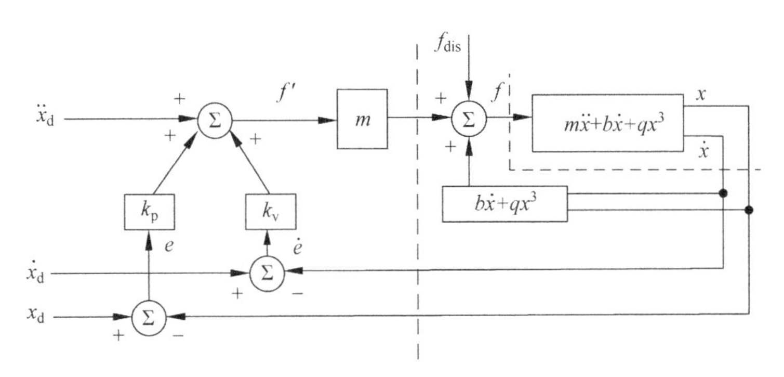

图 6.22 非线性弹性力单关节闭环控制系统

分析与讨论

非线性化的问题是非常复杂的,本例题用控制定律分解方法分析了非线性的单关节系统,实际上是将非线性系统表面线性化了,但这不失为一种有效的手段。对于真实的机械臂系统,任何线性化的处理都难以满足全工作空间的要求。另外,工业机械臂往往具有比较大的减速比,这种情况有利于对某些局部工作空间进行线性化处理。

6.8.3 多关节机械臂的非线性控制

虽然单关节的线性化模型可以用于许多场合,且可以满足使用要求,但任何线性模型都不能适应于全部的机械臂工作空间,如惯性的大小就与机械臂的位姿有关。多关节机械臂系统往往是非线性系统,对于要求精度和响应速度更高的场合,可以考虑应用非线性控制模型。下面讨论基于控制定律分解方法的非线性控制模型。

首先,假设机械臂具有 n 个关节,即有 n 个自由度,其控制模型为

$$\boldsymbol{I}\ddot{\boldsymbol{\theta}} + \boldsymbol{h} + \boldsymbol{\gamma} = \boldsymbol{\tau} \tag{6.113}$$

式中,$\boldsymbol{I}$ 为 $n\times n$ 维机械臂系统总惯量矩阵;$\boldsymbol{h}$ 为 n 维机械臂系统总离心及科里奥利加速度矩阵;$\boldsymbol{\gamma}$ 为 n 维机械臂系统总重力加速度矩阵;$\boldsymbol{\tau}$ 为 n 维机械臂系统合力矩阵;$\ddot{\boldsymbol{\theta}}$ 为 n 维机械臂关节加速度矩阵。

现在假设控制器输出的合力矩阵为

$$\boldsymbol{\tau} = \boldsymbol{A}\boldsymbol{\tau}' + \boldsymbol{\beta} \tag{6.114}$$

式中,$n\times n$ 维矩阵 $\boldsymbol{A}$ 和 n 维矢量 $\boldsymbol{\beta}$ 按照控制定律分解方法可取为

$$\boldsymbol{A}=\boldsymbol{I} \tag{6.115}$$

$$\boldsymbol{\beta}=\boldsymbol{h}+\boldsymbol{\gamma} \tag{6.116}$$

将式(6.114)~式(6.116)代入式(6.113),得

$$\boldsymbol{\tau}'=\ddot{\boldsymbol{\theta}} \tag{6.117}$$

方程(6.117)可被看成在合力$\boldsymbol{\tau}'$作用下的单位惯性系统。这样处理后,非线性系统的形式变成了线性系统。如果用比例微分控制器,可以设定控制函数为

$$\boldsymbol{\tau}'=\ddot{\boldsymbol{\theta}}_{\mathrm{d}}+\boldsymbol{K}_{\mathrm{v}}\dot{\boldsymbol{e}}+\boldsymbol{K}_{\mathrm{p}}\boldsymbol{e} \tag{6.118}$$

式中,$\boldsymbol{e}=\boldsymbol{\theta}_d-\boldsymbol{\theta}$ 为误差矩阵;$\boldsymbol{K}_{\mathrm{v}}$ 和 $\boldsymbol{K}_{\mathrm{p}}$ 为 $n\times n$ 维反馈矩阵,考虑到式(6.117),又有误差空间控制方程为

$$\ddot{\boldsymbol{e}}+\boldsymbol{K}_{\mathrm{v}}\dot{\boldsymbol{e}}+\boldsymbol{K}_{\mathrm{p}}\boldsymbol{e}=\boldsymbol{0} \tag{6.119}$$

矩阵方程(6.119)包含 n 个标量方程,对应 n 个关节。合理选择 $\boldsymbol{K}_{\mathrm{v}}$ 和 $\boldsymbol{K}_{\mathrm{p}}$ 可以使各个机械臂关节系统工作于临界阻尼或者接近临界阻尼工况。图 6.23 所示为基于控制定律分解方法的机械臂非线性闭环控制系统,从图中可以看到,整个反馈控制分成两部分:一部分是基于误差空间的反馈输入$\boldsymbol{\tau}'$;另一部分是基于模型系统的反馈输入 $\boldsymbol{A\tau}'$和$\boldsymbol{\beta}$ 。

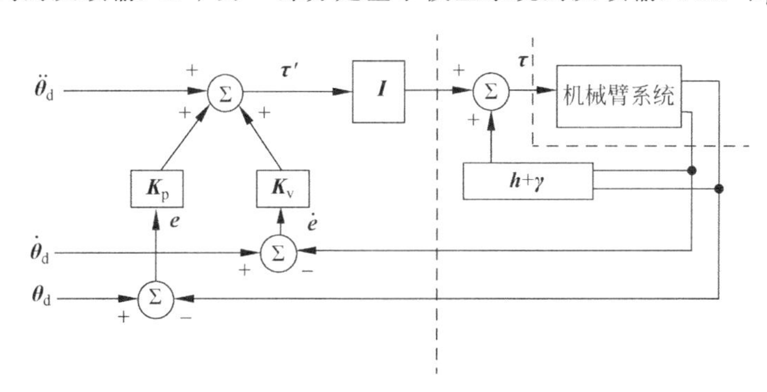

图 6.23　基于控制定律分解方法的机器人非线性闭环控制系统

6.9　基于状态空间的控制

从机械臂的关节角度来看,控制系统属于多输入多输出系统。状态空间是指以各个关节的参数状态来描述整个系统的工作状态。对于复杂的工作系统,基于状态空间的控制方法更有利于解析系统各个参数的分布和选取。基于状态空间的控制将状态参数分为输入变量、输出变量和状态变量,对于时间 $t>t_0$,假设

$$\dot{\boldsymbol{x}}=\boldsymbol{f}(\boldsymbol{x},\boldsymbol{u},t) \tag{6.120}$$

$$\boldsymbol{y}=\boldsymbol{g}(\boldsymbol{x},\boldsymbol{u},t) \tag{6.121}$$

式中,$\boldsymbol{x}$ 为 $2n$ 维与机器人 n 个关节相关状态矢量;$\boldsymbol{u}$ 为 r 维输入状态矢量;$\boldsymbol{y}$ 为 m 维输出状态矢量;$\boldsymbol{f}$ 为 $2n$ 维矢量函数;$\boldsymbol{g}$ 为 m 维矢量函数。

再假设如上方程可模型化为

$$\dot{\boldsymbol{x}}=\boldsymbol{Ax}+\boldsymbol{Bu} \tag{6.122}$$

$$\boldsymbol{y}=\boldsymbol{Cx}+\boldsymbol{Du} \tag{6.123}$$

式中，$\boldsymbol{A}$ 为 $2n\times 2n$ 维状态矩阵；$\boldsymbol{B}$ 为 $2n\times r$ 维输入矩阵；$\boldsymbol{C}$ 为 $m\times 2n$ 维输出矩阵；$\boldsymbol{D}$ 为 $m\times r$ 维前馈矩阵。

方程(6.122)和方程(6.123)在零初始条件下的拉普拉斯变换为

$$s\boldsymbol{x}(s)=\boldsymbol{A}\boldsymbol{x}(s)+\boldsymbol{B}u(s) \tag{6.124}$$

$$y(s)=\boldsymbol{C}\boldsymbol{x}(s)+\boldsymbol{D}u(s) \tag{6.125}$$

从如上两方程可以导出输出的拉普拉斯变换为

$$y(s)=[\boldsymbol{C}(s\boldsymbol{1}-\boldsymbol{A})^{-1}\boldsymbol{B}+\boldsymbol{D}]u(s) \tag{6.126}$$

也即传递函数为

$$G(s)=\frac{y(s)}{u(s)}=\boldsymbol{C}(s\boldsymbol{1}-\boldsymbol{A})^{-1}\boldsymbol{B}+\boldsymbol{D} \tag{6.127}$$

注意到方程(6.127)中的$(s\boldsymbol{1}-\boldsymbol{A})^{-1}$ 项，传递函数又可以表示为

$$G(s)=\frac{q(s)}{[s\boldsymbol{1}-\boldsymbol{A}]} \tag{6.128}$$

式中，$q(s)=\boldsymbol{CB}+(s\boldsymbol{1}-\boldsymbol{A})^{-1}\boldsymbol{D}$ 为拉普拉斯算子 s 的多项式；可以看出$[s\boldsymbol{1}-\boldsymbol{A}]$将决定传递函数 $G(s)$特征方程的根。

例题 6.10 假设单一滑动关节的控制方程为 $m\ddot{x}+b\dot{x}+kx=f$，试用状态空间方法分析此滑动关节的控制过程。

解：取状态变量为

$$x_1=x;\quad x_2=\dot{x} \tag{6.129}$$

由于有 $\dot{x}_1=x_2$，代入原控制方程得

$$\dot{x}_2=-\frac{k}{m}x_1-\frac{b}{m}x_2+\frac{1}{m}f \tag{6.130}$$

显然，输出函数为

$$y=x_1 \tag{6.131}$$

现在将如上方程表示为状态矩阵形式，即

$$\dot{\boldsymbol{x}}=\boldsymbol{A}\boldsymbol{x}+\boldsymbol{B}\boldsymbol{u} \tag{6.132}$$

$$\boldsymbol{y}=\boldsymbol{C}\boldsymbol{x}+\boldsymbol{D}\boldsymbol{u} \tag{6.133}$$

不难导出

$$\boldsymbol{x}=\begin{bmatrix}x_1\\x_2\end{bmatrix} \tag{6.134}$$

$$\boldsymbol{A}=\begin{bmatrix}0 & 1\\-\dfrac{k}{m} & -\dfrac{b}{m}\end{bmatrix} \tag{6.135}$$

$$\boldsymbol{B}=\begin{bmatrix}0\\\dfrac{1}{m}\end{bmatrix} \tag{6.136}$$

$$\boldsymbol{u}=f \tag{6.137}$$

$$\boldsymbol{C}=[1\quad 0] \tag{6.138}$$

$$\boldsymbol{D}=0 \tag{6.139}$$

将式(6.134)～式(6.139)代入式(6.132)和式(6.133)中得

$$\dot{\boldsymbol{x}} = \begin{bmatrix} 0 & 1 \\ -\frac{k}{m} & -\frac{b}{m} \end{bmatrix} \begin{bmatrix} x_1 \\ x_2 \end{bmatrix} + \begin{bmatrix} 0 \\ \frac{1}{m} \end{bmatrix} f \tag{6.140}$$

$$\boldsymbol{y} = [1 \quad 0] \begin{bmatrix} x_1 \\ x_2 \end{bmatrix} \tag{6.141}$$

分析与讨论

从例题6.10的讨论可知，不论是线性还是非线性系统，都可以按照状态空间分析方法将控制方程表示为相应的状态控制矩阵形式。显然，对于复杂的系统，用控制系统的状态矩阵形式来描述控制系统具有优势。

例题6.11 同样假设单一滑动关节的控制方程为 $m\ddot{x}+b\dot{x}+kx=f$，试用复域状态空间方法分析传递函数。

解：计算出变换矩阵 $s\mathbf{1}-\boldsymbol{A}$ 为

$$s\mathbf{1}-\boldsymbol{A} = \begin{bmatrix} s & 0 \\ 0 & s \end{bmatrix} - \begin{bmatrix} 0 & 1 \\ -\frac{k}{m} & -\frac{b}{m} \end{bmatrix} = \begin{bmatrix} s & -1 \\ \frac{k}{m} & s+\frac{b}{m} \end{bmatrix} \tag{6.142}$$

导出式(6.142)的逆矩阵为

$$(s\mathbf{1}-\boldsymbol{A})^{-1} = \frac{1}{s^2+\frac{b}{m}s+\frac{k}{m}} \begin{bmatrix} s+\frac{b}{m} & 1 \\ -\frac{k}{m} & s \end{bmatrix} \tag{6.143}$$

按照式(6.127)可导出系统传递函数为

$$G(s) = [1 \quad 0] \frac{1}{s^2+\frac{b}{m}s+\frac{k}{m}} \begin{bmatrix} s+\frac{b}{m} & 1 \\ -\frac{k}{m} & s \end{bmatrix} \begin{bmatrix} 0 \\ \frac{1}{m} \end{bmatrix} + 0 = \frac{1}{ms^2+bs+k} \tag{6.144}$$

分析与讨论

从例题6.11的推导可知，式(6.142)的矩阵的特征根就是系统传递函数式(6.144)的特征根，即

$$\begin{vmatrix} s & -1 \\ \frac{k}{m} & s+\frac{b}{m} \end{vmatrix} = s^2+\frac{b}{m}s+\frac{k}{m}=0$$

同样可以得到，当 $m\neq 0$ 时，有 $s^2+\frac{b}{m}s+\frac{k}{m}=ms^2+bs+k=0$。

6.10 基于状态空间的反馈控制

假设方程(6.113)可以描述为

$$\dot{\boldsymbol{x}} = \boldsymbol{A}\boldsymbol{x}+\boldsymbol{B}\boldsymbol{u} \tag{6.145}$$

$$y = Cx \tag{6.146}$$

式中，$\boldsymbol{x}$ 为 $2n$ 维与机器人 n 个关节相关状态矢量；$\boldsymbol{A}$ 为 $2n\times 2n$ 维状态矩阵；$\boldsymbol{B}$ 为 $2n\times r$ 维输入矩阵；$\boldsymbol{C}$ 为 $m\times 2n$ 维输出矩阵；$\boldsymbol{y}$ 为 m 维输出状态矢量。

现假设机械臂由线性独立控制的关节组成，每个关节的角位移和角速度为机械臂系统的状态变量，n 个关节共 $2n$ 个状态变量。可以通过将这 $2n$ 维状态变量返回输入端构成直接状态反馈来改善机械臂系统的响应特性。设关节目标值输入为 θ_{d}，取系统的控制量 $u(t)$为状态变量 $x(t)$的线性函数，即

$$u(t) = -\boldsymbol{k}^{\mathrm{T}}\boldsymbol{x} + \theta_{\mathrm{d}} \tag{6.147}$$

将式(6.147)代入式(6.145)中，并考虑应用于单关节系统，$\boldsymbol{B}$ 矩阵用一列矢量 $\boldsymbol{b}$ 表示，则有

$$\dot{\boldsymbol{x}} = (\boldsymbol{A} - \boldsymbol{b}\boldsymbol{k}^{\mathrm{T}})\boldsymbol{x} + \boldsymbol{b}\theta_{\mathrm{d}} \tag{6.148}$$

其传递函数为

$$\boldsymbol{G}(s) = \boldsymbol{C}(s\boldsymbol{1} - \boldsymbol{A} + \boldsymbol{b}\boldsymbol{k}^{\mathrm{T}})^{-1}\boldsymbol{b} \tag{6.149}$$

加入状态反馈后系统的结构如图 6.24 所示。

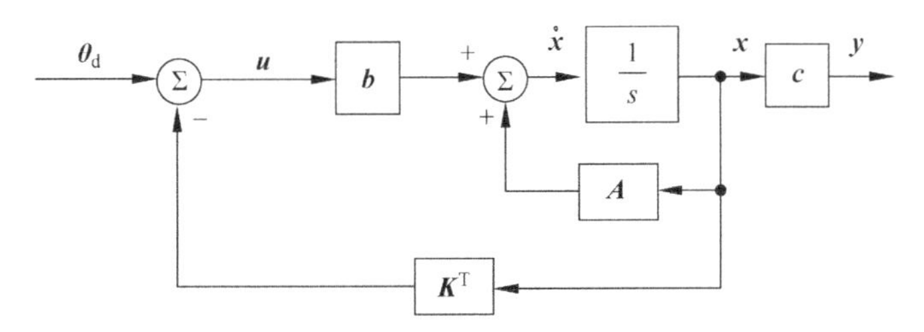

图 6.24　加入状态反馈后的系统结构图

分析与讨论

从式(6.148)我们可以看出，采取状态反馈闭环控制后，原来由 $\boldsymbol{A}$ 决定的特征根转换为由$(\boldsymbol{A}-\boldsymbol{b}\boldsymbol{k}^{\mathrm{T}})$确定。实际应用中，当控制系统比较复杂且非线性因素较多时，应用状态模型控制机械臂系统具有明显的优势。

6.11　基于逆动力学前馈控制模型的反馈控制

在 5.5 节我们讨论了逆动力学的计算过程，本节我们讨论逆动力学的控制过程。对于机械臂来说，如果不考虑负载和干扰的变化情况，其动力学随关节角的变化规律是可以计算并且其变化规律是确定的。对于变化规律确定的输入目标函数要求，我们可以应用前馈控制方法来实现高精度的基于逆动力学的机械臂控制。

6.11.1　前馈控制误差分析

动力学前馈控制结构中，前馈路径实现机器人动力学特性补偿，而反馈路径解决不确定扰动问题。我们来讨论一下对系统仅引入比例微分(PD)控制和在比例微分(PD)控制基础

上再引入前馈控制这两种方式对系统控制精度的影响。

图 6.25 是在图 6.16 比例微分控制(PD)的基础上加入了逆动力学前馈控制，系统的输出为

$$\theta=\theta_{\mathrm{d}}-\frac{\tau_{\mathrm{dis}}}{Is^2+(b+k_{\mathrm{v}})s+k_{\mathrm{p}}} \tag{6.150}$$

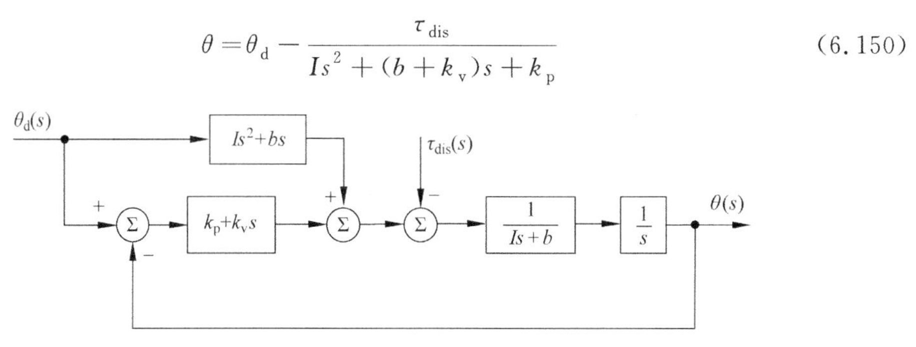

图 6.25　加入 PD 及逆动力学前馈控制框图

相应误差为

$$e(s)=\theta_{\mathrm{d}}(s)-\theta(s)=\frac{\tau_{\mathrm{dis}}(s)}{Is^2+(b+k_{\mathrm{v}})s+k_{\mathrm{p}}} \tag{6.151}$$

而未加入逆动力学前馈控制(仅 PD 控制)的误差表达式如下

$$e(s)=\theta_{\mathrm{d}}(s)-\theta(s)=\frac{Is^2+bs}{Is^2+(b+k_{\mathrm{v}})s+k_{\mathrm{p}}}\theta_{\mathrm{d}}(s)+\frac{\tau_{\mathrm{dis}}(s)}{Is^2+(b+k_{\mathrm{v}})s+k_{\mathrm{p}}} \tag{6.152}$$

比较式(6.151)和式(6.152)，我们发现，当输入信号 θ_{d} 为常值，扰动输入为常值 τ_{dis} 时，利用这两个式子得到的稳态误差其实是一样的，即有

$$e_{\mathrm{ss}}=\lim_{s\to 0}se(s)=\frac{\tau_{\mathrm{dis}}}{k_{\mathrm{p}}} \tag{6.153}$$

这时候加入动力学前馈对系统输出不产生影响，这个现象我们通过动力学前馈部分的传递函数 Is^2+bs 就可以看出，即当其输入为常值 θ_{d} 时，其一阶和二阶导数均为零，所以前馈部分不影响输出。但当输入信号为变化的信号，如以某个角速度或角加速度运动时，这时候动力学前馈就会影响输出。

假设扰动输入仍为常值 τ_{dis}，这时，不管输入的信号是常值还是随时间变化的，根据式(6.151)利用拉普拉斯变换终值定理均可得到系统的稳态误差为

$$e_{\mathrm{ss}}=\lim_{s\to 0}se(s)=\frac{\tau_{\mathrm{dis}}}{k_{\mathrm{p}}} \tag{6.154}$$

也即运动中系统结构参数的变化(如惯量变化等)导致的输出的变化由前馈控制得到了补偿，而扰动产生的影响则由常规的反馈回路来补偿，该部分误差可以通过提高位置增益来降低。

而如果未加入动力学前馈，当输入信号为随时间变化的速度信号 $\theta_{\mathrm{d}}=\omega t$，并且扰动输入为常值 τ_{dis} 时，系统的稳态误差则变为

$$e_{\mathrm{ss}}=\lim_{s\to 0}se(s)=\frac{b\omega+\tau_{\mathrm{dis}}}{k_{\mathrm{p}}} \tag{6.155}$$

当输入为加速度信号 $\theta_{\mathrm{d}}=\frac{1}{2}\varepsilon t^2$，而扰动输入为常值 τ_{dis} 时，系统的稳态误差则变为

$$e_{ss}=\lim_{s\to 0}se(s)=\infty \tag{6.156}$$

由此可知，常规的PD控制只在常值输入时可以对系统由扰动引起的误差进行补偿，而若输入信号为变化的信号时，误差不仅和扰动有关，还与输入信号以及系统参数有关，仅靠常规的PD控制不能有效地降低稳态误差。此时，需要引入前馈控制来提高系统控制精度。

6.11.2 基于逆动力学的前馈控制

现在回过头来考虑机械臂笛卡儿空间的控制结构，逆向动力学可用于工业机器人的实时控制。一般地，对于控制精度和要求不高的场合，仅仅使用逆向运动学就可以完成对机械臂的运动控制，参考图6.26的控制过程。

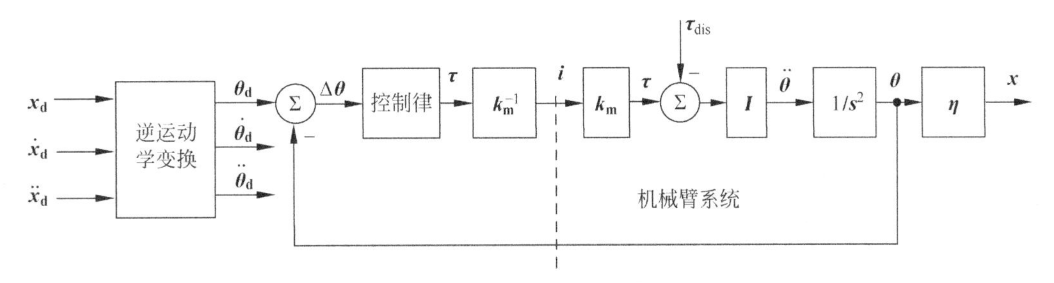

图6.26 基于逆运动学的反馈控制框图

(1) $\boldsymbol{x}$ 代表机械臂笛卡儿空间运动状态；$\boldsymbol{\theta}$ 表示关节角度。通过逆向运动学可以获取到机械臂关节空间的运动状态，将运动状态误差 $\Delta\boldsymbol{\theta}$ 作为控制器的输入。

(2) 控制器采用某种控制律（如PID控制），以机械臂各关节的位置、速度和加速度为输入，获得控制力矩$\boldsymbol{\tau}$ 。

(3) 运动控制系统将通过驱动电动机的转换，获得控制力矩$\boldsymbol{\tau}$ 施加到机械臂驱动系统中，获得机械臂各关节的运动状态（图6.26中 $\boldsymbol{k}_m$ 为电动机转矩常数、$\boldsymbol{i}$ 为电动机电流、$\boldsymbol{I}$ 为电动机惯性、$\boldsymbol{\eta}$ 为传动机构减速比）。

(4) 将获得的机械臂各个关节的位置、速度和加速度以反馈信号的形式添加到控制器中，形成闭环控制。

此控制过程仅仅面向位置层控制，并未涉及机械臂动力学特性，大的惯性变化和扰动可能引起系统振荡，破坏系统稳定性，从而导致操作臂末端跟踪误差较大。

对于需要高速、重载和较高精度运动的机器人来说，将动力学模型添加进控制回路是必要的。图6.27是一种常用的控制框图，将逆向动力学模型作为运动控制的前馈补偿。

在常规机械臂运动控制的基础上，添加机械臂逆向动力学模型作为前馈控制模型，由期望的机械臂关节位置$\boldsymbol{\theta}_d$、速度$\dot{\boldsymbol{\theta}}_d$ 和加速度 $\ddot{\boldsymbol{\theta}}_d$ 求出期望的关节力矩$\boldsymbol{\tau}_d$，将此力矩添加到控制器的输出控制力矩 $\Delta\boldsymbol{\tau}$ 中，从而实现对机械臂的控制。相较于常规控制结构而言，通过动力学特性补偿，改善了机械臂系统非线性、强耦合时变问题，提高了系统动态响应和控制精度，从而改善了笛卡儿空间运动品质[29]。

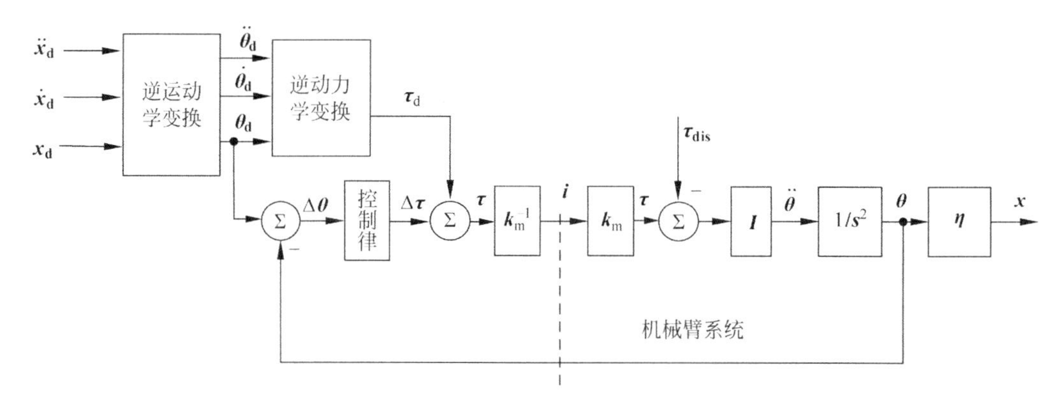

图 6.27 基于逆动力学前馈笛卡儿空间控制框图

6.12 机器人系统的稳定性

对于简单的二阶系统和一般的非线性系统，可以直接通过分析开环或闭环传递函数来判断系统是否稳定。但对于复杂的控制系统，不可能如此容易解决，如难以解耦的多关节非线性系统的稳定问题。对于这类控制系统，如果能找到系统的能量函数，则可以应用李雅普诺夫(Lyapunov)分析方法来判断系统的稳定性。

6.12.1 李雅普诺夫稳定性判别方法

李雅普诺夫稳定性分析方法不需要完全求解系统的动力学方程，就可以直接判定其稳定性，但该方法不能提供更多有关控制系统响应特性的信息。李雅普诺夫稳定性分析方法原理如下：

(1) 控制系统的总能量函数或李雅普诺夫函数为 $\nu(\boldsymbol{x})$，且 $\nu(\boldsymbol{0})=0$，但对其余的 $\boldsymbol{x}$ 域，有 $\nu(\boldsymbol{x})>0$。

(2) $\nu(\boldsymbol{x})$存在一阶时间导数，即 $\dot{\nu}(\boldsymbol{x})$。

(3) 判断 $\dot{\nu}(\boldsymbol{x})\leqslant 0$ 是否成立。如果 $\dot{\nu}(\boldsymbol{x})$在 $\boldsymbol{x}$ 全域都小于或等于 0，则系统是稳定的；否则不稳定。

李雅普诺夫稳定性分析方法的原理在于系统的能量总是在递减或不变，则系统最终会稳定下来。另外，李雅普诺夫稳定性分析方法也可以用于非线型系统。其难点在于求解能量函数 $\nu(\boldsymbol{x})$。对于简单的系统，能量函数 $\nu(\boldsymbol{x})$的求解并不困难，但对于复杂的系统却不容易找到能量函数 $\nu(\boldsymbol{x})$，并且不存在通用算法来获得能量函数 $\nu(\boldsymbol{x})$。

例题 6.12 试应用李雅普诺夫稳定性判据分析单关节系统的稳定性。

解：单关节系统传递函数的特征方程为

$$m\ddot{x}+b\dot{x}+kx=0 \tag{6.157}$$

系统的总能量包括动能和弹性势能两部分，即有

$$\nu(x)=\frac{1}{2}m\dot{x}^2+\frac{1}{2}kx^2 \tag{6.158}$$

根据李雅普诺夫稳定性分析方法，求解 $\nu(x)$ 的一阶时间导数有

$$\dot{\nu}(x)=m\dot{x}\ddot{x}+kx\dot{x} \tag{6.159}$$

将式(6.157)代入式(6.159)中得

$$\dot{\nu}(x)=-b\dot{x}^2 \tag{6.160}$$

由于 $b>0$，则有 $\dot{\nu}(x)\leqslant 0$，根据李雅普诺夫稳定性原理，该系统总是稳定的。

分析与讨论

从例题6.12的讨论可知，如果应用李雅普诺夫稳定性原理判断系统的稳定性，并不需要求解系统的闭环响应微分方程。可以利用李雅普诺夫函数 $\nu(x)$ 来间接判断系统的稳定性，但前提是要求解出李雅普诺夫函数 $\nu(x)$。实际应用中可视系统设计的需求和工作量的权重，采取或应用其他方法来解决系统的稳定性问题。

6.12.2 多关节工业机器人系统的稳定性

对于多关节机械臂系统，我们仍然可以应用李雅普诺夫稳定性原理来判断系统的稳定性。首先，假设多关节机械臂系统响应的PD控制函数为

$$\boldsymbol{\tau}=\boldsymbol{k}_{\mathrm{p}}\boldsymbol{e}-\boldsymbol{k}_{\mathrm{v}}\dot{\boldsymbol{\theta}}+\boldsymbol{\gamma} \tag{6.161}$$

式中，$\boldsymbol{e}=\boldsymbol{\theta}_{\mathrm{d}}-\boldsymbol{\theta}$，$\boldsymbol{k}_{\mathrm{p}}$ 和 $\boldsymbol{k}_{\mathrm{v}}$ 分别为正定的增益矩阵。将式(6.161)代入式(6.113)，可得

$$\boldsymbol{I}\ddot{\boldsymbol{\theta}}+\boldsymbol{h}+\boldsymbol{k}_{\mathrm{v}}\dot{\boldsymbol{\theta}}=\boldsymbol{k}_{\mathrm{p}}\boldsymbol{e} \tag{6.162}$$

考虑李雅普诺夫函数为

$$\nu(\boldsymbol{x})=\frac{1}{2}\dot{\boldsymbol{\theta}}^{\mathrm{T}}\boldsymbol{I}\dot{\boldsymbol{\theta}}+\frac{1}{2}\boldsymbol{e}^{\mathrm{T}}\boldsymbol{k}_{\mathrm{p}}\boldsymbol{e} \tag{6.163}$$

式(6.163)作为李雅普诺夫函数，由于系统的惯性矩阵 $\boldsymbol{I}$ 和增益矩阵 $\boldsymbol{k}_{\mathrm{p}}$ 均为正定矩阵，故可以判断式(6.163)总是正值或为零。求式(6.163)关于时间的微分得

$$\dot{\nu}(\boldsymbol{x})=\dot{\boldsymbol{\theta}}^{\mathrm{T}}\boldsymbol{I}\ddot{\boldsymbol{\theta}}+\frac{1}{2}\dot{\boldsymbol{\theta}}^{\mathrm{T}}\dot{\boldsymbol{I}}\dot{\boldsymbol{\theta}}-\boldsymbol{e}^{\mathrm{T}}\boldsymbol{k}_{\mathrm{p}}\dot{\boldsymbol{\theta}} \tag{6.164}$$

将式(6.162)代入式(6.164)，并取 $\boldsymbol{h}=\boldsymbol{C}\dot{\boldsymbol{\theta}}$，可得

$$\dot{\nu}(\boldsymbol{x})=-\dot{\boldsymbol{\theta}}^{T}\boldsymbol{k}_{\mathrm{v}}\dot{\boldsymbol{\theta}}+\frac{1}{2}\dot{\boldsymbol{\theta}}^{\mathrm{T}}(\dot{\boldsymbol{I}}-2\boldsymbol{C})\dot{\boldsymbol{\theta}} \tag{6.165}$$

根据动力学结论，$(\dot{\boldsymbol{I}}-2\boldsymbol{C})$ 是反对称矩阵，从而式(6.165)中的后一项消失，可以得到

$$\dot{\nu}(\boldsymbol{x})=-\dot{\boldsymbol{\theta}}^{\mathrm{T}}\boldsymbol{k}_{\mathrm{v}}\dot{\boldsymbol{\theta}} \tag{6.166}$$

从式(6.166)可以看出，当 $\boldsymbol{k}_{\mathrm{v}}$ 是正值时，该式是非正的，则多关节机械臂系统是趋于稳定的。

小　结

本章主要介绍了机器人的运动控制算法。前面主要介绍的是线性控制，这种方法实质上是一种近似方法，并且这种方法是当前工程实际中常用的方法，线性方法可作为解决更加

复杂的非线性控制系统的基础。后面简单介绍了非线性控制和控制系统的稳定性。由于本章内容与古典控制过程类似，读者可根据各自需求进行相应内容的学习。

练 习 题

6.1 假设滑动关节的控制系统参数 $m=1,b=11,k=15$。试分析不相等实根情况下滑动关节的运动特性。

6.2 假设滑动关节的控制系统参数 $m=3,b=4,k=3$。试分析复根情况下滑动关节的运动特性。

6.3 假设一滑动关节的控制系统参数分别为 $m=2,b=4,k=2$。试分析相等负实根情况下滑动关节的运动并与练习题6.1和练习题6.2的特性进行分析比较。

6.4 假设机器人滑动关节的控制系统参数 $m=1,b=3,k=2$，滑动连杆初始速度为零，从 $x=1$ 处释放，试分析此情况下滑动关节的运动。

6.5 假设原滑动关节的控制系统参数 $m=1,b=1,k=1$。如果需要闭环控制系统的刚度改为 $k'=25$，并使控制系统在临界阻尼工况下运动，试计算反馈系数 k_p 和 k_v。

6.6 已知机器人滑动关节控制的开环传递函数为

$$G(s)=\frac{2}{s^2+6s+4}$$

(1) 求控制系统自然频率和阻尼系数；

(2) 如果需要闭环控制系统的刚度改为 $k'=18$，并使控制系统在临界阻尼工况下运动，试计算闭环传递函数的表达式；

(3) 比较闭环和开环控制系统在单位脉冲信号下的响应特性。

6.7 已知非线性系统 $\ddot{x}+7\dot{x}^2+x\dot{x}+x^3=f$，其中 f 是输入力。基于控制定律的分解，设计一个合适的控制系统，使其达到临界阻尼工况，并绘制出结构图。

6.8 假设连杆的惯性 $I(\min)=5\text{kg}\cdot\text{m}^2$，$I(\max)=12\text{kg}\cdot\text{m}^2$；电动机转子的惯性为 $I_m=0.5\text{kg}\cdot\text{m}^2$；试计算减速比分别为 $\eta=25$ 和 $\eta=50$ 时的等效惯性值。

6.9 对于某一单关节连杆系统，假设等效惯性 $I=1$，阻尼 $b=1$，弹性系数 $k=1$，当取位移增益 $k_p=25$ 时，试计算临界阻尼状态下的速度反馈增益 k_v。

6.10 对于一单关节连杆系统，假设弹性力 f_q 与位移 x 的2次方成正比，即有非线性函数 $f_q=qx^2$。试用控制定律分解方法分析相应的单关节连杆非线性控制系统。

6.11 根据所学到的知识，试设计一款SCARA机械臂的控制系统。

6.12 根据所学到的知识，试设计一款6自由度转动关节机械臂的控制系统。

6.13 对于单一关节连杆系统，假设干扰 $\tau_d=0$，等效惯性 $I=1$，等效阻尼 $b=2$。取比例增益 $k_p=2$，微分增益 $k_v=2$，积分增益 $k_i=2$。试分析输入为斜坡函数时，各种控制器的闭环控制系统的稳态误差。

6.14 假设单一滑动关节的控制方程为 $m\ddot{x}+b\dot{x}+kx=f$，已知：$m=1,b=2,k=1$。将控制方程表示为相应的状态控制矩阵形式。

6.15 假设单一滑动关节的控制方程为 $m\ddot{x}+b\dot{x}+kx=f$，已知：$m=1,b=2,k=1$。

试用复域状态空间分析方法推导系统的传递函数。

6.16 假设单一滑动关节的控制方程为 $m\ddot{x}+b\dot{x}+kx=f$，已知：$m=1,b=2,k=1$。试用李雅普诺夫稳定性判据分析该关节系统的稳定性。

6.17 假设单一滑动关节的控制方程为 $m\ddot{x}+b\dot{x}+kx=f$，选取不同的 m，b 和 k 的值，使特征根分布在复平面的不同位置(即分别对应不相等负实根；相等实根；左半平面复数根；纯虚根；以及右半平面复数和实数根情况)时，分析系统的稳定性，并与李雅普诺夫稳定性判据分析的结果进行比较。

实 验 题

扫描二维码可以浏览第6章实验的基本内容。

6.1 工业机械臂的驱动关节设计

驱动关节是工业机器人机械臂的核心部件，对其控制参数进行精确的设计和计算是优化机械臂控制的关键一环。在本次实验中，我们将应用本章学习的工业机器人关节控制的基础知识来学习如何推导出驱动关节所应用的电动机特性。推导过程可以帮助我们深入理解工业机器人中的各种技术参数，如机械臂的质量、转动惯量、速度、加速度、黏度及减速机的减速比等。并且，借助 MATLAB 完成设计过程中的推导计算，方便我们修改初始参数值，帮助我们更好地优化控制参数。

6.2 机械臂电机丢步实验

上一个实验讲的驱动关节是工业机器人机械臂的核心，那么电动机则是驱动关节的核心，本节实验将带领我们更深入地分析电动机的控制问题。本实验将通过对机械臂的某一关节处的电动机速度进行控制，分析电动机丢步现象，进而分析电动机的特性曲线，帮助我们更好地理解电动机的控制过程。

第6章教学课件

第 7 章

运动规划

运动规划的任务是设计机器人执行器即机械臂操作运动的指令函数，这种随时间变化的指令函数主要包括两类：一类是点到点的运动，如将部件从一点搬运到另外一点；另一类是沿着一段连续的曲线运动，如拟合一段焊缝的操作。机械臂执行器的运动规划可以在关节空间规划，也可以在笛卡儿空间(即操作空间)规划。在笛卡儿空间进行运动规划似乎更自然且简明，然而机械臂执行器的运动轨迹实际上完全是由关节空间的运动所操控的，所以必须将笛卡儿空间的运动规划通过逆向运动学转换为关节空间的运动规划后，才可以用于实际的操作。同时，运动规划还必须考虑工作空间的奇异点和避障等问题。

7.1 关节空间规划

首先讨论关节空间点到点的运动规划，即假设已知关节的起点和终点的边界条件，然后规划从起点到终点的运动过程。假定在时间 $t=0$，连杆的起点位置为 θ_0；当时间 $t=t_f$ 时，连杆运动到终点位置 θ_f，即满足

$$\theta(0)=\theta_0 \tag{7.1}$$

$$\theta(t_f)=\theta_f \tag{7.2}$$

另外，考虑到运动的连续性，连杆的运动过程还需要满足速度和加速度在起点和终点的初始条件，即同时满足

$$\dot{\theta}(0)=\dot{\theta}_0 \tag{7.3}$$

$$\dot{\theta}(t_f)=\dot{\theta}_f \tag{7.4}$$

$$\ddot{\theta}(0)=\ddot{\theta}_0 \tag{7.5}$$

$$\ddot{\theta}(t_f)=\ddot{\theta}_f \tag{7.6}$$

从数学上可以找到很多满足式(7.1)～式(7.6)条件的连续函数，为了简化计算和应用方便，我们选取以时间为参数的多项式作为规划函数，满足这 6 个边界条件的最低次幂为 5，即有

$$\theta(t)=a_0+a_1t+a_2t^2+a_3t^3+a_4t^4+a_5t^5 \tag{7.7}$$

角速度和角加速度可以通过将式(7.7)微分获得，如下所示：

$$\dot{\theta}(t)=a_1+2a_2t+3a_3t^2+4a_4t^3+5a_5t^4 \tag{7.8}$$

$$\ddot{\theta}(t)=2a_2+6a_3t+12a_4t^2+20a_5t^3 \tag{7.9}$$

将边界条件式(7.1)～式(7.6)代入规划函数式(7.7)～式(7.9)中，有

$$\theta(0)=\theta_0=a_0 \tag{7.10a}$$

$$\theta(t_f)=\theta_f=a_0+a_1t_f+a_2t_f^2+a_3t_f^3+a_4t_f^4+a_5t_f^5 \tag{7.10b}$$

$$\dot{\theta}(0)=a_1 \tag{7.10c}$$

$$\dot{\theta}(t_f)=a_1+2a_2t_f+3a_3t_f^2+4a_4t_f^3+5a_5t_f^4 \tag{7.10d}$$

$$\ddot{\theta}(0)=2a_2 \tag{7.10e}$$

$$\ddot{\theta}(t_f)=2a_2+6a_3t_f+12a_4t_f^2+20a_5t_f^3 \tag{7.10f}$$

通过联合解以上方程，可以得到满足6个边界条件的6个多项式方程的系数为

$$a_0=\theta_0 \tag{7.11a}$$

$$a_1=\dot{\theta}(0) \tag{7.11b}$$

$$a_2=\frac{1}{2}\ddot{\theta}(0) \tag{7.11c}$$

$$a_3=\frac{1}{2t_f^3}[20(\theta_f-\theta_0)-(8\dot{\theta}_f+12\dot{\theta}_0)t_f-(3\ddot{\theta}_0-\ddot{\theta}_f)t_f^2] \tag{7.11d}$$

$$a_4=\frac{1}{2t_f^4}[30(\theta_0-\theta_f)+(14\dot{\theta}_f+16\dot{\theta}_0)t_f+(3\ddot{\theta}_0-2\ddot{\theta}_f)t_f^2] \tag{7.11e}$$

$$a_5=\frac{1}{2t_f^5}[12(\theta_f-\theta_0)-6(\dot{\theta}_f+\dot{\theta}_0)t_f+(\ddot{\theta}_f-\ddot{\theta}_0)t_f^2] \tag{7.11f}$$

如果假设穿过起点和终点的速度相同，则至少可以规划一条如图7.1(a)所示的直线路径来满足给定的条件。如果实际应用有更多的要求，如在终点机器人执行器完全停止，并且没有冲击，则简单的直线规划无法满足要求。这里讨论一种特殊的情况，即如果仅仅是起点和终点的位置不同，但是起点和终点的速度和加速度都为零(如图7.1所示)，即 $\dot{\theta}_0=\dot{\theta}_f=\ddot{\theta}_0=\ddot{\theta}_f=0$。可以计算出6个多项式方程的系数为

$$a_0=\theta_0 \tag{7.12a}$$

$$a_1=0 \tag{7.12b}$$

$$a_2=0 \tag{7.12c}$$

$$a_3=\frac{10}{t_f^3}(\theta_f-\theta_0) \tag{7.12d}$$

$$a_4=-\frac{15}{t_f^4}(\theta_f-\theta_0) \tag{7.12e}$$

$$a_5=\frac{6}{t_f^5}(\theta_f-\theta_0) \tag{7.12f}$$

可以得到对应的规划方程为

$$\theta(t)=\theta_0+\frac{10}{t_f^3}(\theta_f-\theta_0)t^3-\frac{15}{t_f^4}(\theta_f-\theta_0)t^4+\frac{6}{t_f^5}(\theta_f-\theta_0)t^5 \tag{7.13}$$

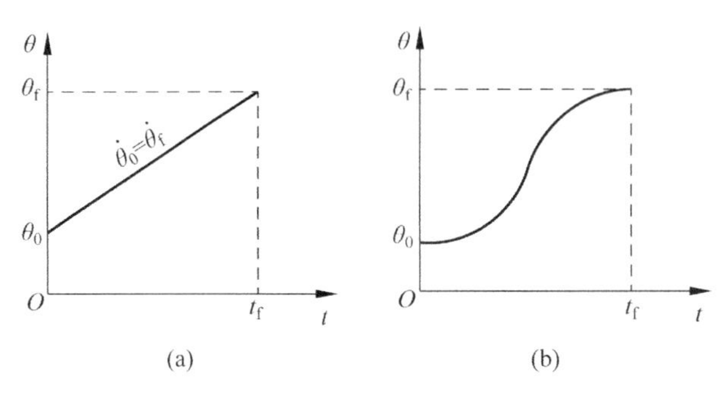

图 7.1 穿过起点和终点的路径规划

(a) 直线规划；(b) 多项式规划

分析可知，按照规划方程式(7.13)机械臂可以实现从一点到另一点的最简单且无冲击的运动控制。

7.1.1 给定起点和终点的运动规划

显然，如果仅仅要求机械臂执行器从一个给定起点移动到给定终点，则可以有无穷多的规划路线。实际上我们希望机械臂的操作过程不仅仅是平滑的，而且是高效的。例如机械臂的关节按照如下方式运动：机械臂从 θ_0 点移动到 θ_f 点，首先从起点 θ_0 处开始，由静止加速移动到一定的速度，然后匀速移动到接近终点时，逐渐减速到 θ_f 完全停下来，移动过程如图 7.2 所示。其中 2Δ 是加速或减速的时间段，即在 $t=2\Delta\sim(t_f-2\Delta)$ 为匀速移动段，也就是在 $\theta_{02}\sim\theta_{f1}$ 区域为匀速段，其余为加速或减速段。另外，如果取时间间隔 Δ 都相同，显然应有 $4\Delta\leqslant t_f$。

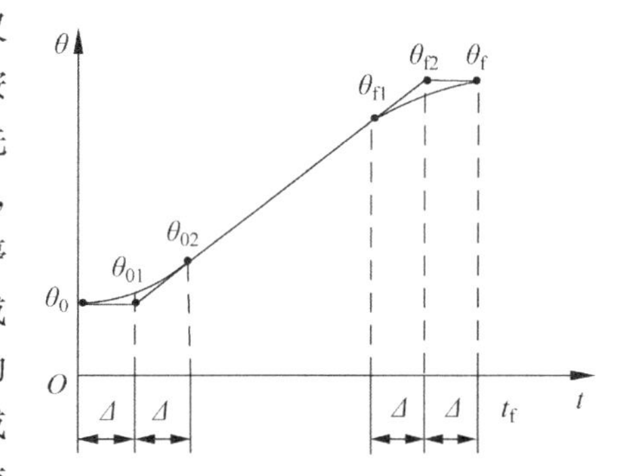

图 7.2 机器人关节运动规划

对于图 7.2 所示的规划曲线，可以分为三种情况：直线段 $\theta_{02}\sim\theta_{f1}$ 区域为匀速段；起始段 $\theta_0\sim\theta_{02}$ 为加速度段；结束段 $\theta_{f1}\sim\theta_f$ 为减速度段。下面分别讨论三种情况。

首先，直线段 $\theta_{02}\sim\theta_{f1}$ 区域实际上取决于 θ_{01} 和 θ_{f2} 两点的连线，其边界条件为 $\theta(\Delta)=\theta_0$ 和 $\theta(t_f-\Delta)=\theta_f$。从而直线段 $\theta_{02}\sim\theta_{f1}$ 区域的规划方程可以用如下直线方程式(7.14)确定

$$\theta(t)=\theta_0+\frac{(\theta_f-\theta_0)}{t_f-2\Delta}(t-\Delta),\quad \Delta\leqslant t\leqslant t_f-\Delta \tag{7.14}$$

其次，对于起始段 $\theta_0\sim\theta_{02}$，在起点 θ_0 的速度和加速度都为 0；而在末端 θ_{02} 点的加速度和速度与直线段 $\theta_{02}\sim\theta_{f1}$ 连续，所以末端 θ_{02} 点的加速度为 0，速度可以由式(7.14)确定，全部边界条件为

$$\theta(0)=\theta_0 \tag{7.15a}$$

$$\theta(2\Delta)=\theta_{02} \tag{7.15b}$$

$$\dot{\theta}(0)=0 \tag{7.15c}$$

$$\dot{\theta}(2\Delta)=\dot{\theta}_{02} \tag{7.15d}$$

$$\ddot{\theta}(0)=0 \tag{7.15e}$$

$$\ddot{\theta}(2\Delta)=0 \tag{7.15f}$$

将边界条件式(7.15a)～式(7.15f)代入系数计算式(7.11a)～式(7.11f)可以计算出各个系数 $a_i(i=0,1,2,3,4,5)$，从而确定起步段 $\theta_0 \sim \theta_{02}$ 的规划方程。

最后的结束段 $\theta_{f1} \sim \theta_f$ 的边界条件的起点 $t=t_f-2\Delta$，规划方程的系数不能直接用式(7.11a)～式(7.11f)进行确定，但我们可以通过平移坐标系($tO\theta$)来完成规划任务，即将 θ_{f1} 点作为新的坐标系($t'O'\theta'$)的原点 O'(如图7.3所示)，在新的坐标系($t'O'\theta'$)规划方程系数的确定完全类似起始段 $\theta_0 \sim \theta_{02}$ 的情况，则我们仍然可以用系数计算式(7.11a)～式(7.11f)计算出各个系数 $a_i(i=0,1,2,3,4,5)$，从而首先确定结束段 $\theta_{f1} \sim \theta_f$ 的规划方程，然后再将规划方程的起点平移到坐标系($tO\theta$)，从而完成全部运动规划，这里只是要注意该规划方程仅仅在时间段 $(t_f-2\Delta) \sim t_f$ 内有效。

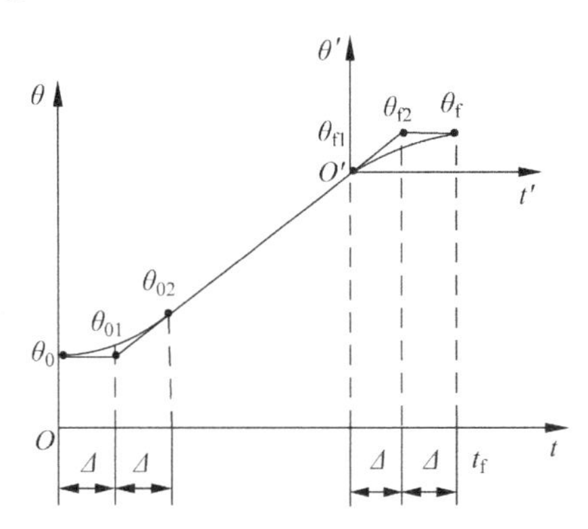

图7.3　平移坐标系的运动规划

例题7.1　如图7.4所示的三连杆机械臂，当 $t=0$ 时，$\theta_i=0(i=1,2,3)$，这时机械臂所有连杆的 $X_i(i=1,2,3)$ 轴与 X_0 重合；假设当 $t_f=5\text{s}$ 时，机械臂各个连杆同时运动到 $\theta_1=60°$，$\theta_2=-30°$，$\theta_3=-60°$。假设机械臂在起点和终点的速度和加速度都为0，并且 $\Delta=0.5\text{s}$。试设计三连杆机械臂的运动规划。

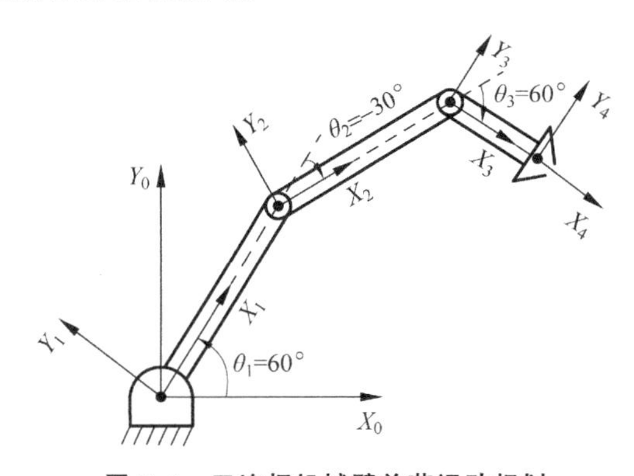

图7.4　三连杆机械臂关节运动规划

解：根据题意，我们可以先规划出机械臂各个连杆的运动规划曲线草图，如图7.5所示。下面分别推导计算出各个连杆转角的规划方程。

首先可以假设 θ_1 直线段($\theta_{12} \sim \theta_{1f1}$)的方程为

$$\theta_1=a_1+a_2 t \tag{7.16}$$

根据转角 θ_1 直线段的边界条件 $t=0.5\text{s}$ 时，$\theta_{11}=0$ 和 $t_{1f2}=4.5\text{s}$ 时，$\theta_{11}=60°$。我们可

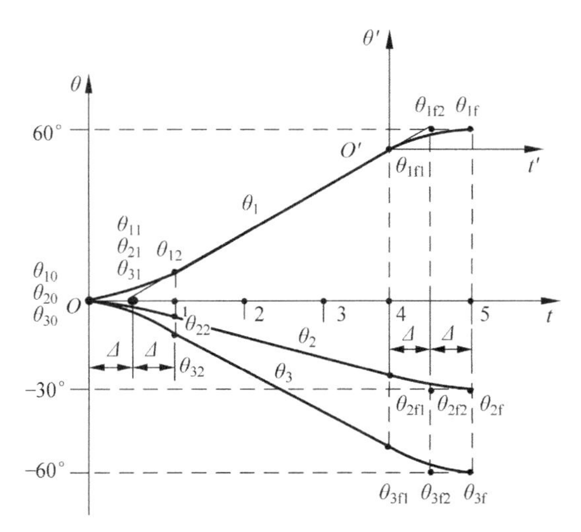

图 7.5　三连杆机械臂关节运动规划方案

以计算出 $a_1=-7.5$ 和 $a_2=15$，所以有 θ_1 直线段的运动规划方程为

$$\theta_1=-7.5+15t,\quad 1\text{s}\leqslant t\leqslant 4\text{s} \tag{7.17}$$

其次假设 θ_1 起始段($\theta_{10}\sim\theta_{12}$)的方程为

$$\theta_1(t)=a_0+a_1t+a_2t^2+a_3t^3+a_4t^4+a_5t^5 \tag{7.18}$$

对应起始段($\theta_{10}\sim\theta_{12}$)的边界条件为

$$\theta_{10}=0 \tag{7.19a}$$

$$\theta_{12}=7.5 \tag{7.19b}$$

考虑到运动的连续性，连杆的运动过程还需要满足速度和加速度在起点 θ_{10} 和连接点 θ_{12} 的初始条件，我们有边界条件

$$\dot{\theta}_{10}=0 \tag{7.20a}$$

$$\ddot{\theta}_{10}=0 \tag{7.20b}$$

$$\dot{\theta}_{12}=15 \tag{7.21a}$$

$$\ddot{\theta}_{12}=0 \tag{7.21b}$$

依据以上边界条件可以计算出各个系数为

$$a_0=0 \tag{7.22a}$$

$$a_1=0 \tag{7.22b}$$

$$a_2=0 \tag{7.22c}$$

$$a_3=15 \tag{7.22d}$$

$$a_4=-7.5 \tag{7.22e}$$

$$a_5=0 \tag{7.22f}$$

得出起始段($\theta_{10}\sim\theta_{12}$)的规划方程为

$$\theta_1(t)=15t^3-7.5t^4,\quad 0\text{s}\leqslant t\leqslant 1\text{s} \tag{7.23}$$

对于连杆转角 θ_1 的结束段($\theta_{1\text{f}1}\sim\theta_{1\text{f}}$)，其对应的边界条件为

$$\theta_{1f1}=52.5 \tag{7.24a}$$

$$\theta_{1f}=60 \tag{7.24b}$$

$$\dot{\theta}_{1f1}=15 \tag{7.24c}$$

$$\ddot{\theta}_{1f1}=0 \tag{7.24d}$$

$$\dot{\theta}_{1f}=0 \tag{7.24e}$$

$$\ddot{\theta}_{1f}=0 \tag{7.24f}$$

首先在以 θ_{1f1} 为原点的坐标系($t'O'\theta'$)计算出相应结束段($\theta_{1f1}\sim\theta_{1f}$)的各个系数为

$$a_0=0 \tag{7.25a}$$

$$a_1=15 \tag{7.25b}$$

$$a_2=0 \tag{7.25c}$$

$$a_3=-15 \tag{7.25d}$$

$$a_4=7.5 \tag{7.25e}$$

$$a_5=0 \tag{7.25f}$$

将式(7.25a)～式(7.25f)系数代入坐标系($t'O'\theta'$)规划方程，即有

$$\theta_1'(t')=15(t')-15(t')^3+7.5(t')^4 \tag{7.26}$$

令 $t'=t+c_1$ 和 $\theta_1'(t')=\theta_1(t)+c_2$，当 $t'=0$ 时，有 $t=4$ 和 $\theta_1(4)=52.5$；所以有 $c_1=-4$ 和 $c_2=-52.5$。代入方程(7.26)，在坐标系 $tO\theta$ 的规划方程为

$$\theta_1(t)=52.5+15(t-4)-15(t-4)^3+7.5(t-4)^4,\quad 4\text{s}\leqslant t\leqslant 5\text{s} \tag{7.27}$$

综合三段规划方程，我们可以得到机械臂第一关节转角 θ_1 的规划方程为

$$\theta_1(t)=\begin{cases}15t^3-7.5t^4, & 0\text{s}\leqslant t<1\text{s}\\ -7.5+15t, & 1\text{s}\leqslant t\leqslant 4\text{s}\\ 52.5+15(t-4)-15(t-4)^3+7.5(t-4)^4, & 4\text{s}<t\leqslant 5\text{s}\end{cases} \tag{7.28}$$

同样原理，我们可以计算出第二关节转角 θ_2 和第三关节转角 θ_3 的规划方程为

$$\theta_2(t)=\begin{cases}-7.5t^3+3.75t^4, & 0\text{s}\leqslant t<1\text{s}\\ 3.75-7.5t, & 1\text{s}\leqslant t\leqslant 4\text{s}\\ -26.25-7.5(t-4)+7.5(t-4)^3-3.75(t-4)^4, & 4\text{s}<t\leqslant 5\text{s}\end{cases} \tag{7.29}$$

$$\theta_3(t)=\begin{cases}-15t^3+7.5t^4, & 0\text{s}\leqslant t<1\text{s}\\ 7.5-15t, & 1\text{s}\leqslant t\leqslant 4\text{s}\\ -52.5-15(t-4)+15(t-4)^3-7.5(t-4)^4, & 4\text{s}<t\leqslant 5\text{s}\end{cases} \tag{7.30}$$

7.1.2 给定起点、终点和中间点的运动规划

同样，我们给定起点 θ_0 和终点 θ_f，但要增加一个或更多的中间点；对于起点 θ_0 和终点 θ_f，要求机械臂执行器严格穿过或停留在这两点上，但对于中间点，执行器可以穿过或不穿过这些中间点。中间点的作用主要是使机械臂执行器的运动平滑或为避障而设。

首先讨论不要求规划路径严格穿过中间点 θ_1 和中间点 θ_2 的情况。假设在起点 θ_0 和终点 θ_f 之间用中间点 θ_1 和中间点 θ_2 来调节执行器的运动规划，如图 7.6 所示，可以按照以下步骤来进行规划：

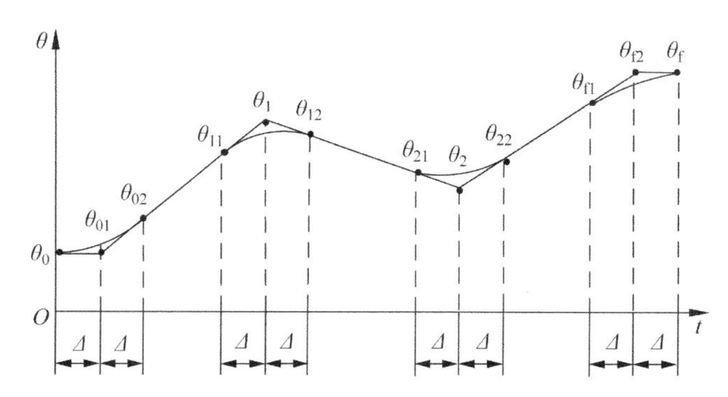

图 7.6 近似穿过中间点的运动规划

(1) 确定合适的时间间隔 Δ，对于不同的规划点 i，时间间隔 Δ_i 可以相同或不同；如果采取相同的间隔时段，则 $8\Delta \leqslant (\theta_f - \theta_0)$。

(2) 设计中间点 θ_1 和 θ_2，在中间点左右两边设计时间间隔 Δ，假设时间间隔相等。

(3) 在间隔 $t=\Delta$ 处，取 $\theta_{01}=\theta_0$，然后在 θ_{01} 和 θ_1 之间绘出直线段，并以时间间隔 Δ 设定 θ_{02} 点和 θ_{11} 点。

(4) 在 θ_1 和 θ_2 之间绘出直线段，按时间间隔 Δ 设定 θ_{12} 点和 θ_{21} 点。

(5) 在时间 $t=t_f-\Delta$ 处，取 $\theta_{f2}=\theta_f$，然后在 θ_2 和 θ_{f2} 之间绘出直线段，并以时间间隔 Δ 设定 θ_{22} 点和 θ_{f1} 点。

(6) 在间隔 (θ_0,θ_{02})，$(\theta_{11},\theta_{12})$，$(\theta_{21},\theta_{22})$ 和 (θ_{f1},θ_f) 内采用连续曲线规划，如采用 4 阶时间多项式函数规划这些区域的曲线。

(7) 在间隔 $(\theta_{02},\theta_{11})$，$(\theta_{12},\theta_{21})$ 和 $(\theta_{22},\theta_{f1})$ 内采用直线规划。

按照以上步骤设计并计算各段的规划函数，则整个规划完成。

对于严格要求规划曲线通过中间点的情况，需要对每个中间点再增加两个过渡点，如图 7.7 所示，可以按照以下步骤进行：

(1) 在 θ_{01} 和中间点 θ_1 之间绘直线，同样，在中间点 θ_1 和 θ_2 之间绘直线。

(2) 在时间 $t=t_1-\Delta$ 处，取垂直连线的中点 θ_{12}，类似可以找出 θ_{13} 点，如图 7.7(a) 所示。

(3) 在 θ_{01} 和 θ_{12} 之间绘直线，并以时间间隔 Δ 在 θ_{01} 和 θ_{12} 两点之间取 θ_{02} 和 θ_{11} 点，类似可以得出其余点。

(4) 在间隔 (θ_0,θ_{02})，(θ_{11},θ_1)，(θ_1,θ_{14})，(θ_{21},θ_2)，(θ_2,θ_{24}) 和 (θ_{f1},θ_f) 内采用连续曲线规划，如采用四阶时间多项式函数规划这些区域的曲线。

(5) 在间隔 $(\theta_{02},\theta_{11})$，$(\theta_{14},\theta_{21})$ 和 $(\theta_{24},\theta_{f1})$ 内采用直线规划。

按照以上步骤设计并计算各段的规划函数，则整个规划曲线完成，如图 7.7(b) 所示，注意到规划好的曲线穿过了中间点 θ_1 和 θ_2。

具体应用时可视情况，采用简化的四阶或三阶时间多项式函数规划，有时甚至可以采用二阶多项式，即抛物线来规划运动曲线。

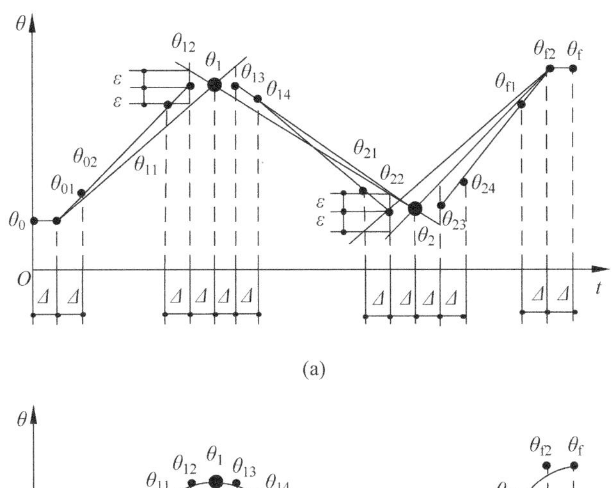

(a)

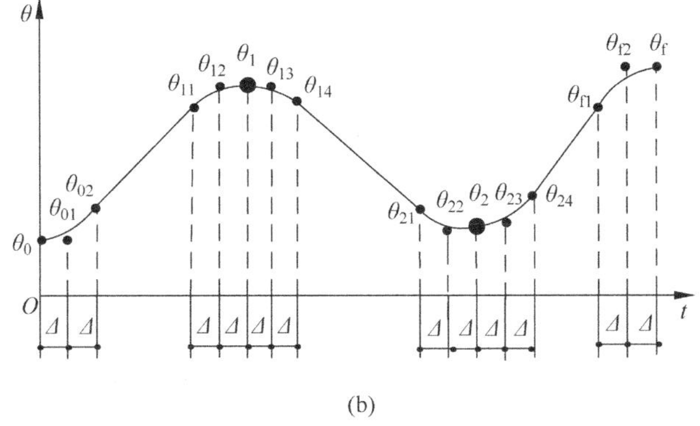

(b)

图 7.7　穿过中间点的运动规划

(a) 过渡点的确定；(b) 通过 θ_1 和 θ_2 点的规划

例题 7.2　如图 7.4 所示的三连杆机械臂，仍然假设当 $t=0$ 时，$\theta_i=0(i=1,2,3)$，这时机械臂所有连杆的 $X_i(i=1,2,3)$ 轴与 X_0 重合；当 $t_f=5\text{s}$ 时，机械臂各个连杆同时运动到 $\theta_1=60°,\theta_2=-30°,\theta_3=-60°$。但是由于机械臂实际操作的需要，连杆转角 θ_1 必须穿过点 $t=2.5\text{s}$ 时，使转角 $\theta_{11}=90°,\dot{\theta}_{11}=10°/\text{s},\ddot{\theta}_{11}=-30°/\text{s}^2$。假设机械臂在起点和终点的速度和加速度都为 0，并且 $\Delta=0.5\text{s}$，试设计机械臂连杆转角 θ_1 的运动规划。

解：根据题意，可以先规划出连杆转角 θ_1 的运动规划曲线草图，如图 7.8 所示。其中在$(\theta_{102},\theta_{111})$和$(\theta_{114},\theta_{1f1})$内为直线；而在$(\theta_{10},\theta_{102})$，$(\theta_{111},\theta_{11})$，$(\theta_{11},\theta_{114})$和$(\theta_{1f1},\theta_{1f})$内为曲线规划。下面分别推导计算出各个区段的规划方程。

规划曲线穿过 θ_{11} 点的规划步骤如下：

(1) 确定区段$(\theta_{101},\theta_{11})$和$(\theta_{11},\theta_{1f2})$的两直线方程。

(2) 通过区段$(\theta_{101},\theta_{11})$和$(\theta_{11},\theta_{1f2})$的直线方程找到点 θ_{112} 和 θ_{113}。

(3) 确定区段$(\theta_{101},\theta_{112})$和$(\theta_{113},\theta_{1f2})$的两直线方程。

(4) 取时间段 $\Delta=0.5\text{s}$，找到四个点 θ_{102}、θ_{111}、θ_{114} 和 θ_{1f1}。

(5) 将边界条件(表 7.1 所示)分别代入系数计算式(7.11a)～式(7.11f)，计算并导出在$(\theta_{102},\theta_{111})$和$(\theta_{114},\theta_{1f1})$内为直线，而在$(\theta_{10},\theta_{102})$，$(\theta_{111},\theta_{11})$，$(\theta_{11},\theta_{114})$和$(\theta_{1f1},\theta_{1f})$内为曲线的规划方程。

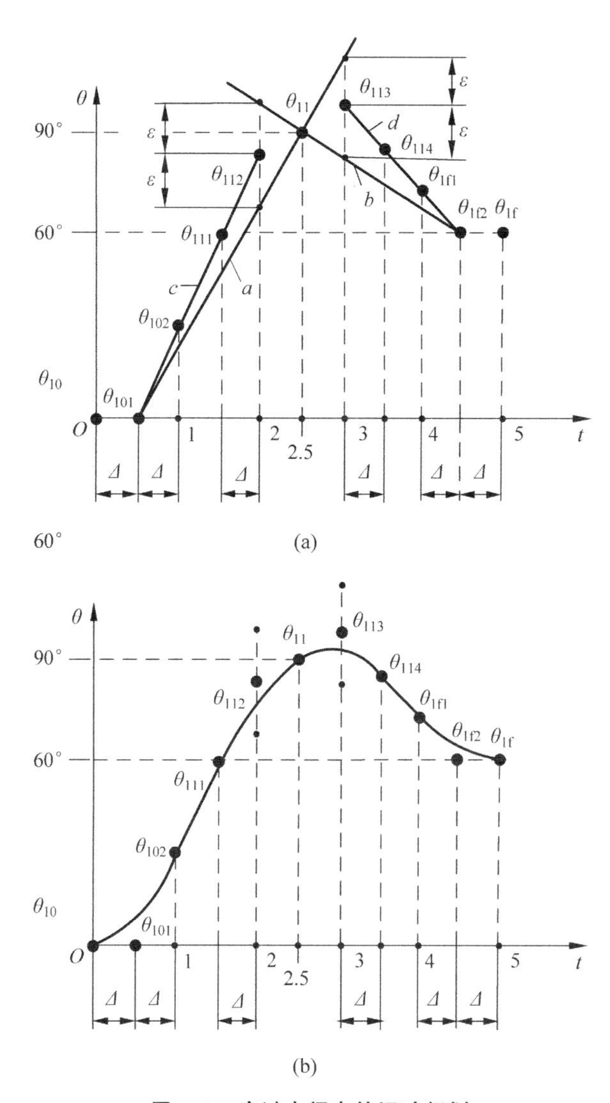

图 7.8 穿过中间点的运动规划

(a) 过渡点的确定；(b) 通过 θ_{11} 点的规划

表 7.1 区段($\boldsymbol{\theta}_{101}$,$\boldsymbol{\theta}_{11}$)和($\boldsymbol{\theta}_{11}$,$\boldsymbol{\theta}_{1f2}$)的两直线方程边界条件表

边界条件	θ	$\dot{\theta}$	$\ddot{\theta}$	曲线段坐标系($t'-\theta_1'$)原点
θ_{10}	0.0	0.0	0.0	曲线(θ_{10},θ_{102}),θ_{10}
θ_{102}	27.5	55.0	0.0	直线(θ_{102},θ_{111}),θ_{10}
θ_{111}	55.0	55.0	0.0	曲线(θ_{111},θ_{11}),θ_{111}
θ_{11}	90.0	10.0	−30	曲线(θ_{11},θ_{114}),θ_{11}
θ_{114}	85.0	−25.0	0.0	直线(θ_{114},θ_{1f1}),θ_{10}
θ_{1f1}	72.5	−25.0	0.0	曲线(θ_{1f1},θ_{1f}),θ_{1f1}
θ_{1f}	60.0	0.0	0.0	曲线终点

首先，区段(θ_{101},θ_{11})和(θ_{11},θ_{1f2})的两直线方程为

$$\theta_a(t) = -22.5 + 45t \tag{7.31a}$$

$$\theta_b(t)=127.5-15t \tag{7.31b}$$

由直线方程式(7.31a)和式(7.31b)可以计算出 $\theta_{112}(2)$和 $\theta_{113}(3)$为

$$\theta_{112}(2)=[\theta_a(2)+\theta_b(2)]/2=82.5 \tag{7.32a}$$

$$\theta_{113}(3)=[\theta_a(3)+\theta_b(3)]/2=97.5 \tag{7.32b}$$

再由式(7.32a)和式(7.32b)可以确定区段(θ_{101},θ_{112})和(θ_{113},θ_{1f2})的两直线方程为

$$\theta_c(t)=-27.5+55t \tag{7.33a}$$

$$\theta_d(t)=172.5-25t \tag{7.33b}$$

进一步由直线方程式(7.33a)和式(7.33b)可以计算出四个点 θ_{102},θ_{111},θ_{114} 和 θ_{1f1} 为

$$\theta_{102}(1)=\theta_c(1)=27.5 \tag{7.34a}$$

$$\theta_{111}(1.5)=\theta_c(1.5)=55.0 \tag{7.34b}$$

$$\theta_{114}(3.5)=\theta_d(3.5)=85.0 \tag{7.34c}$$

$$\theta_{1f1}(4)=\theta_d(4)=68.5 \tag{7.34d}$$

根据规划曲线的速度和加速度的连续性,可以列出表 7.1 所示的边界条件。

最后,根据表 7.1 的边界条件计算各个区段的系数,得出全部规划方程为

$$\theta_{10}(t)=55t^3-27.5t^4 \quad (0\text{s}\leqslant t<1\text{s}) \tag{7.35a}$$

$$\theta_{102}(t)=-27.5+55t \quad (1\text{s}\leqslant t<1.5\text{s}) \tag{7.35b}$$

$$\theta_{111}(t)=55+55(t-1.5)-35(t-1.5)^3+15(t-1.5)^4 \quad (1.5\text{s}\leqslant t<2.5\text{s}) \tag{7.35c}$$

$$\theta_{11}(t)=90+10(t-2.5)-15(t-2.5)^2+35(t-2.5)^3-65(t-2.5)^4+30(t-2.5)^5 \quad (2.5\text{s}\leqslant t<3.5\text{s}) \tag{7.35d}$$

$$\theta_{114}(t)=172.5-25t \quad (3.5\text{s}\leqslant t<4\text{s}) \tag{7.35e}$$

$$\theta_{1f1}(t)=72.5-25(t-4)+25(t-4)^3-12.5(t-4)^4 \quad (4\text{s}\leqslant t\leqslant 5\text{s}) \tag{7.35f}$$

式中,$\theta_{ij}(t)$或 $\theta_{ijk}(t)$表示规划曲线段的起点为 θ_{ij} 或θ_{ijk}。

分析与讨论

从例题 7.2 可以看出,对于多自由度机械臂,即使是看起来非常简单的规划曲线,也会涉及大量的计算工作。在例题 7.2 中给出了 θ_{11} 点的边界条件,包括 θ_{11} 点的角度、速度和加速度。实际上,θ_{11} 点的角度容易确定,但是速度和加速度需要根据上下游的运动情况进行规划。如果通过 θ_{11} 点的速度和加速度不合适,将会造成规划曲线的过度扭曲,形成不必要的能耗。关于这个问题我们可以用 MATLAB 程序反复试错来找出合适的边界条件,更重要的是通过实验程序的调整找出有效的边界条件规划方法和规律,比如通过上下游边界点的位置来快速确定中间点的速度和加速度。

7.2 笛卡儿空间规划

用关节空间的运动规划并不能直接描述机械臂执行器在工作空间的运动轨迹。有些工程应用对机械臂的运动轨迹有严格要求,如工业机器人用于焊接工作时,焊枪在工作空间的

轨迹必须沿着焊缝运动。在这些情况下可以选择笛卡儿空间规划方法来确定机械臂的运动轨迹。机械臂执行器在三维空间有6个自由度，这意味着我们可能需要对机械臂的某段时间的位置和方向做出规划。通常，我们有两种方法来进行轨迹规划，即单轴旋转法和双轴旋转法。

7.2.1 单轴旋转规划方法

对于具有相同坐标原点的两个坐标系 F 和 M，它们之间的相对关系可以用一对参数$[\boldsymbol{e},\alpha]$来描述，其中 $\boldsymbol{e}=[e_x \quad e_y \quad e_z]^{\mathrm{T}}$ 为旋转轴矢量，α 为坐标系围绕旋转轴 $\boldsymbol{e}$ 旋转的角度；也即假定一开始两个坐标系 F 和 M 完全重合，如图7.9所示。我们可以让坐标系 M 围绕旋转轴 $\boldsymbol{e}$ 旋转 α 角度，即经过旋转矩阵$\boldsymbol{Q}(\boldsymbol{e},\alpha)$作用后，可以获得两个坐标系 F 和 M 的相对关系。显然，如果把这里的参考坐标系 F 看作机械臂执行器的初始位置，而把运动坐标系 M 看作机械臂执行器的终点位置，根据2.4节所述轴和角的概念，这个运动过程也可以用一个旋转矩阵 $\boldsymbol{Q}(\boldsymbol{e},\alpha)$来完成，即有

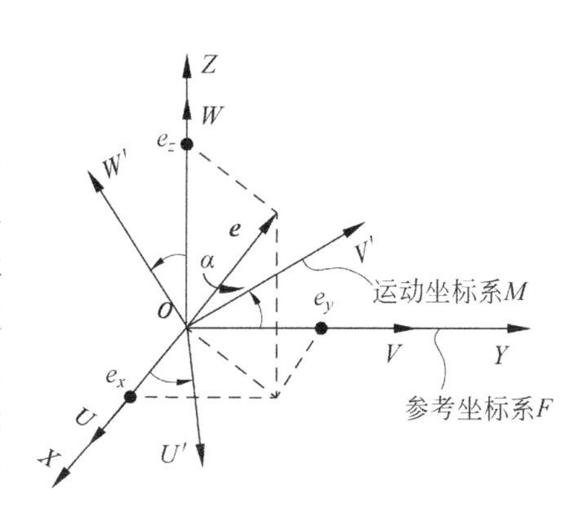

图 7.9 坐标系 F 和 M 及旋转轴 e

$$\boldsymbol{Q}(\boldsymbol{e},\alpha)=\begin{bmatrix} q_{11} & q_{12} & q_{13} \\ q_{21} & q_{22} & q_{23} \\ q_{31} & q_{32} & q_{33} \end{bmatrix}=\begin{bmatrix} e_x^2 c'\alpha + c\alpha & e_x e_y c'\alpha - e_z s\alpha & e_x e_z c'\alpha + e_y s\alpha \\ e_x e_y c'\alpha + e_z s\alpha & e_y^2 c'\alpha + c\alpha & e_y e_z c'\alpha - e_x s\alpha \\ e_x e_z c'\alpha - e_y s\alpha & e_y e_z c'\alpha + e_x s\alpha & e_z^2 c'\alpha + c\alpha \end{bmatrix} \tag{7.36}$$

式中，$c\alpha=\cos\alpha$，$s\alpha=\sin\alpha$，$c'\alpha=1-\cos\alpha$。

现在我们进一步讨论单轴旋转方法。

首先，我们用坐标系 $X_0Y_0Z_0$ 表示执行器的初始位置，而用坐标系 $X_fY_fZ_f$ 表示执行器的终点位置。现在让 $\boldsymbol{r}_0$ 围绕固定轴 $\boldsymbol{e}_f$ 旋转角度 α_f 得到 $\boldsymbol{r}_f$；这一过程就相当于当 α 从0变到 α_f 时，矢量 $\boldsymbol{r}_0$ 逐渐旋转变为 $\boldsymbol{r}_f$，而对这一变换过程我们可以提出更多的要求，如提出一系列的边界条件，即

$$\alpha(0)=0 \tag{7.37a}$$

$$\alpha(t_f)=\alpha_f \tag{7.37b}$$

$$\dot{\alpha}(0)=0 \text{ 或 } \dot{\alpha}_0 \tag{7.38a}$$

$$\dot{\alpha}(t_f)=\dot{\alpha}_f \tag{7.38b}$$

$$\ddot{\alpha}(0)=0 \text{ 或 } \ddot{\alpha}_0 \tag{7.39a}$$

$$\ddot{\alpha}(t_f)=\ddot{\alpha}_f \tag{7.39b}$$

实际上，式(7.36a)～式(7.39b)构成了单轴旋转的工作空间规划方法。

例题 7.3 如图7.10的机械臂执行器的起点(图7.10(a))和终点(图7.10(b))位置，

假设在 0～1s 内完成这一动作，试设计机械臂执行器单轴旋转的轨迹规划。

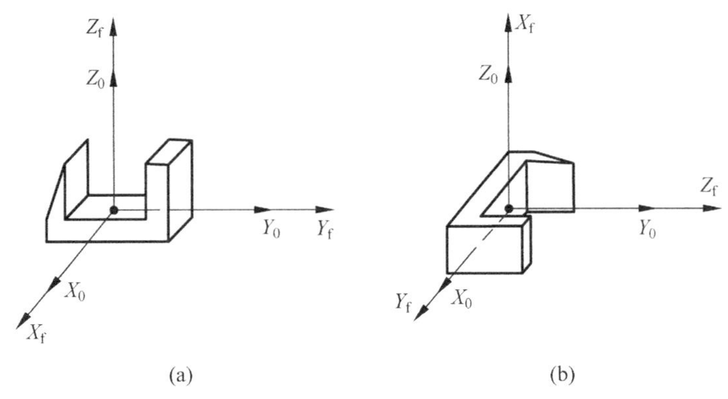

(a) (b)

图 7.10 机械臂执行器的初始姿态和最终姿态

(a) 初始姿态；(b) 最终姿态

解：从图 7.10 可以看出，有许多种路径可以使机械臂执行器从初始位置移动到终点位置，如先绕 X_0 旋转 $-90°$，再绕 Y_0 旋转 $-90°$。现在，我们用单轴旋转方法完成这一运动规划。不难找出起点和终点的旋转矩阵为

$$\boldsymbol{Q}(\boldsymbol{e},\alpha)=\boldsymbol{Q}(Y_0,-90°)\boldsymbol{Q}(X_0,-90°)=\begin{bmatrix}0&1&0\\0&0&1\\1&0&0\end{bmatrix} \tag{7.40}$$

与式(7.36)比较，我们有 $q_{11}+q_{22}+q_{33}=0$，即

$$(e_x^2+e_y^2+e_z^2)\mathrm{c}'\alpha+3\mathrm{c}\alpha=0 \tag{7.41}$$

由于单位矢量$(e_x^2+e_y^2+e_z^2)=1$，可计算出 $\mathrm{c}\alpha=-1/2$，所以 $\alpha=120°$。

比较式(7.36)与式(7.40)的其他项，又由 $e_xe_z\mathrm{c}'\alpha-e_y\mathrm{s}\alpha=1$，$e_xe_y\mathrm{c}'\alpha-e_z\mathrm{s}\alpha=1$ 和 $e_ye_z\mathrm{c}'\alpha-e_x\mathrm{s}\alpha=1$，算出 $e_x=e_y=e_z=-1/\sqrt{3}$，则

$$\boldsymbol{e}=[-1/\sqrt{3}\quad -1/\sqrt{3}\quad -1/\sqrt{3}]^{\mathrm{T}} \tag{7.42}$$

根据单轴旋转的题意，围绕矢量 $\boldsymbol{e}=[-1/\sqrt{3}\quad -1/\sqrt{3}\quad -1/\sqrt{3}]^{\mathrm{T}}$ 旋转 $\alpha=120°$边界条件为 $\alpha(0)=0$，$\alpha(t_f)=120$，$\dot{\alpha}(0)=\dot{\alpha}(t_f)=\ddot{\alpha}(0)=\ddot{\alpha}(t_f)=0$。将这些边界条件代入式(7.11a)～式(7.11f)，可以计算出五阶规划方程的系数为 $a_0=a_1=a_2=0$，$a_3=1200$，$a_4=-1800$ 和 $a_5=720$。于是我们找到一个可以完成(图 7.10)单轴旋转的五阶规划方程为

$$\alpha(t)=1200t^3-1800t^4+720t^5,\quad 0\leqslant t\leqslant 1 \tag{7.43}$$

分析与讨论

例题 7.3 用单轴旋转的方法实现了机械臂执行器的姿态转换，原理是找出等效的转动轴矢量和转角大小，再用轨迹规划的方法对转角做出规划。这与基于轨迹空间的规划方法不同，因为工业机器人本体不存在这样的转轴，要完成这种规划运动，还需要将这一规划转换为机械臂各个关节空间的规划运动，这就是基于工作空间的轨迹规划特点。

7.2.2 双轴旋转规划方法

双轴旋转规划方法是将上节的单个旋转轴变成两个旋转轴，并找到对应的两个转角，用

两组规划来完成任务。假设用一组欧拉角(ϕ,θ,ψ)表示规划运动的终点相对于起点的位置关系，根据运动学关系可找到旋转矩阵来等效完成这组欧拉角的变换，即可找到矩阵

$$\boldsymbol{Q}(\boldsymbol{e}',\theta)\boldsymbol{Q}(\boldsymbol{k}',\phi+\psi) \tag{7.44}$$

式中，旋转轴矢量$\boldsymbol{e}'$为

$$\boldsymbol{e}'=[-\sin\phi,\cos\phi,0]^{\mathrm{T}} \tag{7.45}$$

$\boldsymbol{k}'$为按照$\boldsymbol{Q}(\boldsymbol{e}',\theta)$旋转后的$Z$轴，同样转角$\theta$和$(\psi+\phi)$可以在一定的边界条件下，用关于时间的多项式进行规划。

例题 7.4 将例题 7.3 中机械臂执行器的轨迹规划用双轴旋转方法来实现。

解：根据题意可知，机械臂执行器的初始方向和最终方向对应的欧拉角分别为

$$[\phi_0,\theta_0,\psi_0]^{\mathrm{T}}=[0° \quad 0° \quad 0°]^{\mathrm{T}} \tag{7.46}$$

$$[\phi_{\mathrm{f}},\theta_{\mathrm{f}},\psi_{\mathrm{f}}]^{\mathrm{T}}=[-90° \quad -90° \quad 0°]^{\mathrm{T}} \tag{7.47}$$

根据式(7.45)，

$$\boldsymbol{e}'=[-\sin\phi \quad \cos\phi \quad 0]^{\mathrm{T}}=[1 \quad 0 \quad 0]^{\mathrm{T}} \quad 和 \quad \boldsymbol{k}'=[0 \quad 0 \quad 1]^{\mathrm{T}}$$

由此可将所求的轨迹表示为

$$\boldsymbol{Q}(\boldsymbol{e}',\theta)\boldsymbol{Q}(\boldsymbol{k}',\phi+\psi), \quad 0\leqslant t\leqslant 1 \tag{7.48}$$

根据双轴旋转的题意，围绕矢量$\boldsymbol{e}'=[1 \quad 0 \quad 0]^{\mathrm{T}}$旋转$\theta=-90°$边界条件为$\theta(0)=0$，$\theta(t_{\mathrm{f}})=-90°$，$\dot{\theta}(0)=\dot{\theta}(t_{\mathrm{f}})=\ddot{\theta}(0)=\ddot{\theta}(t_{\mathrm{f}})=0$。将这些边界条件代入式(7.11a)～式(7.11f)，可以计算出五阶规划方程的系数为$a_0=a_1=a_2=0$，$a_3=-900$，$a_4=1350$和$a_5=-540$。所以可以找到一个五阶规划方程为

$$\theta=-900t^3+1350t^4-540t^5, \quad 0\leqslant t\leqslant 1 \tag{7.49}$$

同理，假设$\alpha=\phi+\psi$，则围绕矢量$\boldsymbol{k}'=[0 \quad 0 \quad 1]^{\mathrm{T}}$旋转$\alpha=-90°$边界条件为$\alpha(0)=0$，$\alpha(t_{\mathrm{f}})=-90°$，$\dot{\alpha}(0)=\dot{\alpha}(t_{\mathrm{f}})=\ddot{\alpha}(0)=\ddot{\alpha}(t_{\mathrm{f}})=0$。最后，我们得出$\alpha$规划方程为

$$\alpha=\phi+\psi=-900t^3+1350t^4-540t^5, \quad 0\leqslant t\leqslant 1 \tag{7.50}$$

分析与讨论

实际上可以这样理解双轴旋转的过程，先给执行器设定一个方位轴$\boldsymbol{\Lambda}$，这个方位轴$\boldsymbol{\Lambda}$定义了执行器的位置和方向，$\boldsymbol{e}'$垂直于起始和最终的方位轴$\boldsymbol{\Lambda}$。例如将欧拉角的Z轴作为方位轴时，$\boldsymbol{e}'$垂直于初始的Z_0轴和终点的Z轴，围绕$\boldsymbol{e}'$旋转θ角后，再按$\boldsymbol{Q}(\boldsymbol{e}',\theta)$旋转后的$Z$轴转动$(\psi+\phi)$角，从而完成规划的运动。如果机器人执行器的最后一个关节是扭转关节，并与方位轴重合，扭转关节本身就可以完成$(\psi+\phi)$角的转动。另外，式(7.49)和式(7.50)的运动规划可以同时执行，即θ和α同时起动使执行器到达最终的方位，这也是双轴旋转规划方法的优点。

7.3 位置和姿态运动规划

对于一条空间曲线，当机器人末端执行器沿着这条曲线运动时，不仅是执行器沿着曲线上的每一点运动，而且在曲线上每一点都要有确定的姿态，它的必要性是显而易见的。所以

可以定义路径描述函数来描述机械臂执行器在曲线上的位置，而用姿态描述函数来描述执行器在曲线上的姿态。为了描述机械臂执行器的运动，我们给执行器设定一个方位矢量$\boldsymbol{\Lambda}$，这个方位矢量代表执行器的位置和方向，当执行器在工作空间运动时这个方位矢量$\boldsymbol{\Lambda}$变成了时间t的函数$\boldsymbol{\Lambda}(t)$。这时$\boldsymbol{\Lambda}(t_0)$表示执行器在初始时刻$t_0$的方位，而$\boldsymbol{\Lambda}(t_f)$表示终点时刻$t_f$的方位。

7.3.1　路径描述函数

定义$\boldsymbol{P}$为三维矢量，它描述了一段空间曲线$\boldsymbol{\Gamma}[s_i, s_f]$，$s_i$表示曲线$\boldsymbol{\Gamma}$的起点，$s_f$表示曲线$\boldsymbol{\Gamma}$的终点，$\boldsymbol{P}$的值取决于空间曲线的积分长度标量$s$，用一个矢量函数$\boldsymbol{\Pi}(s)$描述曲线的位置$\boldsymbol{P}$，即

$$\boldsymbol{P} = \boldsymbol{\Pi}(s) \tag{7.51}$$

为了描述曲线上某一点的姿态，定义沿着空间曲线切线方向的单位矢量为$\boldsymbol{t}_\Gamma$，如图7.11所示，显然有

$$\boldsymbol{t}_\Gamma = \frac{\mathrm{d}\boldsymbol{P}}{\mathrm{d}s} \tag{7.52}$$

再定义另一矢量$\boldsymbol{n}_\Gamma$，它可以描述矢量$\boldsymbol{t}_\Gamma$的变化，即有

$$\boldsymbol{n}_\Gamma = \frac{1}{\left\|\dfrac{\mathrm{d}^2 P}{\mathrm{d}s^2}\right\|}\frac{\mathrm{d}^2\boldsymbol{P}}{\mathrm{d}s^2} \tag{7.53}$$

式中$\left\|\dfrac{\mathrm{d}^2 P}{\mathrm{d}s^2}\right\|$表示$\dfrac{\mathrm{d}^2 P}{\mathrm{d}s^2}$的绝对值。

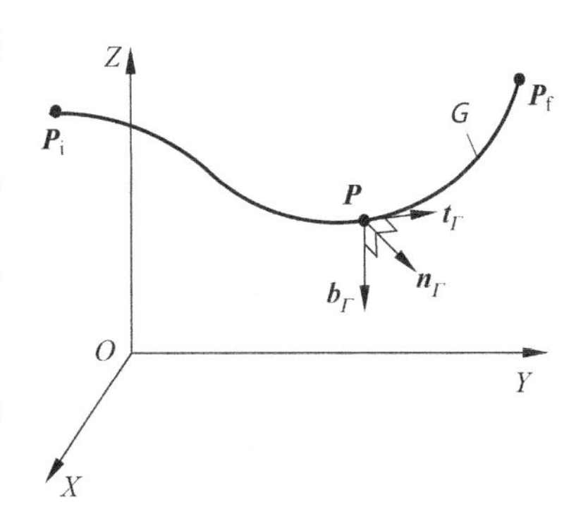

图7.11　空间曲线描述函数

这时第三个方向矢量$\boldsymbol{b}_\Gamma$可由右手规则确定，即

$$\boldsymbol{b}_\Gamma = \boldsymbol{t}_\Gamma \times \boldsymbol{n}_\Gamma \tag{7.54}$$

通过矢量$\boldsymbol{t}_\Gamma$，$\boldsymbol{n}_\Gamma$和$\boldsymbol{b}_\Gamma$不仅可以用函数$\boldsymbol{P}=\boldsymbol{\Pi}(s)$描述曲线点的位置，还可以确定曲线上每一点的姿态。

例题7.5　试分析空间直线段$\boldsymbol{\Gamma}[\boldsymbol{P}_i, \boldsymbol{P}_f]$的姿态特性，其中$\boldsymbol{P}_i$表示直线的起点，$\boldsymbol{P}_f$表示直线的终点。

解：首先根据题意，这段直线的描述函数为

$$\boldsymbol{P}(s) = \boldsymbol{P}_i + \frac{s}{\|\boldsymbol{P}_f - \boldsymbol{P}_i\|}(\boldsymbol{P}_f - \boldsymbol{P}_i) \tag{7.55}$$

又根据空间曲线姿态矢量的定义，有

$$\boldsymbol{t}_\Gamma = \frac{\mathrm{d}P}{\mathrm{d}s} = \frac{\boldsymbol{P}_f - \boldsymbol{P}_i}{\|\boldsymbol{P}_f - \boldsymbol{P}_i\|} \tag{7.56}$$

$$\boldsymbol{n}_\Gamma = \frac{1}{\left\|\dfrac{\mathrm{d}^2\boldsymbol{P}}{\mathrm{d}s^2}\right\|}\frac{\mathrm{d}^2\boldsymbol{P}}{\mathrm{d}s^2} = 0 \tag{7.57}$$

空间直线段姿态特性如图7.12所示。

分析与讨论

例题 7.5 的计算说明，空间直线的位置可以由直线的长度确定，但直线上点的姿态只能确定一个方向 $\boldsymbol{t}_{\Gamma}$，另外两个不确定。这就是说，对于机械手的空间运动，并不是每一点都可以唯一地描述，如直线段的情况，当然如果有必要，可以根据机器人应用情况人为定义直线段的方向矢量 $\boldsymbol{n}_{\Gamma}$ 和 $\boldsymbol{b}_{\Gamma}$。

例题 7.6 试分析空间圆弧$\boldsymbol{\Gamma}$ 的姿态特性，如图 7.13 所示。

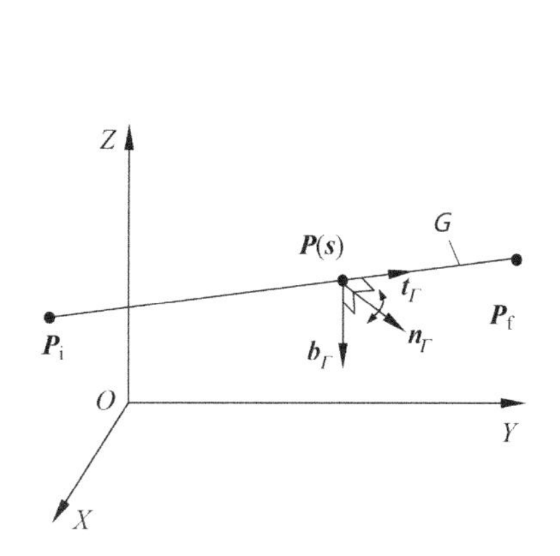

图 7.12 空间直线段的姿态特性

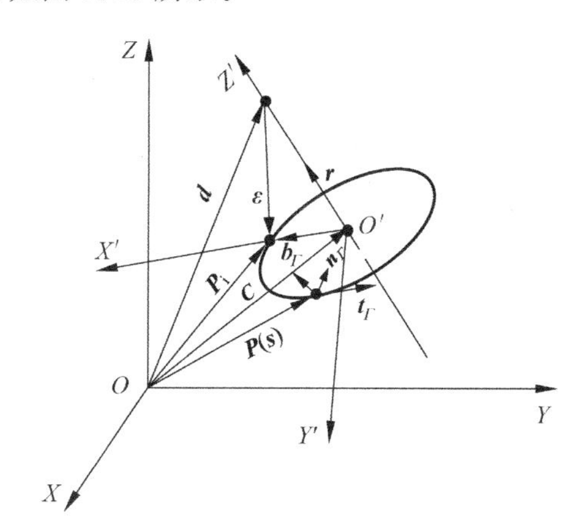

图 7.13 空间圆弧$\boldsymbol{\Gamma}$ 的姿态特性

解：假设空间圆弧曲线在一空间平面内，圆弧轴心的单位矢量为 $\boldsymbol{r}$，$\boldsymbol{d}$ 为圆弧轴线上一点的位置矢量，$\boldsymbol{P}_{\mathrm{i}}$ 为圆弧线上的一点的位置矢量。

现在令$\boldsymbol{\varepsilon}=\boldsymbol{P}_{\mathrm{i}}-\boldsymbol{d}$，则$\boldsymbol{\varepsilon}$ 在圆弧轴线上的投影为$\boldsymbol{\varepsilon}^{\mathrm{T}}\boldsymbol{r}$，则圆心的位置矢量为

$$\boldsymbol{c}=\boldsymbol{d}+(\boldsymbol{\varepsilon}^{\mathrm{T}}\boldsymbol{r})\boldsymbol{r} \tag{7.58}$$

设置 $O'X'Y'Z'$坐标系，Z'坐标方向与 $\boldsymbol{r}$ 重合，X'坐标方向指向 $\boldsymbol{P}_{\mathrm{i}}$，而 Y'坐标方向由右手规则确定。这时可以在 $O'X'Y'Z'$坐标系中表示圆弧的函数为

$$\boldsymbol{P}'(s)=\begin{bmatrix}\rho\cos(s/\rho)\\ \rho\sin(s/\rho)\\ 0\end{bmatrix} \tag{7.59}$$

式中，圆弧的半径 $\rho=\|\boldsymbol{P}_{\mathrm{i}}-\boldsymbol{c}\|$，如果 $\boldsymbol{Q}$ 是坐标系 $O'X'Y'Z'$相对于坐标系 $OXYZ$ 的旋转矩阵，则有

$$\boldsymbol{P}(s)=\boldsymbol{c}+\boldsymbol{Q}\boldsymbol{P}'(s)=\boldsymbol{c}+\boldsymbol{Q}\begin{bmatrix}\rho\cos(s/\rho)\\ \rho\sin(s/\rho)\\ 0\end{bmatrix} \tag{7.60}$$

根据空间曲线姿态矢量的定义，有

$$\boldsymbol{t}_{\Gamma}=\frac{\mathrm{d}\boldsymbol{P}}{\mathrm{d}s}=\boldsymbol{Q}\begin{bmatrix}-\sin(s/\rho)\\ \cos(s/\rho)\\ 0\end{bmatrix} \tag{7.61}$$

$$\boldsymbol{n}_{\Gamma}=\frac{\mathrm{d}^2\boldsymbol{P}}{\mathrm{d}s^2}=\boldsymbol{Q}\begin{bmatrix}-(1/\rho)\cos(s/\rho)\\ -(1/\rho)\sin(s/\rho)\\ 0\end{bmatrix} \tag{7.62}$$

分析与讨论

此例题的计算说明，空间圆弧上的每一点位置和姿态都可以被唯一地描述。实际上，空间曲线如果存在一阶和二阶导数，即可确定曲线上任一点的姿态。

7.3.2 位置的确定

利用路径函数 $\boldsymbol{P}=\boldsymbol{\Pi}(s)$可以描述位置在曲线$\boldsymbol{\Gamma}$上的变化情况，例如机械臂执行器从初始位置$\boldsymbol{P}_{\mathrm{i}}$点(路径 $s=0$,时间 $t=0$)移动到$\boldsymbol{P}_{\mathrm{f}}$点(路径 $s=s_{\mathrm{f}}$,时间 $t=t_{\mathrm{f}}$)，路径 s 即是时间t的函数 $s(t)$，这时可以求出 $\boldsymbol{P}$ 点速度，即

$$\dot{\boldsymbol{P}}=\dot{s}\frac{\mathrm{d}\boldsymbol{P}}{\mathrm{d}s}=\dot{s}\boldsymbol{t}_{\Gamma} \tag{7.63}$$

式(7.63)中 $\dot{s}$ 表示$\boldsymbol{P}$点的速度，而 $\boldsymbol{t}_{\Gamma}$ 则表示该速度的方向，实际上就是 $\boldsymbol{P}$ 点切线的方向，可能是正方向或反方向。同理，如果找出 $\dot{\boldsymbol{P}}$ 随 s 变化的函数，则可以求出该点的加速度，即

$$\ddot{\boldsymbol{P}}(s)=\frac{\mathrm{d}^2 s}{\mathrm{d}t^2}\boldsymbol{t}_{\Gamma}=\ddot{s}\boldsymbol{t}_{\Gamma} \tag{7.64}$$

例题 7.7 试分析空间直线段$\boldsymbol{\Gamma}[\boldsymbol{P}_{\mathrm{i}},\boldsymbol{P}_{\mathrm{f}}]$的速度和加速度特性。

解：在例题 7.5 中求出了这段直线的描述函数为

$$\boldsymbol{P}(s)=\boldsymbol{P}_{\mathrm{i}}+\frac{s}{\|\boldsymbol{P}_{\mathrm{f}}-\boldsymbol{P}_{\mathrm{i}}\|}(\boldsymbol{P}_{\mathrm{f}}-\boldsymbol{P}_{\mathrm{i}})=\boldsymbol{P}_{\mathrm{i}}+s\boldsymbol{t}_{\Gamma} \tag{7.65}$$

对式(7.64)进行求导，可得速度 $\dot{\boldsymbol{P}}(s)$和加速度 $\ddot{\boldsymbol{P}}(s)$为

$$\dot{\boldsymbol{P}}(s)=\frac{\mathrm{d}s}{\mathrm{d}t}\boldsymbol{t}_{\Gamma}=\dot{s}\boldsymbol{t}_{\Gamma} \tag{7.66a}$$

$$\ddot{\boldsymbol{P}}(s)=\frac{\mathrm{d}^2 s}{\mathrm{d}t^2}\boldsymbol{t}_{\Gamma}=\ddot{s}\boldsymbol{t}_{\Gamma} \tag{7.66b}$$

分析与讨论

例题 7.7 说明对于直线段，速度式(7.66a)和加速度式(7.66b)的值就是路径 s 随时间变化的情况，而它们的方向 $\boldsymbol{t}_{\Gamma}$ 在线段正向或反向。

例题 7.8 试分析空间圆弧$\boldsymbol{\Gamma}$ 的速度和加速度特性。

解：在例题 7.6 中求出了空间圆弧$\boldsymbol{\Gamma}$ 的描述函数为

$$\boldsymbol{P}=\boldsymbol{P}(s)=\boldsymbol{c}+\boldsymbol{Q}\begin{bmatrix}\rho\cos(s/\rho)\\ \rho\sin(s/\rho)\\ 0\end{bmatrix} \tag{7.67}$$

由于 $\boldsymbol{c}$ 和$\boldsymbol{Q}$ 是常量，我们可得速度 $\dot{\boldsymbol{P}}(s)$和加速度 $\ddot{\boldsymbol{P}}(s)$为

$$\dot{\boldsymbol{P}}(s)=\boldsymbol{Q}\begin{bmatrix}-\dot{s}\sin(s/\rho)\\ \dot{s}\cos(s/\rho)\\ 0\end{bmatrix} \tag{7.68}$$

$$\ddot{\boldsymbol{P}}(s)=\boldsymbol{Q}\begin{bmatrix}-\frac{1}{\rho}\dot{s}^2\cos\left(\frac{s}{\rho}\right)-\ddot{s}\sin\left(\frac{s}{\rho}\right)\\-\frac{1}{\rho}\dot{s}^2\sin\left(\frac{s}{\rho}\right)+\ddot{s}\cos\left(\frac{s}{\rho}\right)\\0\end{bmatrix}\tag{7.69}$$

分析与讨论

例题7.8的分析中,假设坐标系$O'X'Y'Z'$相对于坐标系$OXYZ$的旋转矩阵是不变化的,即旋转矩阵$\boldsymbol{Q}$是常量。这样式(7.68)和式(7.69)描述了圆弧上点相对于坐标系$O'X'Y'Z'$速度和加速度分布。显而易见,加速度在坐标系$O'X'Y'Z'$的投影包括离心加速度和切向加速度的分量,而在圆弧轴线方向$\boldsymbol{r}$上的投影为零。加速度在坐标系$OXYZ$的投影情况则取决于旋转矩阵$\boldsymbol{Q}$。

7.3.3 姿态的确定

当考虑机械臂执行器的姿态时很容易想起给执行器附加一个坐标系,而后用这个坐标系来描述执行器的姿态。但事实上,这种方法有时会存在缺陷,比如直线段时,除了直线的切线方向,另外两个方向是无法确定的,而直线段是工业机器人经常用的路径规划运动,所以我们不得不考虑另外的手段。这里用欧拉角方法的ZYZ轴转角方法,即

$$\boldsymbol{\phi}=[\phi,\theta,\varphi]\tag{7.70}$$

式中,当$\boldsymbol{\phi}$角随时间的变化确定时,即确定了运动规划,如执行器从初始姿态$\boldsymbol{\phi}_{\mathrm{i}}$到终点姿态$\boldsymbol{\phi}_{\mathrm{f}}$,同样$\boldsymbol{\phi}$函数可以用时间多项式来规划。这时可按前节的方法来确定$\boldsymbol{\phi}$的位置、速度和加速度为

$$\boldsymbol{\phi}=\boldsymbol{\phi}_{\mathrm{i}}+\frac{s}{\|\boldsymbol{\delta}_{\phi}\|}\boldsymbol{\delta}_{\phi}\tag{7.71}$$

$$\dot{\boldsymbol{\phi}}=\frac{\dot{s}}{\|\boldsymbol{\delta}_{\phi}\|}\boldsymbol{\delta}_{\phi}\tag{7.72}$$

$$\ddot{\boldsymbol{\phi}}=\frac{\ddot{s}}{\|\boldsymbol{\delta}_{\phi}\|}\boldsymbol{\delta}_{\phi}\tag{7.73}$$

式中,$\boldsymbol{\delta}_{\phi}=\boldsymbol{\phi}_{\mathrm{f}}-\boldsymbol{\phi}_{\mathrm{i}}$为转角路径$s$的函数,而$s$本身是时间的函数。

反过来,可以根据欧拉角计算执行器坐标系的姿态;假设执行器相对于参考系的初始旋转矩阵为$\boldsymbol{Q}_{\mathrm{i}}$,即$\boldsymbol{Q}_{\mathrm{i}}$代表$O_{\mathrm{i}}X_{\mathrm{i}}Y_{\mathrm{i}}Z_{\mathrm{i}}$;终点的旋转矩阵为$\boldsymbol{Q}_{\mathrm{f}}$,即$\boldsymbol{Q}_{\mathrm{f}}$代表$O_{\mathrm{f}}X_{\mathrm{f}}Y_{\mathrm{f}}Z_{\mathrm{f}}$,则根据欧拉转角原理有

$$\boldsymbol{Q}=\boldsymbol{Q}_{\mathrm{i}}^{\mathrm{T}}\boldsymbol{Q}_{\mathrm{f}}=\begin{bmatrix}q_{11}&q_{12}&q_{13}\\q_{21}&q_{22}&q_{23}\\q_{31}&q_{32}&q_{33}\end{bmatrix}\tag{7.74}$$

现在假设矩阵$\widetilde{\boldsymbol{Q}}$可以描述从初始旋转矩阵$\boldsymbol{Q}_{\mathrm{i}}$运动到终点的旋转矩阵$\boldsymbol{Q}_{\mathrm{f}}$,显然有$\widetilde{\boldsymbol{Q}}(0)=\boldsymbol{E}$,即为单位矩阵,并且$\widetilde{\boldsymbol{Q}}(t_{\mathrm{f}})=\boldsymbol{Q}_{\mathrm{f}}$,从而可以找到等效转轴$\boldsymbol{e}$和等效转角$\alpha$,即有

$$e = \frac{1}{2\sin\alpha}\begin{bmatrix} q_{32} - q_{23} \\ q_{13} - q_{31} \\ q_{21} - q_{12} \end{bmatrix} \tag{7.75}$$

$$\alpha = \arccos[(q_{11} + q_{22} + q_{33} - 1)/2] \tag{7.76}$$

只要 $\sin\alpha \neq 0$，等效转角 $\alpha(0)=0$，$\alpha(t_f)=\alpha$，则描述姿态的旋转矩阵为

$$\widetilde{\boldsymbol{Q}} = \boldsymbol{Q}_i \boldsymbol{Q}(\alpha) \tag{7.77}$$

当机械臂执行器的姿态运动过程确定后，则可以根据逆向运动学计算出关节空间的各个关节转角的运动规划。

7.4 点到点规划

机械臂点到点的运动就是在一定时间区间，从一个起点的位置和姿态移动到终点的位置和姿态，似乎对于中间的路径并没有特别的要求。实际上，为了优化控制及节省能量，并考虑到工业机器人本体的性能特点，即使是点到点的运动规划，中间的路径也需要满足一些条件，如规划的曲线满足能量最小原则等。

7.4.1 三阶多项式规划

假设在 $0 \sim t_f$ 时间，关节角度 θ 从 θ_i 移动到 θ_f，则这一运动过程必然涉及角速度 $\omega = \dot{\theta}$ 和角加速度 $\dot{\omega} = \ddot{\theta}$ 的变化。如果连杆的转动惯性为 I，驱动电动机提供的转矩为 τ，则动力学方程为

$$I\dot{\omega} = \tau \tag{7.78}$$

关节角的运动关系为

$$\int_0^{t_f} \omega(t)\,\mathrm{d}t = \theta_f - \theta_i \tag{7.79}$$

基于最小能耗的原则，我们运动规划要求使下式达到最小

$$\int_0^{t_f} \tau^2(t)\,\mathrm{d}t \tag{7.80}$$

结果已经证明当速度为二阶多项式时，总能耗保持了最小原则，也即关节角的运动规划为三阶多项式，故角速度 $\omega(t)$ 具有如下形式：

$$\omega(t) = at^2 + bt + c \tag{7.81}$$

如上的讨论，取关节角 $\theta(t)$ 的规划函数为

$$\theta(t) = a_0 + a_1 t + a_2 t^2 + a_3 t^3 \tag{7.82}$$

可以导出角速度 $\dot{\theta}(t)$ 和角加速度 $\ddot{\theta}(t)$ 为

$$\dot{\theta}(t) = a_1 + 2a_2 t + 3a_3 t^2 \tag{7.83}$$

$$\ddot{\theta}(t) = 2a_2 + 6a_3 t \tag{7.84}$$

当关节角为三阶多项式时，共有4个系数待定；可以将边界条件起点 $t=0$ 时，$\theta(0)=\theta_i$，$\dot{\theta}(0)=\dot{\theta}_i$；终点 $t=t_f$ 时，$\theta(t_f)=\theta_f$，$\dot{\theta}(t_f)=\dot{\theta}_f$ 代入式(7.11)，求出各个系数如下：

$$a_0=\theta_i \tag{7.85a}$$

$$a_1=\dot{\theta}_i \tag{7.85b}$$

$$a_2=\frac{-t_f(\dot{\theta}_f+2\dot{\theta}_i)-3(\theta_i-\theta_f)}{t_f^2} \tag{7.85c}$$

$$a_3=\frac{t_f(\dot{\theta}_f+\dot{\theta}_i)+2(\theta_i-\theta_f)}{t_f^3} \tag{7.85d}$$

例题 7.9　假设边界条件起点 $t=0$，$\theta(0)=0$，$\dot{\theta}(0)=0$；终点 $t=1$ 时，$\theta(t_f)=\pi$，$\dot{\theta}(t_f)=0$；试分析三阶多项式的规划函数特性。

解：将边界条件代入式(7.85)，可得出各个系数为

$$a_0=a_1=0 \tag{7.86a}$$

$$a_2=3\pi \tag{7.86b}$$

$$a_3=-2\pi \tag{7.86c}$$

再将系数代入式(7.82)～式(7.84)，导出规划函数为

$$\theta(t)=3\pi t^2-2\pi t^3 \tag{7.87}$$

$$\dot{\theta}(t)=6\pi t-6\pi t^2 \tag{7.88}$$

$$\ddot{\theta}(t)=6\pi-12\pi t \tag{7.89}$$

分析与讨论

例题7.9采用三阶多项式为规划函数，从计算结果来看，在 $0\sim t_f$ 时间内，角速度和角加速度都是连续的。角速度为抛物线，在起点和终点都为零；而角加速度为线性下降，但在起点和终点并不为零，是否造成冲击还要看下一段规划的要求，如果下一段的角速度和角加速度都为零，则肯定存在冲击问题。若接着返回，则连续了 t_f 时刻的加速度，可以缓解或消除冲击现象。

7.4.2　梯形速度规划

如果将角速度规划成梯形分布，在 $t=t_c$ 时和 $t=t_f-t_c$ 时，速度梯形高为 $\dot{\theta}_c$，如图7.14所示。我们可以推导出角加速度及关节角度随时间的变化规律。时间段 $0\sim t_c$ 为加速的时间，加速度为恒定值 $\ddot{\theta}_c$；而在 $(t_f-t_c)\sim t_f$ 时间段，加速度为恒定值 $-\ddot{\theta}_c$；在 $t_c\sim(t_f-t_c)$ 时间段，加速度为零。显然，由图7.14所示的关系，不难找出整个规划函数为

$$\theta(t)=\begin{cases}\theta_i+\dfrac{1}{2}\ddot{\theta}_c t^2, & 0\leqslant t\leqslant t_c\\ \theta_i+\ddot{\theta}_c t_c\left(t-\dfrac{t_c}{2}\right), & t_c<t\leqslant t_f-t_c\\ \theta_f-\dfrac{1}{2}\ddot{\theta}_c(t_f-t)^2, & t_f-t_c<t\leqslant t_f\end{cases} \tag{7.90}$$

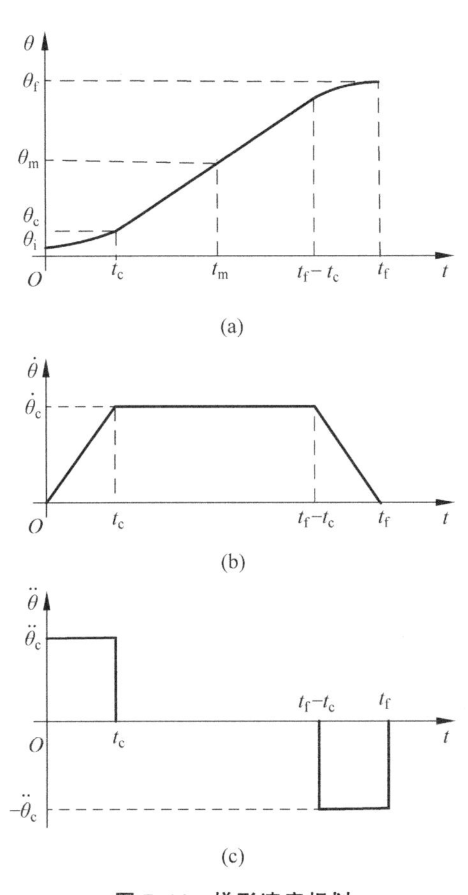

图 7.14 梯形速度规划

(a) 角位移；(b) 角速度；(c) 角加速度

另外，从角速度的分布图可以看出，为保证有足够的提速时间，应有 $t_c \leqslant t_f/2$；如果假设 t_m 为时间中点，则 $t_c < t_m = t_f/2$，则有

$$\ddot{\theta}_c t_c = \dot{\theta}_c = \frac{\theta_m - \theta_c}{t_m - t_c} \tag{7.91}$$

如果起始关节角度为 θ_i，则有

$$\theta_c = \theta_i + \frac{1}{2}\ddot{\theta}_c t_c^2 \tag{7.92}$$

从图 7.14 可以看出，规划曲线在 t_f 时间内转动的角度为$(\theta_f - \theta_i)$，另一方面我们可以从加速到匀速再到减速的过程计算出转动的角度为$(\theta_f - \theta_i)$，即有

$$\theta_f - \theta_i = \frac{1}{2}\ddot{\theta}_c t_c^2 + \ddot{\theta}_c t_c (t_f - 2t_c) + \frac{1}{2}\ddot{\theta}_c t_c^2 \tag{7.93}$$

整理方程式(7.93)有

$$\ddot{\theta}_c t_c^2 - \ddot{\theta}_c t_c t_f + \theta_f - \theta_i = 0 \tag{7.94}$$

将 t_c 看做一元二次方程，可以解出

$$t_c=\frac{1}{2}t_f\pm\frac{1}{2}\sqrt{\frac{t_f^2\ddot{\theta}_c-4(\theta_f-\theta_i)}{\ddot{\theta}_c}} \tag{7.95a}$$

由于 $t_c<\frac{1}{2}t_f$,我们可以取

$$t_c=\frac{1}{2}t_f-\frac{1}{2}\sqrt{\frac{t_f^2\ddot{\theta}_c-4(\theta_f-\theta_i)}{\ddot{\theta}_c}} \tag{7.95b}$$

进一步为保证在时间段 $0\sim t_f$ 完成关节角的移动,应有

$$\|\ddot{\theta}_c\|\geqslant\frac{4}{t_f^2}\|\theta_f-\theta_i\| \tag{7.96}$$

若已知 $\dot{\theta}_c$,由式(7.94)可得 t_c 的另一计算式为

$$t_c=\frac{\theta_i-\theta_f+\dot{\theta}_c t_f}{\dot{\theta}_c} \tag{7.97}$$

同时,还可以计算 t_c 点的加速度为

$$\ddot{\theta}_c=\frac{\theta_f-\theta_i}{t_c t_f-t_c^2} \tag{7.98}$$

例题 7.10 假设边界条件起点 $t_i=0,\theta_i=0$,终点 $t_f=1$ 时,$\theta_f=\pi$;且 $\ddot{\theta}_c=6\pi$。试分析梯形速度规划函数的特性。

解:由式(7.95a)计算出 t_c 为

$$t_c=\frac{1}{2}-\frac{1}{2}\sqrt{\frac{6\pi-4\pi}{6\pi}}=\frac{1}{2}-\frac{1}{6}\sqrt{3} \tag{7.99}$$

将边界条件代入式(7.90),可得出各梯形速度规划函数为

$$\theta(t)=\begin{cases}3\pi t^2, & 0\leqslant t\leqslant t_c\\ (3-\sqrt{3})\pi\left(t-\frac{3-\sqrt{3}}{12}\right), & t_c<t\leqslant t_f-t_c\\ \pi-3\pi(1-t)^2, & t_f-t_c<t\leqslant t_f\end{cases} \tag{7.100}$$

相应的角速度和角加速度为

$$\dot{\theta}(t)=\begin{cases}6\pi t, & 0\leqslant t\leqslant t_c\\ (3-\sqrt{3})\pi, & t_c<t\leqslant t_f-t_c\\ -6\pi t+6\pi, & t_f-t_c<t\leqslant t_f\end{cases} \tag{7.101}$$

$$\ddot{\theta}(t)=\begin{cases}6\pi, & 0\leqslant t\leqslant t_c\\ 0, & t_c<t\leqslant t_f-t_c\\ -6\pi, & t_f-t_c<t\leqslant t_f\end{cases} \tag{7.102}$$

分析与讨论

例题 7.10 采用梯形规划函数,从计算结果来看,在 $0\sim t_f$ 时间内,角加速度在两端有突变,中间为零;关节角在两端为抛物线,中间为线性上升;在起点和终点加速度并不为零,

是否造成冲击还要看下一段的规划。在同等操作条件下，采用梯形速度规划的能耗比三阶多项式规划大一点，大约相差10%。

7.5 连续轨迹规划

在实际的工业机器人应用中，即使是简单的点到点的抓放动作，也往往需要有连续的轨迹控制，因为物体的抓与放都有一定的边界条件限制，所以对点到点的抓放动作也需要插入适当的中间点或过渡点，形成连续的控制规划。而对于复杂的动作，往往需要插入一系列的过渡点，以形成实用有效的控制规划。另外，为了降低控制的复杂性，可以通过插入中间点及适当的低阶函数来完成这个任务。

7.5.1 过渡点速度连续轨迹规划

过渡点速度连续轨迹规划意味着在过渡点前后两边的规划函数在该点的速度相同，假设包括起点、终点和过渡点，轨迹规划共有 N 个点，则需要 $N-1$ 个规划函数。设第 k 个规划函数为 $\rho_k(t_k)$，$(k=1,2,\cdots,N-1)$。按照轨迹和速度的连续性要求应有

$$\rho_k(t_k)=\theta_k \tag{7.103a}$$

$$\rho_k(t_{k+1})=\theta_{k+1} \tag{7.103b}$$

$$\dot{\rho}_k(t_k)=\dot{\theta}_k \tag{7.103c}$$

$$\dot{\rho}_k(t_{k+1})=\dot{\theta}_{k+1} \tag{7.103d}$$

这样有 $4(N-1)$ 个方程和同样数量的多项式待定系数，当给定速度连续条件时，就可以计算出所有的多项式系数。一般情况下，取起点和终点的速度为零，即 $\dot{\theta}_1=\dot{\theta}_N=0$，为保证速度的连续性，有

$$\dot{\rho}_k(t_{k+1})=\dot{\rho}_{k+1}(t_{k+1}),\quad k=1,2,\cdots,N-2 \tag{7.104}$$

式(7.104)表示前一段规划曲线的终点速度与后一段规划曲线的起点速度相同。依据边界条件计算出所有的三阶多项式系数，则完成了轨迹规划函数的设计。

对于过渡点两边曲线不对称且速度不同的应用场合，为简化计算可取该点的速度为

$$\dot{\theta}_k=\begin{cases}0, & \operatorname{sgn}(v_k)\neq\operatorname{sgn}(v_{k+1})\\ \dfrac{1}{2}(v_k+v_{k+1}), & \operatorname{sgn}(v_k)=\operatorname{sgn}(v_{k+1})\end{cases} \tag{7.105}$$

式中，$v_k=(\theta_k-\theta_{k-1})/(t_k-t_{k-1})$ 为多项式 ρ_k 段的平均速度。

7.5.2 过渡点加速度连续轨迹规划

如果机械臂的操作运动要求不仅仅是速度连续，还需要加速度也连续，那么相邻的两条轨迹规划要在过渡点满足如下方程：

$$\rho_{k-1}(t_k)=\theta_k \tag{7.106a}$$

$$\rho_{k-1}(t_k)=\rho_k(t_k) \tag{7.106b}$$

$$\dot{\rho}_{k-1}(t_k)=\dot{\rho}_k(t_k) \tag{7.106c}$$

$$\ddot{\rho}_{k-1}(t_k)=\ddot{\rho}_k(t_k) \tag{7.106d}$$

假设整个规划有 N 个点，除了起点和终点外，有 $(N-2)$ 个过渡点，则总共有 $4(N-2)$ 个方程(7.106)，但整个规划有 $(N-1)$ 个轨迹多项式方程，如果用三阶多项式设计轨迹函数，则共有 $4(N-1)$ 个未知数，方程(7.106)的系数不能全部解出。但如果起点和终点的信息，即位置、速度和加速度都被指定，则方程(7.106)是可解的。当起点和终点的信息不能完整获得时(如缺少位置信息)，则对于仅有 4 个系数的三阶多项式规划函数，可以设置两个虚拟点 P_i 和 P_f，这时可以根据需要指定或计算虚拟点速度和加速度，从而使整个规划连续并可解。一般虚拟点 P_i 可以设置在起点稍后，而虚拟点 P_f 在终点稍前。

另外，由于要求过渡点的加速度连续，不难找出加速度一般表达式为

$$\ddot{\rho}_k(t)=\frac{\ddot{\rho}_k(t_k)}{\Delta t_k}(t_{k+1}-t)+\frac{\ddot{\rho}_k(t_{k+1})}{\Delta t_k}(t-t_k),\quad k=1,P_i,2,\cdots,(N-1),P_f,N \tag{7.107}$$

式中，k 包括两个虚拟点 P_i 和 P_f；而 $\Delta t_k=(t_{k+1}-t_k)$ 为两相邻点之间的时间间隔。对式(7.107)进行两次积分，并注意到边界条件可得

$$\begin{aligned}\rho_k(t)=&\frac{\ddot{\rho}_k(t_k)}{6\Delta t_k}(t_{k+1}-t)^3+\frac{\ddot{\rho}_k(t_{k+1})}{6\Delta t_k}(t-t_k)^3+\left(\frac{\rho_k(t_k)}{\Delta t_k}-\frac{\Delta t_k\ddot{\rho}_k(t_k)}{6}\right)(t_{k+1}-t)+\\&\left(\frac{\rho_k(t_{k+1})}{\Delta t_k}-\frac{\Delta t_k\ddot{\rho}_k(t_{k+1})}{6}\right)(t-t_k),\quad k=1,P_i,2,\cdots,(N-1),P_f,N\end{aligned} \tag{7.108}$$

利用方程(7.108)可以规划出加速度也连续的机械臂执行器运动轨迹。根据实际应用情况，为方便计算，时间间隔 Δt_k 可以相等。但注意虚拟点 P_i 在最前两点之间，而虚拟点 P_f 在最后两点之间。当边界条件提供的信息多于解的需要时，可以根据实际情况决定取舍或优选边界条件，而这往往发生在虚拟点附近或起点和终点附近。

分析与讨论

我们已经讨论了速度连续和加速度连续的规划方法，实际可以根据需要混合使用，往往是现场应用工况决定了轨迹规划的特性。仅仅抓放操作，中间点的要求也许并不严格，但对于焊缝和激光切割的轨迹跟踪，则整个轨迹中间点或许就要有连续的速度及加速度；另外，最低能耗的轨迹设计也是需要注意的技术指标。

小　结

本章首先讨论了运动轨迹规划的方法，包括关节空间轨迹规划和笛卡儿空间轨迹规划，两种轨迹规划方法均有各自的特点，需要根据不同的情况和需求进行选择；然后分别介绍了轨迹规划中的点到点规划和连续轨迹规划方法，并通过轨迹规划算法来计算机械臂执行运动控制器的输入；最后讨论了机械臂执行器的位置和姿态的规划。

练 习 题

7.1 在[0,1]时间区间内，使用三次多项式曲线轨迹 $\theta(t)=10+5t+70t^2-45t^3$。试求该轨迹的起点和终点的位置、速度和加速度。

7.2 已知 $\theta(0)$，$\dot{\theta}(0)$，$\ddot{\theta}(0)$和(t_f)，求三次多项式曲线轨迹 $\theta(t)=a_0+a_1t+a_2t^2+a_3t^3$ 中的系数。

7.3 一转动关节从$-145°$运动到$495°$，用时4s，若起点和终点的速度和加速度均为零，试求平滑曲线轨迹的多项式。

7.4 如图7.15所示的三连杆机械臂，当 $t=0$ 时，$\theta_i=0(i=1,2,3)$，这时机械臂所有连杆的 $X_i(i=1,2,3)$轴与 X_0 重合；假设当 $t_f=10$s 时，机械臂各个连杆同时运动到 $\theta_1=45°$，$\theta_2=30°$，$\theta_3=-90°$。假设机械臂在起点和终点的速度和加速度都为0，并且 $\Delta=1.0$s，试设计三连杆机械臂的运动规划。

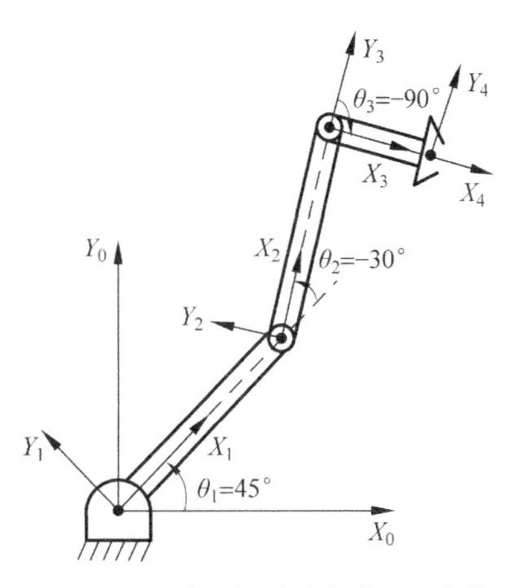

图7.15 三连杆机械臂关节运动规划

7.5 如图7.15所示的三连杆机械臂，仍然假设当 $t=0$ 时，$\theta_i=0(i=1,2,3)$，这时机械臂所有连杆的 $X_i(i=1,2,3)$轴与 X_0 重合；当 $t_f=10$s 时，机械臂各个连杆同时运动到 $\theta_1=45°$，$\theta_2=30°$，$\theta_3=-90°$。但是由于机械臂实际操作的需要，连杆转角 θ_1 必须穿过点 $t=5$s 时，使转角 $\theta_{11}=60°$。假设机械臂在起点和终点的速度和加速度都为0，并且 $\Delta=1$s，试设计机械臂连杆转角 θ_1 合适的速度 $\dot{\theta}_{11}$ 和加速度 $\ddot{\theta}_{11}$ 使连杆转角 θ_1 运动规划平滑完整。

7.6 已知一台单连杆机械臂的关节起点位置为 $\theta_0=5°$，该机械臂从静止开始在4s内平滑移动到终点位置 $\theta_f=80°$。试进行下列计算：

(1) 计算完成此运动的轨迹方程；

(2) 计算 $t=2$s 时的关节位置；

(3) 绘出该关节的位置、速度和加速度曲线。

7.7 如图7.16的机械臂执行器的起点(图7.16(a))和终点(图7.16(b))姿态，假设在0～1s内完成这一动作，试设计机械臂执行器单轴旋转的轨迹规划。

7.8 将练习题7.7中机械臂执行器的轨迹规划用双轴旋转法来完成。

7.9 试分析空间直线段 $x+y+z=0$ 的姿态特性，其中$[0\quad 0\quad 0]^T$为直线的起点，$[2\quad 3\quad -5]^T$为直线的终点。

7.10 试分析圆弧 $x^2+y^2=16$ 的姿态特性。

7.11 试分析空间直线段 $x+y+z=9$ 的速度和加速度特性，其中$[3\quad 3\quad 3]^T$为直线的起点，$[6\quad 6\quad -3]^T$为直线的终点。

7.12 试分析空间圆弧 $x^2+y^2=25$ 的速度和加速度特性。

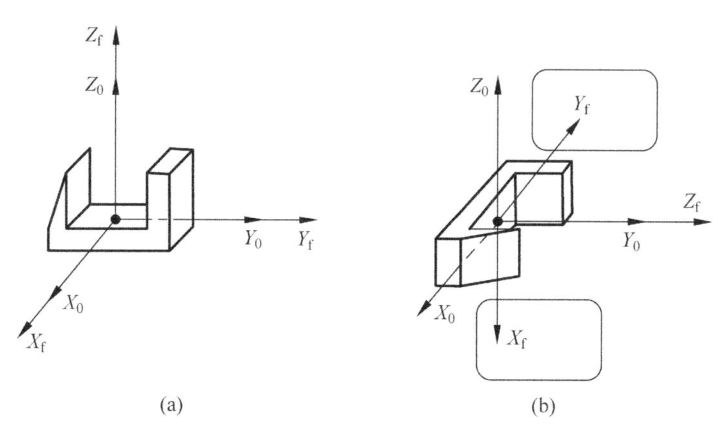

图 7.16　机械臂执行器的初始姿态和最终姿态

(a) 初始姿态；(b) 最终姿态

7.13　假设边界条件起点 $t=0,\theta(0)=0,\dot{\theta}(0)=0$,终点 $t=2\mathrm{s}$ 时,$\theta(t_f)=2\pi,\dot{\theta}(t_f)=0$；试设计三阶多项式的规划函数。

7.14　假设边界条件起点 $t_i=0,\theta_i=0$,终点 $t_f=10\mathrm{s}$ 时,$\theta_f=2\pi$；且 $\ddot{\theta}_c=5\pi$。试设计梯形速度规划函数。

7.15　试设计如图 5.21 所示 SCARA 机械臂执行器绘出平面圆环的各个关节角的运动规划(自行设计有关的参数)。

7.16　试设计如图 5.22 所示机械臂执行器绘出平面直线的各个关节角的运动规划(自行设计有关的参数)。

实　验　题

扫描二维码可以浏览第 7 章实验的基本内容。

7.1　工业机械臂的关节空间规划

工业机器人在运动过程中,运动规划是不可或缺的。多自由度的机械臂所对应的各个关节,每个关节也都需要进行关节运动空间的规划。在本实验中,我们将对一个三连杆机构的三个关节的运动情况进行探讨。我们会已知每个关节起点和终点,进而规划三个关节的运动过程。通过 MATLAB 对运动规划的计算,帮助我们深入了解运动规划的计算过程,并通过输出的视图对比各个关节的运动规划情况。

7.2　给定中间通过点的工业机械臂的关节空间规划

本实验将继续探讨机械臂关节的空间规划问题,我们将针对一个关节在运动规划后的运动情况进行探讨，在给定起点、终点的同时，又加入了关节在运动过程中必须要经过的中间点。我们将进一步应用 MATLAB 对含有通过中间指定过程点的关节进行规划计算，从而，我们可以通过更改中间点处的设定条件(即角速度和角加速度)来分析研究关节的空间规划过程。

7.3 工业机械臂的点到点运动规划

在本章内容中，我们学到用关节空间的运动规划并不能直接描述机械臂执行器在工作空间的运动轨迹，因而选择笛卡儿空间规划方法来确定机械臂的运动轨迹。我们将针对笛卡儿空间规划的点到点运动规划来进行本次实验，即我们可以设置机械臂末端的位姿，并执行规划好的运动。

7.4 工业机械臂的连续轨迹运动规划

本实验将继续探讨机械臂的笛卡儿空间规划中的直线规划问题，即已知直线的始末两点的位置和姿态，利用插补算法求解直线轨迹上各插补点的位姿，确定机械臂的运动轨迹。本实验将会帮助我们进一步学习直线轨迹运动规划的原理，并且学习如何应用桌面机械臂绘制一条直线或者一个矩形。

第7章教学课件

第 8 章

6轴桌面机械臂控制算法实例及应用

前面的章节详细讲解了机器人学的相关基本理论和知识，包括机器人学的数学基础、运动学、动力学、控制和轨迹规划等相关知识。本章将结合前面的知识，重点讲解如何将这些机器人学的理论基础应用于实际的控制和操作，最终实现控制一台桌面机械臂。

工业生产中常用的机械臂主要来自机器人“四大家族”（安川、发那科、ABB和KUKA）。作为工业机器人行业的传统生产商，他们都在多年的研发过程中更新迭代出有自己特色的机器人控制系统及一整套特有并且简单易用的操作编程指令，目前市面上已经有各种各样的教材重点讲解如何控制操作一台工业机械臂，这些教材大部分是针对工程实践类的高等职业院校的学生编写的，在学习的过程中不需要深入学习机器人学关于控制算法方面的知识就可以对工业机器人进行操作。工业机器人往往将这些底层的运动控制方法和机器人学算法集成在各个厂家专门研发的机械臂控制器中，普通的使用者在正常使用过程中接触不到这些机械臂控制的相关内容。

工业机器人在工业自动化过程中发挥了重要作用，它由机械臂结构本体、控制器和伺服驱动器三个主要部分组成。工业机器人控制器是机械臂系统中最重要的组成部分，它的性能直接决定了工业机器人的准确性和可靠性，将直接影响工业机器人的性能。与桌面机械臂控制器比较而言，工业级控制器的精度、可靠性、实时性等各个方面都更好，但是其成本也比桌面级机器人控制器要高得多。

传统的工业机器人控制器多采用“PC＋运动控制卡”的架构，如图 8.1 所示。个人计算机用来实现人机接口操作界面，作为上位机来工作。专业的运动控制卡用来完成复杂的运动学正逆求解、速度规划、插补计算等功能。传统工业机器人控制器多采用此架构，但是该结构的控制器存在可拓展性差、布线复杂、结构复杂等缺点。

以工业现场总线技术为基础的机器人控制器，如图 8.2 所示。这种架构的工业机器人控制器通常基于“工控机/嵌入式处理器＋实时操作系统＋工业现场总线通信 EtherCAT”的结构来实现工业机器人的控制（如图 8.3 所示），具有布线简单、可拓展性好、刷新速度快的优点。这种架构的控制器是当今工业机器人控制系统的主流发展方向。

图 8.1　运动控制卡

资料来源：http://www.szleadtech.com.cn/goods

图 8.2　工控机

资料来源：http://www.itfly.pc-fly.com

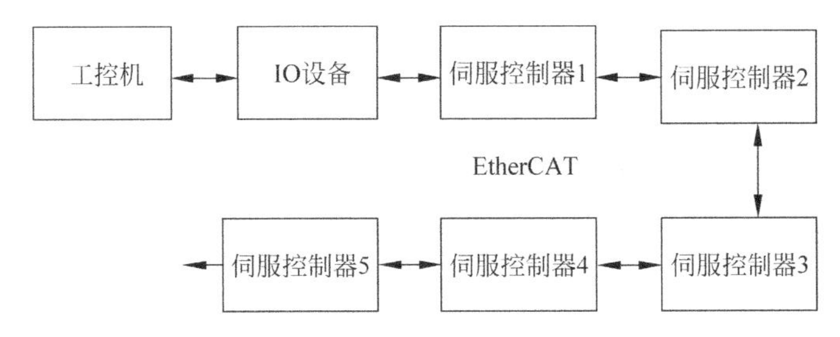

图 8.3 基于 EtherCAT 总线的工业机器人控制系统结构

本章所讲解的机械臂控制实例区别于工业机械臂，是基于小型桌面机械臂的，具体讲解将机器人学中的运动学等相关理论应用于一台小型桌面机械臂，控制桌面机械臂实现点位控制以及轨迹控制。本章还会讲解桌面机械臂的运动控制系统原理，如果说机器人学中的运动学原理解决的是桌面机械臂运动的准确性问题，那么运动控制系统解决的是桌面机械臂运动的平稳性问题，它位于桌面机械臂控制系统的底层，直接影响桌面机械臂运动的控制效果。

8.1 桌面机械臂

近年来，市场上的桌面机械臂产品发展迅速，如 UFACTORY 公司的 4 轴桌面机械臂 uArm，深圳越疆科技有限公司研发的机械臂 DOBOT、优傲机器人 UR3 和北京勤牛创智科技有限公司的 WLKATA 等(图 8.4 和图 8.5)。

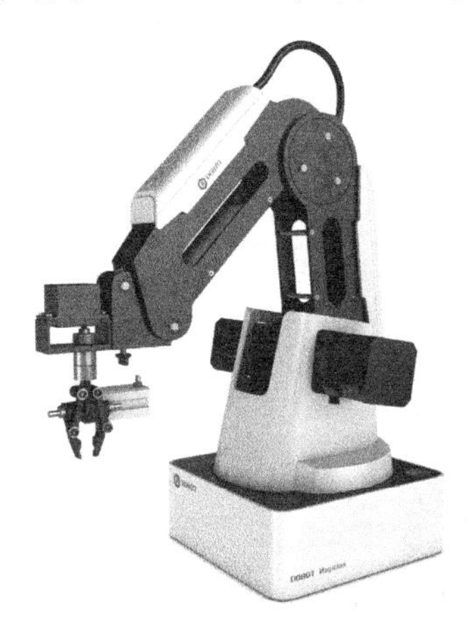

图 8.4 桌面机械臂 DOBOT

资料来源：https://cn.dobot.cc/

图 8.5 桌面机械臂 WLKATA

资料来源：http://www.wlkata.com/

区别于传统的大型工业机械臂，桌面机械臂具有以下特点：

1）机械结构轻型化、小型化

比起工业机械臂几十千克甚至几百千克的质量，大部分桌面机械臂质量仅在 2kg 以内，一个成年人完全可以单手将其搬运。桌面机械臂的开发除了着重安全因素和控制成本，还需要有适当的精度、速度和各种用于机器人学习的操作功能，如写字绘画、抓取和搬运等功能。

2）控制系统硬件简单

工业机械臂控制系统已经发展成为专门的技术和学科，图 8.6 所示为一款 KUKA 的工业机械臂控制器，其采用多内核 X86 架构的高性能处理器，可同时支持 9 个轴的控制，IP54 级防护。其特点是硬件性能极高，软件运行可靠稳定，并且操作维护方便。

图 8.6 工业机械臂控制器图

资料来源：https://www.kuka.com/

桌面机械臂多采用 STM32 单片机或者 Arduino 等简单的控制芯片。Arduino 是一款便捷灵活且方便上手的开源电子平台，采用 C 语言编程，其最大的优势在于把开发人员学习使用控制器的门槛降到最低，使开发人员能够把研究的重点放在算法上，而不是如何设计和操作控制器上。

考虑到 WLKATA 作为 6 自由度桌面机械臂在结构上类似工业机械臂，本章将 WLKATA 作为案例进行有关的讨论和学习。目前，市场上的一些开源 3D 打印机和雕刻机的运动控制器都采用了 Arduino，桌面机械臂控制器采用的是 Arduino Mega 2560 控制器。就机械臂控制系统硬件接口而言，6 自由度桌面机械臂控制需要控制 6 个步进电动机，每个步进电动机需要一个脉冲发送接口、一个步进电动机使能接口、一个方向控制接口和一个复位时使用的行程开关接口。如果桌面机械臂末端有舵机控制的夹具或者气泵，还需要一个或两个 PWM 输出接口。上述是使用 Arduino 作为控制器的 6 自由度桌面机械臂所必须具有的一些典型接口。图 8.7 所示为本章讲解的桌面机械臂控制器 Arduino Mega 2560 的引脚接口定义。

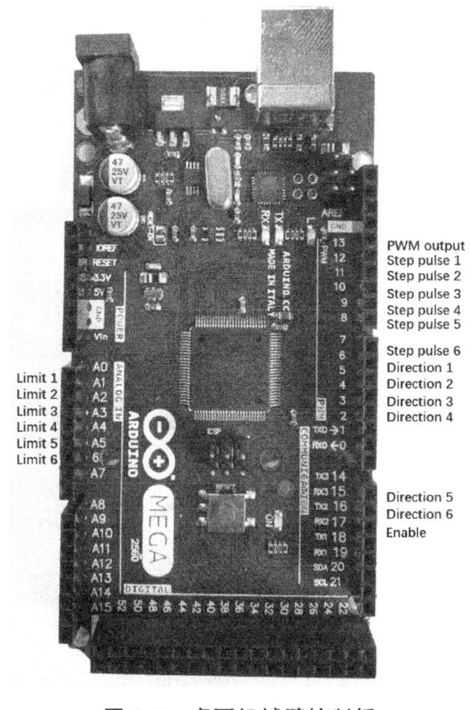

图 8.7 桌面机械臂控制板

资料来源：https://www.arduino.cc/

3）采用微型电动机驱动

机械臂运动关节采用步进电动机驱动，其步进电动机驱动器采用 A4988 等微型低成本芯片驱动。

小型的步进电动机驱动芯片多采用 A4988(图 8.8)、LV8729 和 DRV8825 等微型驱动芯片。由于桌面机械臂多采用尺寸为 42mm 或者更小的步进电动机，其工作电流在 2A 以下，因此桌面机械臂所采用的步进电动机驱动大多采用上述几种微型驱动模块。

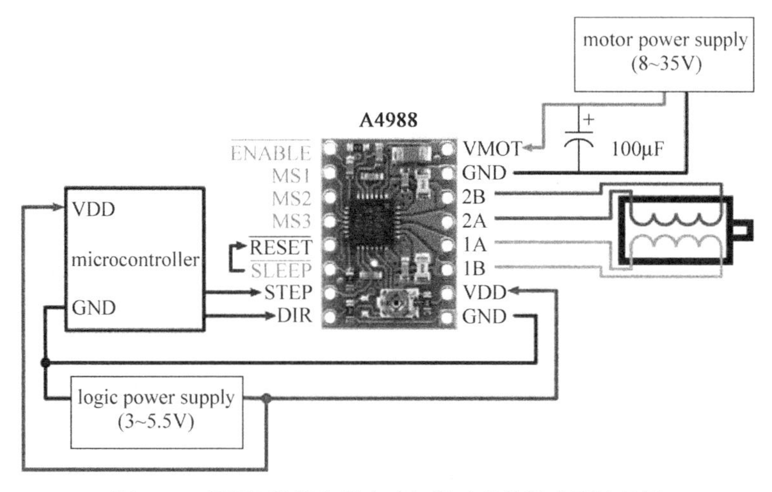

图 8.8 桌面机械臂步进电动机驱动芯片及典型连接图

资料来源：http://image.baidu.com/search/

A4988 模块最大理论输出电流为 2A，步进电动机控制模式最大支持 16 细分，即可以将步进电动机的一个运动微步细分 16 份，可通过模块自带的电位器调整输出电流大小。图 8.8 所示为 A4988 模块引脚定义以及典型步进电动机控制连接图。可以使用包括 Arduino 在内的单片机微控制器来产生驱动步进电动机运动的控制脉冲和运动方向信号。脉冲信号连接到 A4988 的 STEP 引脚上，微控制器每发出一个脉冲信号，A4988 驱动步进电动机运动一个微步。运动方向信号连接到 A4988 的 DIR 引脚上，微控制器发出高电平或者低电平信号，从而控制 A4988 驱动步进电动机向顺时针或逆时针方向转动。A4988 的"1A、1B、2A、2B"引脚用来连接常见的两相四线步进电动机的四根输入电源线，其中"1A、1B"连接步进电动机的一相，而"2A、2B"连接步进电动机的另一相。A4988 的供电引脚有两组，VDD 和靠近它的 GND 连接控制信号的 5V 电源，VMOT 和靠近它的 GND 连接 8～35V 电压限制的电动机动力电源。引脚"MS1、MS2、MS3"的高低电平状态用来设置步进电动机的细分参数，不同设置对应的细分如表 8.1 所示。

表 8.1 A4988 细分参数设置

MS1	MS2	MS3	对应细分数
低电平	低电平	低电平	无细分
高电平	低电平	低电平	1/2 细分
低电平	高电平	低电平	1/4 细分
高电平	高电平	低电平	1/8 细分
高电平	高电平	高电平	1/16 细分

对于 A4988 模块的使用而言，重要的是要保证有良好的散热，其最大电流技术指标虽然能够达到 2A，但是当电流接近 2A 时，芯片发热会非常严重，如果不能保证良好的散热，该模块会发生严重的丢步现象。

4）开源运动控制系统

桌面机械臂多采用开源运动控制系统，如修改后的开源 marlin 运动控制系统和 grbl 运动控制系统。其开源固件标志图如图 8.9 和图 8.10。

图 8.9　marlin 开源固件标志

资料来源：https://marlinfw.org

图 8.10　grbl 开源固件标志

资料来源：https://github.com/gnea/grbl

2009 年挪威工程师 Simen 在开源社区发布了早期的 grbl 开源运动控制系统固件代码。之后，grbl 开源项目由美国科罗拉多大学 SungeunK. Jeon 博士接手继续维护并更新版本。grbl 是能够运行在低成本 Arduino 平台上的开源三轴运动控制系统，内置 G 代码解析器、前瞻算法规划器。它可以用来控制激光雕刻机、小型金属铣床、写字机和绘图仪等三轴数控设备。在国外，grbl 开源项目影响了许多开源项目，如 3D 打印机 marlin 项目。在很多开源运动控制系统的核心代码层都使用了 grbl 的算法和源代码。在国内，几乎所有在售的写字机、绘图仪、小型雕刻机、激光雕刻机，其核心源代码与核心算法都使用修改后的 grbl。

2011 年美国工程师 ErikZalm 在参考了 grbl 等开源系统之后，研发出一款名为 marlin（金枪鱼）的针对 3D 打印机的运动控制系统，该运动控制系统支持多种开源硬件平台，marlin 开源系统对 3D 打印机发展起到重要的推动作用。3D 打印机比雕刻机或写字机多了挤出头部分的电动机，因此 marlin 实际是一套开源的 4 轴运动控制系统。国内的许多 3D 打印机都使用了 marlin 运动控制系统，即使是较昂贵的国产 3D 打印机大部分也是把 marlin 移植到了性能更高的硬件平台上，并且加入了彩色 UI 界面，其核心仍然是 marlin 固件程序。

数控系统天生就与机械臂控制系统是一对“孪生兄弟”，因此，marlin 或者 grbl 这样的开源运动控制系统能够被修改并用于桌面型机械臂的控制。国产桌面机械臂 UARM swift 如图 8.11 所示，公开了两个版本控制器固件源代码。其中第一个版本的固件基于 marlin 开发，而第二个版本的固件则基于 grbl 开发。国内开源爱好者在开源社区公开了一款 3 自由度的桌面机械臂 DARM，如图 8.12 所示，其公开的控制系统固件也修改自 marlin 固件。

将 marlin 或者 grbl 固件修改应用于 3 自由度桌面机械臂，主要是需要修改固件程序中的运动学正逆解函数，首先推导出机械臂运动学正逆解的数学求解算法，再修改固件中相应的运动学求解函数。同时需要针对机械臂的控制指令，相应地修改固件自带的G代码指令解析器，将原本的指令修改成机械臂对应的控制指令。最后，还需要根据机械臂所需要连接的外置设备，例如，颜色传感器、视觉模块、末端执行机构和传送带等，在固件中增加相应的驱动程序。

图 8.11　UARM swift 桌面机械臂

资料来源：https://www.ufactory.cc/#/cn/

图 8.12　DARM 桌面机械臂

资料来源：http://www.51hei.com/bbs/dpj-170455-1.html

5）应用于机器人学教学

绝大多数的桌面级机械臂是应用于机器人学的教学、研究和个人机器人爱好者甚至家庭应用场景。例如写字、绘画、微激光雕刻、机器视觉实验、搬运等实验操作以及机器人学的控制实验。如图8.13所示，将桌面机械臂用于写字操作。

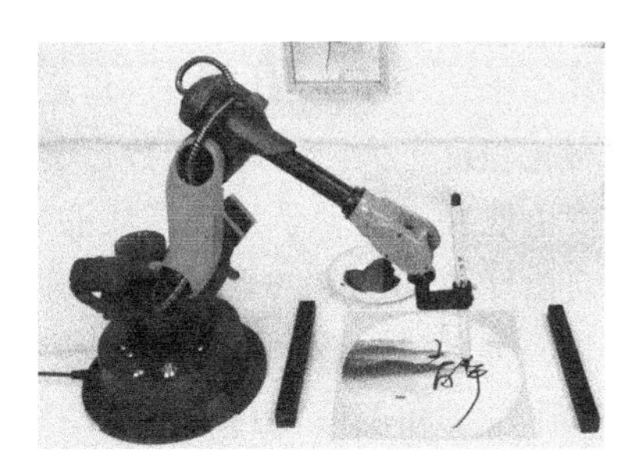

图 8.13　桌面机械臂应用场景

资料来源：http://www.wlkata.com/

6）整机成本低

桌面机械臂的成本低，价格对于大多个人消费者而言可以接受，由于采用了低成本的硬件设备和步进电动机驱动关节，桌面机械臂的成本控制在个人消费者所能够接受的合理范围之内。

8.2　桌面机械臂控制系统的架构

桌面机械臂的硬件使用的是单片机或者更为易于编程操作的Arduino，本小节重点讲解控制系统软件。桌面机械臂的控制系统主要可以分为两部分：机器人运动学算法求解部分和运动控制系统部分。桌面机械臂控制系统架构如图8.14所示。

1）控制系统发送G代码指令

上位机指令解析器用于解析上位机发来的坐标点位置指令信息，将上位机发来的每一条指令当中所包含的*XYZ*笛卡儿坐标系的坐标值解析出来。桌面机械臂的控制系统采用数控系统所采用的G代码指令格式。桌面机械臂的上位机可以是计算机或者手柄遥控器，它们通过串口向桌面机械臂的控制系统发送G代码指令。

2）桌面机械臂可以实现简单的点位控制和轨迹控制

桌面机械臂进行点位控制时，上位机直接发送机械臂的运动目标坐标点的*XYZ*坐标值,不需要插补运算,直接对目标坐标值应用机器人运动学逆解算法,即可求出运动到该目标坐标值时各个机械臂关节轴的角度值。点位控制运动的机械臂起始点和目标点是精确的,但是中间运动的轨迹是不可控制的。

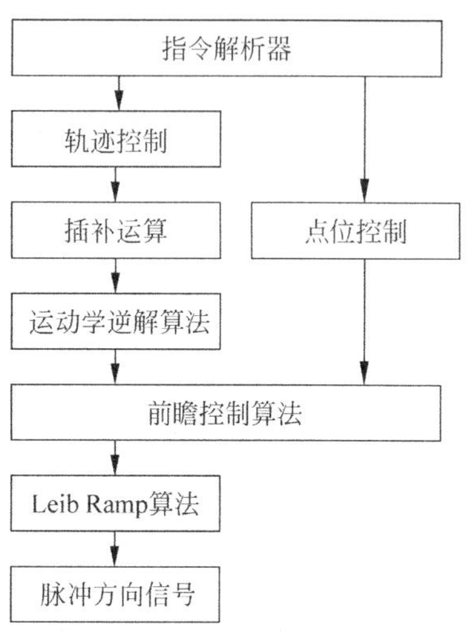

图 8.14 桌面机械臂控制系统架构

桌面机械臂进行轨迹控制时,上位机发送机械臂的运动目标坐标点的 *XYZ* 坐标值,然后经过直线或圆弧或者其他更复杂的插补算法处理,将轨迹的起始点与目标点之间的坐标点密化,接着将密化的各个坐标点应用机器人运动学逆解算法,求出密化以后每一个坐标点所对应的每个关节需要转动的角度值,最后交给运动控制系统进行速度前瞻规划,然后由 Leib Ramp 算法给每个转轴输出均匀的脉冲信号。轨迹控制运动可以实现机械臂的精确轨迹控制,目前,桌面机械臂的写字、绘画、激光雕刻等功能均是由轨迹控制运动完成的。轨迹控制会对坐标点进行密化,进行大量的插补和求运动学逆解运算,这里需要根据单片机的计算能力选择合适的插补点密化程度,如果密化程度过大,插补点个数过多,则轨迹的运算速度会非常慢。另外,轨迹控制中的运算速度也取决于运动学逆解算法的复杂程度,而运动学逆解算法的复杂程度则取决于机械臂的自由度数,3 自由度的桌面机械臂末端可以精确定位,无姿态控制,逆解算法只需要求解 3 个轴的角度值,运算量较小。6 自由度桌面机械臂末端既有位置控制也有姿态控制,需要求解 6 个轴的角度值,运算量大。

3) 运动学逆解算法

运动学逆解算法是桌面机械臂控制系统的两个核心之一。桌面机械臂的运动学逆解算法与工业机械臂的运动学逆解算法类似。大型的工业机械臂一般采用迭代求解方法,但是这种解法由于其迭代求解计算量大,并不适用于桌面机械臂。例如在 Arduino Mega 2560 上使用一个开源的迭代求解库求解一个 6 自由度机械臂的逆解,平均求解时间在几十秒左右,这个结果显然是不可接受的。本章将重点讲解 6 轴桌面机械臂的逆解求法,采用几何解法和欧拉角反变换法相结合的方法求解 6 轴桌面机械臂的运动学逆解。

4) 运动控制系统

运动控制系统是桌面机械臂控制系统的另一个核心。桌面机械臂的运动控制系统主要参考开源运动控制系统 marlin 或者 grbl。运动控制系统保证的是机械臂运动过程中的平稳性。实际上,有很多机器人爱好者所制作的桌面机械臂缺少这一部分,有些机器人爱好者把笛卡儿坐标系中的目标路径密化以后下发给机械臂控制系统,然后通过运动学逆解求解生成机械臂各个轴的运动角度,不经过运动控制系统直接将角度转化为脉冲和方向信号,然后发送给步进电动机驱动器来控制各个关节转动。此时的机械臂运动基本上是准确的,但是运动的平稳性非常不好,对于大量的插补小线段,机械臂的运动是一帧一帧执行的,而且每一帧与上一帧在速度上没有衔接,于是就会出现速度突变,机械臂的抖动非常严重,当抖动过大时,桌面机械臂的轨迹就不准确了。因此,运动控制系统是桌面机械臂控制系统的重要组成部分,它主要实现了桌面机械臂的速度前瞻控制,速度前瞻控制是在速度控制的基础上添加前瞻算法，通过预先读取数据点进行提前的速度规划来实现轨迹速度的连续控制。利用前瞻算法提前读入一组轨迹数据，依据速度控制方法进行速度预估，由于将未到达的轨迹点加入计算，可以在速度突变点前预先减速或加速，从而保证轨迹速度连续变化。

5）运动控制系统脉冲信号

运动控制系统最终发送给步进电动机驱动器的是不同频率和个数的脉冲信号和方向信号，通过这些信号驱动桌面机械臂各个步进电动机关节的平稳运动。

IBM 工程师 Aryeh Eiderman 在 1994 年提出了 Leib Ramp 算法，最初是为了使用 IBM 的计算机通过并行端口控制 4 个电动机轴联动。后来这个算法被移植到嵌入式系统平台。Leib Ramp 算法是把运动控制器规划好的速度轮廓与计数器频率关联起来的算法。

IBM 工程师 Bresenham 于 1962 年提出了一种帮助绘图仪绘制直线的算法。修改后的算法被称为“Bresenham 算法”。该算法被广泛应用于绘图仪、写字机和 3D 打印机控制系统中。在直角坐标结构的绘图仪和 3D 打印机中，Bresenham 被用于在定时器中断中按照直线轨迹下发各个轴的脉冲信号，而在桌面机械臂中，Bresenham 被用来保证在定时器中断过程中均匀地下发各个关节转轴的脉冲信号。

8.3　6 轴桌面机械臂的运动学算法

第 3 章已经详细讲解了机器人的运动学建模与求解问题，机器人的运动学包括正运动学和逆运动学，而逆运动学的求解问题是机械臂实时控制程序中所必须涉及的技术问题。本节将以 WLKATA 6 轴桌面机械臂为例，详细讲解 6 轴桌面机械臂 DH 方法建模过程及正逆运动学求解过程。

8.3.1　6 轴桌面机械臂 DH 方法建模

本节以一个全部为转动关节的串联 6 轴桌面机械臂为例，采用改进型 DH 坐标系方法对该机械臂的结构及各个关节的运动学参数建立数学模型，求得相邻连杆间的齐次变换矩阵。关于 DH 坐标系方法需要进一步说明的是，不同的文献书籍采用的 DH 坐标系方法是有区别的，DH 坐标系方法的本质就是一种建立相邻连杆之间数学关系的建模方法，在这种数学建模方法中，每一个连杆都需要对应一个标号的坐标系，用后一个坐标系相对于前一个坐标系的位置和姿态的数学语言，即齐次变换矩阵来描述相邻两个坐标系之间的定量数学关系。每一个连杆都需要对应一个标号的坐标系，这个坐标系所放置的位置不同就导致了不同的 DH 坐标系建模方法。3.2 节已经具体讲解了三种不同 DH 坐标系方法的区别。

6 轴桌面机械臂机械结构如图 8.15 所示，按照前述的改进型 DH 坐标系方法建立的桌面机械臂 DH 模型如图 8.16 所示。机械臂的 6 个关节都是转动关节。前 3 个关节确定的是机械臂腕点的位置，后 3 个关节确定的是机械臂腕点的姿态。与大多数工业机器人类似，后 3 个关节的轴线交于一点，这个相交点就是机械臂腕点。图 8.16 表示了结构参数和 WLKATA 起始状态零点的各个关节分布姿态。6 轴桌面机械臂 WLKATA 基于改进型的 DH 坐标系参数表见表 8.2。

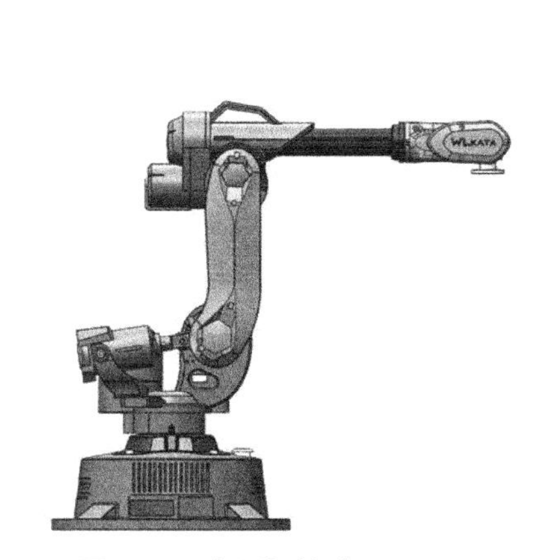

图 8.15 桌面机械臂 WLKATA

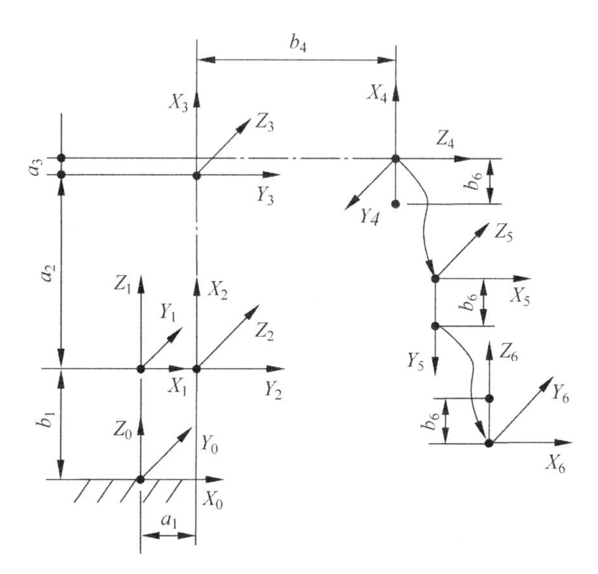

图 8.16 桌面机械臂 WLKATA 的 DH 坐标系模型

表 8.2 桌面机械臂 WLKATA 改进型 DH 建模参数

坐标系 i	b_i	θ_i	a_{i-1}	α_{i-1}
1	$b_1=80$	$\theta_1,\theta_{10}=0$	0	0
2	0	$\theta_2,\theta_{20}=-\pi/2$	$a_1=32$	$-\pi/2$
3	0	$\theta_3,\theta_{30}=0$	$a_2=108$	0
4	$b_4=176$	$\theta_4,\theta_{40}=0$	$a_3=20$	$-\pi/2$
5	0	$\theta_5,\theta_{50}=\pi/2$	0	$\pi/2$
6	$b_6=-20$	$\theta_6,\theta_{60}=0$	0	$\pi/2$

注：θ_{i0} 表示机械臂在图示位置，即起步零点的连杆角度。

这里把坐标系 6 的姿态建立成与坐标系 0 一致的姿态，这样做是为了方便在建立完 DH 坐标系模型以及正运动学齐次变换矩阵以后，验证建立的机器人 DH 模型是否正确。因为坐标系 6 的姿态与坐标系 0 姿态一致，则将图中的初始状态各个 DH 参数代入正运动学齐次变换矩阵${}_6^0\boldsymbol{T}$，得到的齐次变换矩阵结果的旋转矩阵部分应该为单位矩阵，而坐标系原点位置可以利用图 8.16 中的几何尺寸直接确定。

关于 DH 参数中转角 θ 需要说明的是，这里按照图 8.15 中的机械臂初始位姿来确定初始的转角 θ，对于第 2 轴和第 5 轴的转角 θ 不为 0，这说明按照 DH 方法建立模型以后，把机械臂初始位姿摆成图 8.15 中所示的位置时，第 2 轴和第 5 轴的转角为 $-\pi/2$ 和 $\pi/2$，机械臂的初始位姿是人为指定的，只要易于操作和方便程序校核即可，如果使第 2 轴和第 5 轴的转角 θ 为 0，则机械臂的初始姿态是“爬倒”的，不方便进行之后的计算分析与操作。在后边的编程中，使用的是相对角度值，则需要对第 2 轴的转角 θ_2 加 $\pi/2$，对第 5 轴的转角 θ_5 减 $\pi/2$，以使得运动模型在操作程序内部计算正确。

8.3.2 6轴桌面机械臂正运动学

根据前面章节讲解的内容,机械臂的正运动学即给定机械臂的6个关节角度值,求解机械臂前端或者机械臂任意杆件上的坐标系在基座坐标系中的位置和姿态,其数学描述就是齐次变换矩阵 $\boldsymbol{T}$。

改进型DH方法相邻连杆的齐次变换矩阵 ${}^{i-1}_{i}\boldsymbol{T}$ 的通式为

$$
{}^{i-1}_{i}\boldsymbol{T}=\begin{bmatrix} c\theta_i & -s\theta_i & 0 & a_{i-1} \\ s\theta_i c\alpha_{i-1} & c\theta_i c\alpha_{i-1} & -s\alpha_{i-1} & -s\alpha_{i-1}b_i \\ s\theta_i s\alpha_{i-1} & c\theta_i s\alpha_{i-1} & c\alpha_{i-1} & c\alpha_{i-1}b_i \\ 0 & 0 & 0 & 1 \end{bmatrix} \tag{8.1}
$$

式中,${}^{i-1}_{i}\boldsymbol{T}$ 表示连杆坐标系 i 相对于连杆坐标系 $i-1$ 的齐次变换矩阵,θ_i 表示DH参数中的转角,c表示余弦cos,s表示正弦sin,a_{i-1} 表示DH参数中的杆长,b_i 表示DH参数中的截距,α_{i-1} 表示DH参数中的扭角。

根据前述的DH参数表8.2代入通式中,可求得各连杆变换矩阵如下:

$$
{}^{0}_{1}\boldsymbol{T}=\begin{bmatrix} c\theta_1 & -s\theta_1 & 0 & 0 \\ s\theta_1 & c\theta_1 & 0 & 0 \\ 0 & 0 & 1 & 80 \\ 0 & 0 & 0 & 1 \end{bmatrix} \tag{8.2a}
$$

$$
{}^{1}_{2}\boldsymbol{T}=\begin{bmatrix} c\theta_2 & -s\theta_2 & 0 & 32 \\ 0 & 0 & 1 & 0 \\ -s\theta_2 & -c\theta_2 & 0 & 0 \\ 0 & 0 & 0 & 1 \end{bmatrix} \tag{8.2b}
$$

$$
{}^{2}_{3}\boldsymbol{T}=\begin{bmatrix} c\theta_3 & -s\theta_3 & 0 & 108 \\ s\theta_3 & c\theta_3 & 0 & 0 \\ 0 & 0 & 1 & 0 \\ 0 & 0 & 0 & 1 \end{bmatrix} \tag{8.2c}
$$

$$
{}^{3}_{4}\boldsymbol{T}=\begin{bmatrix} c\theta_4 & -s\theta_4 & 0 & 20 \\ 0 & 0 & 1 & 176 \\ -s\theta_4 & -c\theta_4 & 0 & 0 \\ 0 & 0 & 0 & 1 \end{bmatrix} \tag{8.2d}
$$

$$
{}^{4}_{5}\boldsymbol{T}=\begin{bmatrix} c\theta_5 & -s\theta_5 & 0 & 0 \\ 0 & 0 & -1 & 0 \\ s\theta_5 & c\theta_5 & 0 & 0 \\ 0 & 0 & 0 & 1 \end{bmatrix} \tag{8.2e}
$$

$$ {}^{5}_{6}\boldsymbol{T}=\begin{bmatrix} c\theta_6 & -s\theta_6 & 0 & 0 \\ 0 & 0 & -1 & 20 \\ s\theta_6 & c\theta_6 & 0 & 0 \\ 0 & 0 & 0 & 1 \end{bmatrix} \tag{8.2f} $$

各连杆变换矩阵相乘，得该6轴桌面机械臂的变换方程为

$$ {}^{0}_{6}\boldsymbol{T}={}^{0}_{1}\boldsymbol{T}{}^{1}_{2}\boldsymbol{T}{}^{2}_{3}\boldsymbol{T}{}^{3}_{4}\boldsymbol{T}{}^{4}_{5}\boldsymbol{T}{}^{5}_{6}\boldsymbol{T} \tag{8.3} $$

${}^{0}_{6}\boldsymbol{T}$ 描述了末端连杆坐标系6相对于基座坐标系0的位姿。

为了校验${}^{0}_{6}\boldsymbol{T}$的正确性，计算桌面机械臂的初始位置参数，代入$\theta_1=0,\theta_2=-\pi/2,\theta_3=0,\theta_4=0,\theta_5=\pi/2,\theta_6=0$时的变换矩阵${}^{0}_{6}\boldsymbol{T}$的值为

$$ {}^{0}_{6}\boldsymbol{T}=\begin{bmatrix} 1 & 0 & 0 & 208 \\ 0 & 1 & 0 & 0 \\ 0 & 0 & 1 & 188 \\ 0 & 0 & 0 & 1 \end{bmatrix} \tag{8.4} $$

求得的结果与图8.16所示的机械臂的位置和姿态完全一致。

分析与讨论

关于桌面机械臂的DH坐标系的确定，我们从以上案例可以看出DH坐标系实际上的确存在许多的可能性。具体的DH坐标系的确定需要根据实际应用的方便而定，如方便零点的定位和校核。机械臂DH坐标系的确定显然也与方便控制程序的校核有一定关系，如本案例就将坐标系6的各个轴的方向故意选择在机械臂为零点姿态时与参考坐标系各个轴的方向相同，这样很快就可以输入一些特定参数来校核机械臂执行器输出结果的正确性。

8.3.3 6轴桌面机械臂逆运动学的求解过程

前面章节已经详细讲解了逆运动学，逆运动学就是根据机械臂末端执行器期望的位姿，求解出与该位姿相对应的各关节角度值。机械臂的逆运动学求解方法有很多种，桌面机械臂逆解函数在整个控制系统中非常重要，由于桌面机械臂采用的是性能有限的单片机作为运算器，因此逆解函数的算法运算量不能太大。6轴桌面机械臂最后3个关节轴线相互垂直并相交于一点（机械臂的腕点W），满足Pieper准则，即当机械臂的3个相邻关节轴交于一点或三轴线平行，该机械臂一定有封闭解。因此该机械臂的运动学逆解存在封闭解。对于这种结构的机械臂，机械臂的前3个关节角度决定的是机械臂腕点的位置，而机械臂的后3个关节决定的是机械臂腕点的姿态。因此采用几何法对前3个关节角求解，然后采用欧拉角反变换法对后3个关节角度求解。需要注意的是，求解过程中会有多解性问题，本节主要根据桌面机械臂的关节角度运动范围筛选出一组合适范围的解。

在求解6轴桌面机械臂的逆解时，需要注意末端执行器期望位姿的表示方法。最一般的表示方法是给定末端坐标系相对于基座坐标系的齐次变换矩阵$\boldsymbol{T}$，但是对于控制一台6轴桌面机械臂而言，这种表示方法是非常不方便的，齐次变换矩阵中所包含的姿态矩阵对于末端坐标系的姿态描述不是直观的，参数个数比较多，而且各参数之间不独立。因此，为了在实际控制计算中方便坐标系6的位置和姿态的描述，这里使用机械臂坐标系6原点的位

置坐标 $P(P_x,P_y,P_z)$描述坐标系 6 的位置，而用绕基座坐标系 0 按照 XYZ 固定轴旋转的角度，即 RPY 角来描述坐标系 6 的姿态。

1) 几何法求解关节角度 θ_1,θ_2 和 θ_3

机械臂末端的姿态是由 RPY 角给出的，首先需要将 RPY 角表示的末端姿态转换为旋转矩阵 R 表示的形式。绕 XYZ 固定轴的旋转表示为先绕 X 轴旋转 α 角，再绕 Y 轴旋转 β 角，最后绕 Z 轴旋转 γ 角完成旋转。整个过程中，相对旋转轴的参考坐标系是固定的。

相对固定轴的 XYZ 轴旋转矩阵乘法顺序是从右到左，因此旋转矩阵的计算方法为

$$\boldsymbol{R}_{xyz}=\boldsymbol{R}_z\boldsymbol{R}_y\boldsymbol{R}_x \tag{8.5}$$

式中

$$\boldsymbol{R}_x=\begin{bmatrix}1 & 0 & 0\\ 0 & \cos\alpha & -\sin\alpha\\ 0 & \sin\alpha & \cos\alpha\end{bmatrix} \tag{8.6}$$

$$\boldsymbol{R}_y=\begin{bmatrix}\cos\beta & 0 & \sin\beta\\ 0 & 1 & 0\\ -\sin\beta & 0 & \cos\beta\end{bmatrix} \tag{8.7}$$

$$\boldsymbol{R}_z=\begin{bmatrix}\cos\gamma & -\sin\gamma & 0\\ \sin\gamma & \cos\gamma & 0\\ 0 & 0 & 1\end{bmatrix} \tag{8.8}$$

将式(8.6)～式(8.8)代入式(8.5)，可得

$$\boldsymbol{R}_{xyz}=\begin{bmatrix}c\beta c\gamma & c\gamma s\alpha s\beta-c\alpha s\gamma & s\alpha s\gamma+c\alpha c\gamma s\beta\\ c\beta s\gamma & c\alpha c\gamma+s\alpha s\beta s\gamma & c\alpha s\beta s\gamma-c\gamma s\alpha\\ -s\beta & c\beta s\alpha & c\alpha c\beta\end{bmatrix} \tag{8.9}$$

式中，$\boldsymbol{R}_{xyz}$ 表示绕 XYZ 固定轴的旋转后得到的旋转矩阵。

由机械臂腕点的 XYZ 坐标通过几何方法可以求解出前 3 个关节角度值。因此，首先需要求解出腕点的 XYZ 坐标值。

已经给定了机械臂末端执行器工具点的位置坐标 $P(p_x,p_y,p_z)$，末端工具点到腕点的距离 b_6，以及通过前述方法求得的机械臂末端执行器工具点姿态矩阵为

$${}^0_e\boldsymbol{R}=\begin{bmatrix}n_x & o_x & a_x\\ n_y & o_y & a_y\\ n_z & o_z & a_z\end{bmatrix} \tag{8.10}$$

通过上述已知量求解出机械臂腕点的坐标 $W(w_x,w_y,w_z)$。在机械臂的末端姿态矩阵中，a_x,a_y,a_z 这一列表示机械臂末端坐标系的 Z 轴在基座坐标系的 XYZ 坐标轴的 3 个方向余弦，因此，根据机械臂末端的几何关系可将机械臂腕点坐标表示为

$$w_x=p_x+b_6a_x \tag{8.11}$$

$$w_y=p_y+b_6a_y \tag{8.12}$$

$$w_z=p_z+b_6a_z \tag{8.13}$$

求得机械臂腕点坐标 $W(w_x,w_y,w_z)$之后，可以开始求解机械臂前 3 个关节角。

先求解关节转角 θ_1，机械臂的 Z_1 轴垂直于基座坐标系的 XY 平面，俯视 XY 平面，如

图 8.17 所示，根据几何关系可得

$$\theta_1 = \text{atan2}(w_y, w_x) \tag{8.14}$$

式中，$\text{atan2}(w_y, w_x)$取值有三种情况：首先，当 $w_x>0$ 时，$\text{atan2}(w_y, w_x)=\arctan(w_y/w_x)$；其次，当 $w_x<0$ 并且 $w_y\geqslant 0$，有 $\text{atan2}(w_y, w_x)=\arctan(w_y/w_x+\pi)$。而对于当 $w_x<0$ 并且 $w_y<0$，有 $\text{atan2}(w_y, w_x)=\arctan(w_y/w_x-\pi)$；最后，当 $w_x=0$ 并且 $w_y>0$，有 $\text{atan2}(w_y, w_x)=\pi/2$，而对于 $w_x=0$ 并且 $w_y<0$，我们有 $\text{atan2}(w_y, w_x)=-\pi/2$。

对于如图 8.17 所示的机械臂 XY 平面俯视几何构型，还有一可能的解 θ_{11} 为

$$\theta_{11} = \theta_1 + \pi \tag{8.15}$$

下面我们接着求解 θ_3。如图 8.18 所示为机械臂在 XZ 平面的几何结构。

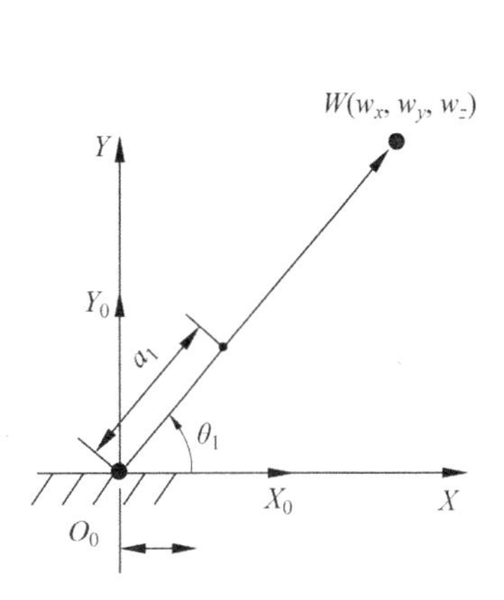

图 8.17 机械臂 XY 平面俯视几何结构

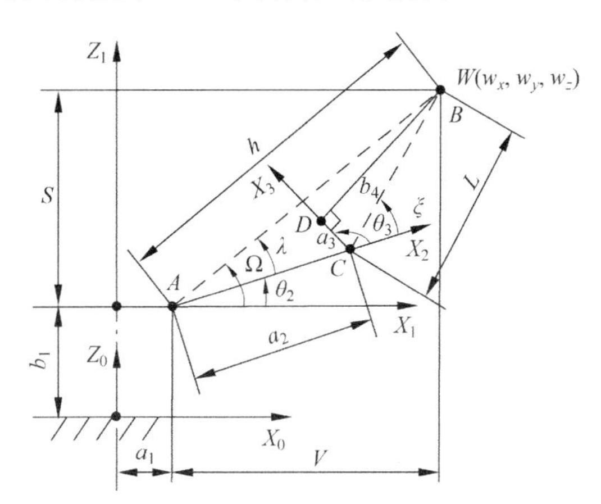

图 8.18 机械臂 XZ 平面几何结构

根据三角形余弦定理，对于$\triangle ABC$ 我们有如下关系式

$$h^2 = a_2^2 + L^2 - 2a_2 L\cos(\pi - \xi) \tag{8.16}$$

式中，

$$L = \sqrt{b_4^2 + a_3^2} \tag{8.17}$$

$$\cos(\pi - \xi) = -\cos\xi \tag{8.18}$$

三个边长 h，S 和 V 构成了直角三角形，我们又可以得到

$$h^2 = S^2 + V^2 \tag{8.19}$$

进一步有

$$S^2 + V^2 = a_2^2 + b_4^2 + a_3^2 + 2a_2\sqrt{b_4^2 + a_3^2}\cos\xi \tag{8.20}$$

可以求得

$$\cos\xi = \frac{S^2 + V^2 - a_2^2 - (b_4^2 + a_3^2)}{2a_2\sqrt{b_4^2 + a_3^2}} \tag{8.21}$$

式中，S 和 V 分别为

$$S = w_z - b_1 \tag{8.22}$$

$$V = \pm\sqrt{(w_x - a_1\cos\theta_1)^2 + (w_y - a_1\sin\theta_1)^2} \tag{8.23}$$

$$\sin\xi = \pm\sqrt{1 - (\cos\xi)^2} \tag{8.24}$$

根据式(8.21)和式(8.24),我们可以解出角度ξ为

$$\xi = \operatorname{atan2}(\sin\xi, \cos\xi) \tag{8.25}$$

于是可以求得关节角θ_3为

$$\theta_3 = -[\xi + \operatorname{atan2}(b_4, a_3)] \tag{8.26}$$

需要注意的是,由于$\sin\xi$有两个值,因此求得的θ_3也有两个解,这里记为θ_3和θ_{33}。

接下来求解θ_2,根据图8.18中几何关系可知

$$\theta_2 = \Omega - \lambda \tag{8.27}$$

式中,Ω和λ的值分别为

$$\Omega = \operatorname{atan2}(S, V) \tag{8.28}$$

$$\lambda = \operatorname{atan2}(L\sin\xi, a_2 + L\cos\xi) \tag{8.29}$$

又因为按照DH坐标系方法确定的该关节转动方向与所求得的角度大小相差一个负号,所以

$$\theta_2 = -(\Omega - \lambda) \tag{8.30}$$

由于求得的中间变量V有两个值,因此θ_2也有两个解,这里记为θ_2和θ_{22}。需要注意的是需要在通过几何关系求得的θ_2前边加一个负号,如式(8.30),这是因为通过几何方法求得的θ_2角度与DH模型中定义的θ_2角度方向相反。

通过几何解法求得了θ_1,θ_2和θ_3,它们各有两组解,因此通过几何解法求得的前3个轴的角度值共有8组解。

2) 解析法求解θ_4,θ_5和θ_6

我们将应用解析法求解后3个轴的关节角度θ_4,θ_5和θ_6,可以按照下述步骤进行。

(1) 将后3个关节全部设置角度为0°的位置,如图8.19所示。

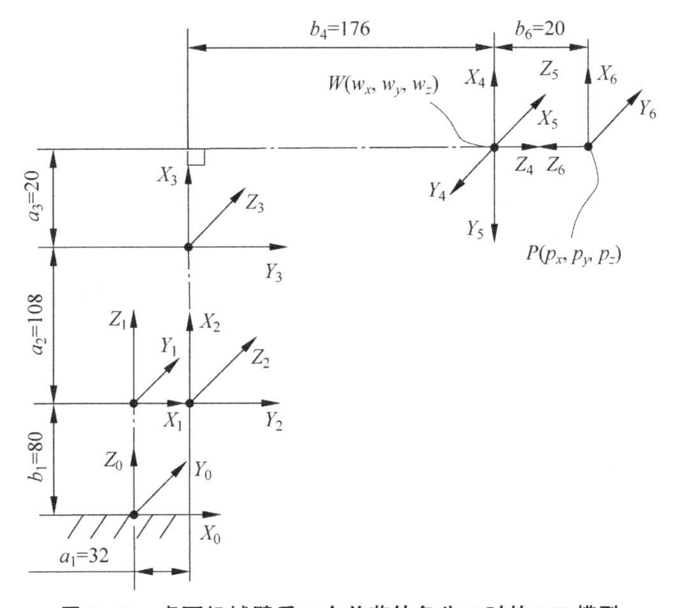

图8.19 桌面机械臂后3个关节转角为0时的DH模型

(2) 然后,当后3个关节角度$\theta_4 = \theta_5 = \theta_6 = 0$时,求解坐标系6相对于坐标系3的旋转矩阵,此时旋转矩阵${}^3_6\boldsymbol{R}$是恒定的矩阵,即

$$({}^3_6\boldsymbol{R})_{\theta_4=\theta_5=\theta_6=0}=\begin{bmatrix}1 & 0 & 0\\ 0 & 0 & -1\\ 0 & 1 & 0\end{bmatrix} \tag{8.31}$$

式中，$({}^3_6\boldsymbol{R})_{\theta_4=\theta_5=\theta_6=0}$ 表示当后三轴的转角 $\theta_4=\theta_5=\theta_6=0$ 时，坐标系 6 相对于坐标系 3 的姿态矩阵。

(3) 在机械臂的末端即机械臂执行器工具点 P 固定一个坐标系 e，使该坐标系在基座坐标系 0 中的姿态与给定的期望末端姿态一致。

(4) 机械臂的前 3 个关节角度确定的是机械臂腕点的位置，上节已经求得了前 3 个关节角度值，根据机械臂正运动学，可以求得坐标系 3 相对于基座坐标系 0 的姿态，即

$${}^0_3\boldsymbol{R}=\begin{bmatrix}\mathrm{c}_1\mathrm{c}_{23} & -\mathrm{c}_1\mathrm{s}_{23} & -\mathrm{s}_1\\ \mathrm{s}_1\mathrm{c}_{23} & -\mathrm{s}_1\mathrm{s}_{23} & \mathrm{c}_1\\ -\mathrm{s}_{23} & -\mathrm{c}_{23} & 0\end{bmatrix} \tag{8.32}$$

式中，c_1 表示 $\cos\theta_1$，s_1 表示 $\sin\theta_1$，c_{23} 表示 $\cos(\theta_2+\theta_3)$，s_{23} 表示 $\sin(\theta_2+\theta_3)$。

(5) 用姿态矩阵${}^6_e\boldsymbol{R}$ 表示机械臂末端执行器工具点固定的坐标系 e 相对于机械臂坐标系 6 的姿态，则机械臂末端执行器工具点的坐标系 e 与基座坐标系 0 的姿态关系可以表示为

$${}^0_e\boldsymbol{R}={}^0_3\boldsymbol{R}({}^3_6\boldsymbol{R})_{\theta_4=\theta_5=\theta_6=0}\,{}^6_e\boldsymbol{R} \tag{8.33}$$

通过式(8.33)求得${}^6_e\boldsymbol{R}$

$${}^6_e\boldsymbol{R}=[({}^3_6\boldsymbol{R})_{\theta_4=\theta_5=\theta_6=0}]^{\mathrm{T}}({}^0_3\boldsymbol{R})^{\mathrm{T}}\,{}^0_e\boldsymbol{R} \tag{8.34}$$

式中，${}^6_e\boldsymbol{R}$ 表示的是在后 3 关节角度 $\theta_4=\theta_5=\theta_6=0$，机械臂末端期望达到的姿态在坐标系 6 中的表示。坐标系 e 是辅助添加的坐标系，实际 DH 模型中并不存在坐标系 e。这时该问题转换为在 θ_4，θ_5 和 θ_6 关节角度均为 0°时，旋转 θ_4，θ_5 和 θ_6 关节角度值使坐标系 6 与辅助坐标系 e 重合，使坐标系 6 获得与辅助坐标系 e 相同的姿态。

进一步观察机械臂后 3 个关节的结构。关节 4 的轴线 Z_4 与 θ_4，θ_5 和 θ_6 关节角度均为 0°时坐标系 6 的 Z_6 轴重合，方向相反；关节 5 的轴线 Z_5 与 θ_4，θ_5 和 θ_6 关节角度均为 0°时坐标系 6 的 Y_6 轴重合，方向相同；关节 6 的轴线 Z_6 与 θ_4，θ_5 和 θ_6 关节角度均为 0°时坐标系 6 的 Z_6 轴重合，方向相同。

因此可以得出结论：θ_4，θ_5 和 θ_6 关节角度值的大小与将姿态矩阵${}^6_e\boldsymbol{R}$ 转换为 ZYZ 欧拉角后的 ZYZ 欧拉角角度值相等，而因为关节 4 的 Z_4 轴与坐标系 6 的 Z_6 轴方向相反，所以 θ_4 的角度值需要在 ZYZ 欧拉角的基础上加负号。

综上所述，对 θ_4，θ_5 和 θ_6 关节角度值的求解问题简化为，求解姿态矩阵${}^6_e\boldsymbol{R}$ 并将${}^6_e\boldsymbol{R}$ 姿态矩阵转换为 θ_4，θ_5 和 θ_6 欧拉角。令求解出的 θ_4、θ_5 和 θ_6 欧拉角对应为 α，β 和 γ，则有

$$\theta_4=-\alpha \tag{8.35a}$$

$$\theta_5=\beta \tag{8.35b}$$

$$\theta_6=\gamma \tag{8.35c}$$

具体求解过程如下：

首先求解出 ZYZ 欧拉角变换出的姿态矩阵 $\boldsymbol{R}_{ZYZ}$ 的表达式。这里需要注意，欧拉角变换是沿着每次旋转变化的坐标轴进行的，因此，绕 ZYZ 轴旋转 α，β 和 γ 角的旋转矩阵相乘

的顺序是按照从左向右的次序进行的。

$$\boldsymbol{R}_z=\begin{bmatrix}\cos\alpha & -\sin\alpha & 0\\ \sin\alpha & \cos\alpha & 0\\ 0 & 0 & 1\end{bmatrix} \tag{8.36}$$

$$\boldsymbol{R}_y=\begin{bmatrix}\cos\beta & 0 & \sin\beta\\ 0 & 1 & 0\\ -\sin\beta & 0 & \cos\beta\end{bmatrix} \tag{8.37}$$

$$\boldsymbol{R}_z=\begin{bmatrix}\cos\gamma & -\sin\gamma & 0\\ \sin\gamma & \cos\gamma & 0\\ 0 & 0 & 1\end{bmatrix} \tag{8.38}$$

$$\boldsymbol{R}_{zyz}=\boldsymbol{R}_z\boldsymbol{R}_y\boldsymbol{R}_z=\begin{bmatrix}c\alpha c\beta c\gamma - s\alpha s\gamma & -c\gamma s\alpha - c\alpha c\beta s\gamma & c\alpha s\beta\\ c\alpha s\gamma + c\beta c\gamma s\alpha & c\alpha c\gamma - c\beta s\alpha s\gamma & s\beta s\alpha\\ -s\beta c\gamma & s\beta s\gamma & c\beta\end{bmatrix} \tag{8.39}$$

一般形式的${}_e^6\boldsymbol{R}$ 为

$${}_6^3\boldsymbol{R}=\begin{bmatrix}g_{11} & g_{12} & g_{13}\\ g_{21} & g_{22} & g_{23}\\ g_{31} & g_{32} & g_{33}\end{bmatrix} \tag{8.40}$$

可以求得 θ_4,θ_5 和 θ_6 关节角为

$$\theta_5=\operatorname{atan2}\left(\sqrt{g_{31}^2+g_{32}^2},g_{33}\right) \tag{8.41}$$

$$\theta_4=-\operatorname{atan2}\left(\frac{g_{23}}{\sin\theta_5},\frac{g_{13}}{\sin\theta_5}\right) \tag{8.42}$$

$$\theta_6=\operatorname{atan2}\left(\frac{g_{32}}{\sin\theta_5},-\frac{g_{31}}{\sin\theta_5}\right) \tag{8.43}$$

这里也存在多解性问题

$$\theta_{55}=\operatorname{atan2}\left(-\sqrt{g_{31}^2+g_{32}^2},g_{33}\right) \tag{8.44}$$

$$\theta_{44}=-\operatorname{atan2}\left(\frac{g_{23}}{\sin\theta_{55}},\frac{g_{13}}{\sin\theta_{55}}\right) \tag{8.45}$$

$$\theta_{66}=\operatorname{atan2}\left(\frac{g_{32}}{\sin\theta_{55}},-\frac{g_{31}}{\sin\theta_{55}}\right) \tag{8.46}$$

再考虑特殊解的情况,即求解出的 $\theta_5=0$ 或 π,此时上述表达式存在退化,只能得到两角度的和或者差,通常选取 $\theta_4=0$。

当 $\theta_5=0$ 时

$$\theta_4=0 \tag{8.47a}$$

$$\theta_6=\operatorname{atan2}(-g_{12},g_{11}) \tag{8.47b}$$

当 $\theta_5=\pi$ 时

$$\theta_4=0 \tag{8.48a}$$

$$\theta_6=\operatorname{atan2}(g_{12},-g_{11}) \tag{8.48b}$$

至此,6 轴桌面机械臂的逆运动学求解完毕,前 3 轴的解有 8 组,后 3 轴的解有 2 组,这

里需要根据实际机械臂各个轴的角度范围进行限位，然后选择出一组角度在限位范围之内的解作为逆运动学的求解结果。

分析与讨论

机械臂运动学的逆解由于存在多组解，在理论上引起了一点混乱。实际上，由于机械臂的运动副结构限制，对于获得的解与机械臂具体结构相比较就可以很快决定出哪一组解是可以应用的解。即使存在两组同时可以在机械臂工作空间实现的解，也会由于机械臂操作的上下游连续性而很快选择出合适的解。

8.4 桌面机械臂运动控制系统

WLKATA 机械臂使用步进电动机通过开环控制来实现各个轴的控制。在开始使用 WLKATA 桌面机械臂时，首先需要复位各个转动关节，以此来确定机械臂各个轴的初始位置。第一轴到第五轴的转动极限位置均安装了开关量传感器，其中第一轴在正负方向的极限位置分别安装了一个霍尔传感器，用来检测机械臂第一轴的极限位置。第二轴和第三轴的极限位置安装的是机械式的限位开关。第四轴和第五轴安装的是霍尔传感器。机械臂在执行复位操作时，第一轴到五轴同时向一个方向运动，当运动到传感器位置时微控制器获得各个轴的开关量信号后控制相应轴停止运动，然后各个轴再往反方向转动一定的角度(这个角度就是 WLKATA 机械臂校准时所获得并保存的零点校正值)到达各个轴的复位后的初始位置，机械臂的各个轴在这个初始位置的角度被设置为 0°，第六轴作为执行器工具自由度可以在必要时人工复位，然后使用者可以开始使用机械臂。

WLKATA 6 轴控制系统原理如图 8.20 所示，微处理器采用了 AVR MEGA 2560 单片机。WLKATA 桌面机械臂共有 6 个旋转轴，采用了 6 个减速步进电动机来作为关节驱动轴，并采用 A4988 微型驱动模块作为步进电动机的驱动控制模块。

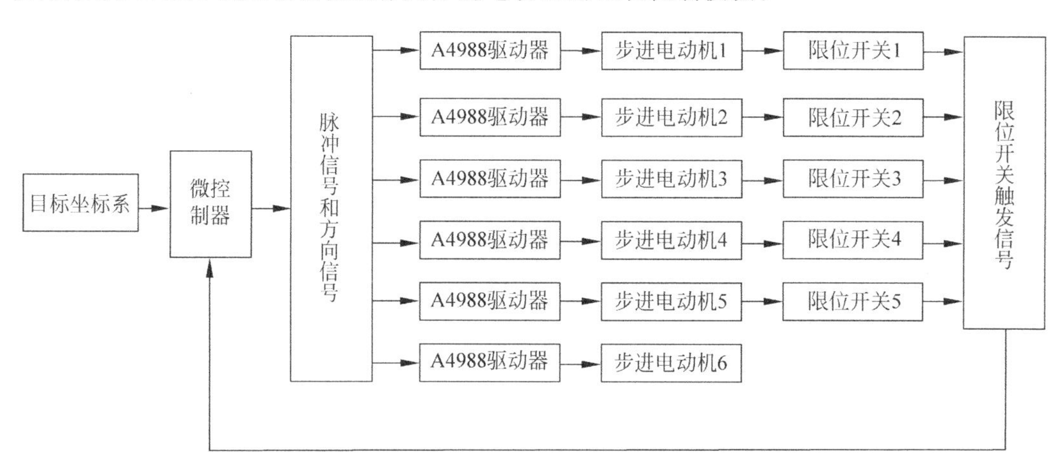

图 8.20 WLKATA 6 轴控制系统原理图

WLKATA 桌面机械臂使用了开环控制的 6 个步进电动机作为驱动机构，由于没有安装角度传感器，在每次开始使用时，都需要先进行机械复位操作，各个关节转轴会同时向一个固定方向转动直到触发到相应的传感器(霍尔元件),然后各个转轴在此位置的基础上向反方向转动一个固定的校准角度值,此时机械臂处于机械复位后的初始位置,定义此时各个转轴的角度为0°。在机械臂的运动过程中,只要各个步进电动机转轴不因阻力过大而出现"丢步"现象,各个轴的转动角度就可以直接由控制器计算获得,WLKATA 机械臂以此来实现开环控制下的位置控制。

运动控制系统位于整个桌面机械臂控制系统的中间层,上位机发送给桌面机械臂的目标位姿经过插补运算密集化之后被分成若干个小线段送给运动控制系统,每个小线段在运动控制系统中被称为一个块,块与块之间再进行速度的前瞻规划,然后按照 8.3 节中所介绍的方法求运动学逆解,最后分解成单个脉冲方向信号控制步进电动机组成的关节轴转动。

分析与讨论

目前,工业机械臂的运动控制系统已经发展很成熟,但是对于桌面机械臂的运动控制系统,各个桌面机械臂厂家由于成本原因均不采用工业级的运动控制器或者运动控制卡。小型桌面机械臂的运动控制系统基本都参考了 grbl 或者 marlin 等开源的运动控制系统。通过应用 8.3 节所讲解的运动学逆解函数,实现了对 6 轴桌面机械臂的控制。本书主要讲解的内容是机器人学,运动控制系统所涉及的知识在本节只做简单讲解。

8.4.1 速度前瞻

速度的前瞻控制在运动控制系统当中起着重要的作用,前瞻控制在高端的机器人控制器及 CNC 数控设备中也起着重要的作用,也是各个机械臂控制器厂家的核心技术之一。

前瞻控制就是在机械臂还未运动之前,对其运动的速度轮廓曲线进行提前规划,确保机械臂所接收到的每一条运动指令的速度轮廓曲线相互平滑连接,以此来保证运动的平稳性。在机械臂运动过程中,插补算法将其运动的轨迹密化为大量首尾相接的小线段,机械臂需要在一定时间内走过大量的小线段,以此来保证运动轨迹的精度。小线段之间的速度衔接方式直接影响了运动的平稳性。如果小线段之间没有速度衔接,每个小线段的速度都将减小到零,下一个小线段再重新起动,这种速度衔接方式会导致加减速频繁变化,产生很大的震动或者轨迹误差。如果在小线段运动之前,对其速度轮廓曲线做好规划,使每个小线段的速度都相互平滑地连接起来,而不是减小到零,这样就可以提高运动的平稳性与轨迹的精度。

机械臂运动的每个小线段被称为一个块"block",如图 8.21 所示。每个块都包含该小段的入口速度、出口速度和正常速度等信息。

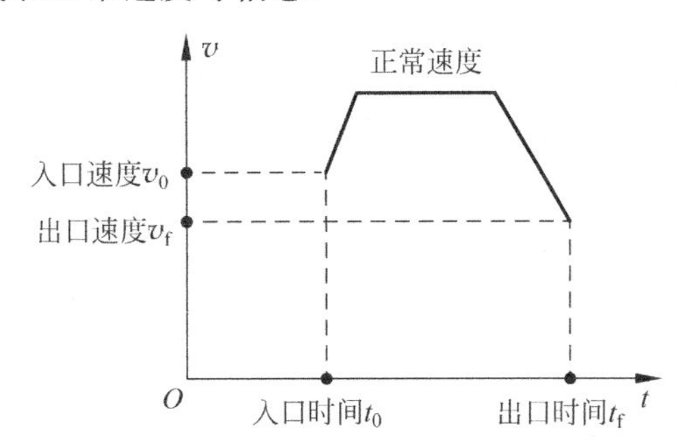

图 8.21 块"block"的梯形速度-时间关系曲线

速度前瞻的作用就是将这些小线段的运动速度提前进行规划，把每一个小线段的首末速度在考虑速度约束条件的情况下衔接起来，如图 8.22 所示，这样就可以保证运动速度不发生突变，从而保证了运动的平滑性和稳定性。

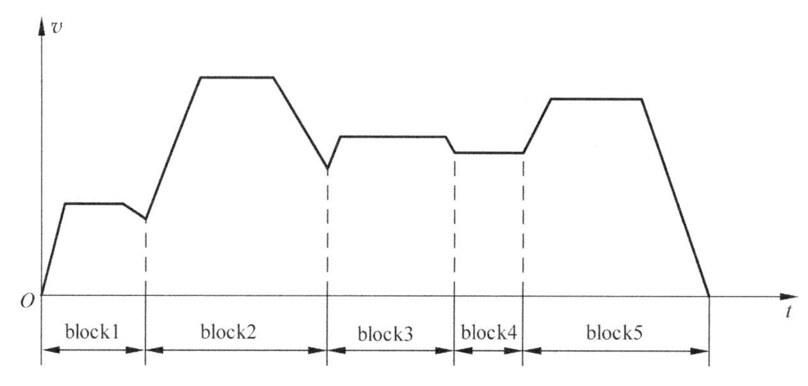

图 8.22 块“block”之间的速度连接关系

8.4.2 块“block”环形队列

在 8.4.1 节中讲解了运动控制中速度前瞻的基本概念，速度前瞻就是把需要执行的每一个小线段的速度轮廓曲线按照一定的规划限制在运动之前连接起来。这样规划好的每一个运动线段都变成 8.4.1 节所述的结构体类型块“block”。

运动控制系统中的规划器负责不停地计算、规划、打包输入控制系统的每一个小线段，然后将它们封装成一个个的块“block”，之后，运动控制的具体执行系统负责把封装好的块“block”逐个执行，整套系统处于一个动态平衡中。由于系统执行运动的速度与计算封装生成块“block”的速度不同，这两者之间需要一个缓存。块“block”环形队列就是这样一个环形的缓存区。

环形缓存区的大小可以调整，规划器不停地按照顺序把新生成的块放入环形缓存区的队列头，同时控制系统也会不停地从环形缓存区的尾部取出块“block”数据来驱动电动机执行，而后释放该块“block”。图 8.23 所示为一个具有 16 个块“block”空间的环形队列。图示时刻，块 8 为环形队列的队列头，队列中的 8～16 块为空块“block”，系统不断地将每个要运动的小线段打包成块“block”，并按照从 8 到 16 号的顺序放入其中。队列中的 1～7 块为已经放入数据的块“block”，控制系统对其中的小线段速度进行首尾连接的前瞻规划，然后不断地由环形队列的尾部，图 8.23 所示时刻为块 1 处，取出后送给电动机控制部分来执行本段的运动。

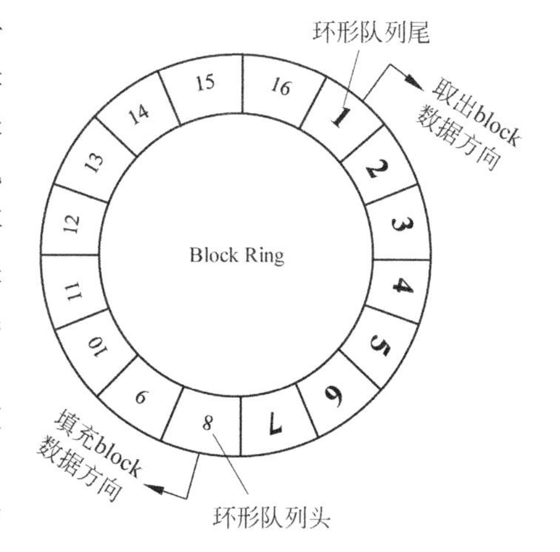

图 8.23 块“block”环形队列原理示意

当环形缓冲区的头部追到了尾部，表明缓冲区数据充满，无法再接收新的小线段；当环形缓冲区的尾部追到了头部，表明缓冲区中数据为空，发送给系统的所有小线段都执行完毕，图8.23示意了环形列队原理。

小　结

本章首先论述了针对6轴桌面机械臂的一个实例，主要介绍了桌面机械臂控制系统的架构，然后介绍了求解6轴桌面机械臂运动学正逆解的算法，以及桌面机械臂运动控制系统。运动控制系统主要介绍了两种开源的运动控制固件grbl或者marlin。运动控制系统是一个广泛的研究领域，读者可以进一步自行研究上述固件源代码结构，本章不予深入探讨。

练 习 题

8.1　试比较并分析工业机械臂和桌面机械臂在机械结构方面的异同点。

8.2　试比较并分析工业机械臂和桌面机械臂在电气控制方面的异同点。

8.3　试简述机械臂的控制精度和稳定性的基本概念和异同点。

8.4　试简述工业机械臂示教器的作用和功能。

8.5　试简述Arduino MEGA 2560控制板的组成和功能用途。

8.6　试简述G代码组成和在桌面机械臂控制方面的用途。

8.7　试简述开源控制系统marlin和grbl的组成和功能特点。

8.8　什么是工业机械臂的点位控制和轨迹控制？举例说明。

8.9　桌面机械臂运动控制算法主要是解决什么问题？

8.10　为什么开环控制的桌面机械臂要设置起步零点位置？

8.11　试简述机械臂执行器腕点和工具点的概念及其在控制中的作用。

8.12　试简述速度前瞻的概念及其在机械臂控制中的用途。

8.13　试简述环块形队列中的块“block”的概念，在机械臂运动控制中环形队列是如何工作的。

8.14　为什么在机械臂运动控制中需要机械臂的运动学逆解算法？

8.15　控制一台步距角为1.8°的两相四线带减速步进电动机，减速比1∶10，步进电动机驱动器细分数设置为1/4细分，求该步进电动机轴的脉冲当量(注：脉冲当量定义为步进电动机减速器输出轴端每转动一度所对应的步进电动机脉冲数)。

8.16　如图8.24所示为一款桌面3自由度机械臂。该机械臂的机械结构类似于工业码垛机械臂。

(1) 试用几何方法推导其运动学正解。

(2) 试用几何方法推导其运动学逆解。

8.17　试分析研究3自由度DELTA机械臂的结构特性，如图8.25所示。根据所学到的知识，试推导其运动学逆解。

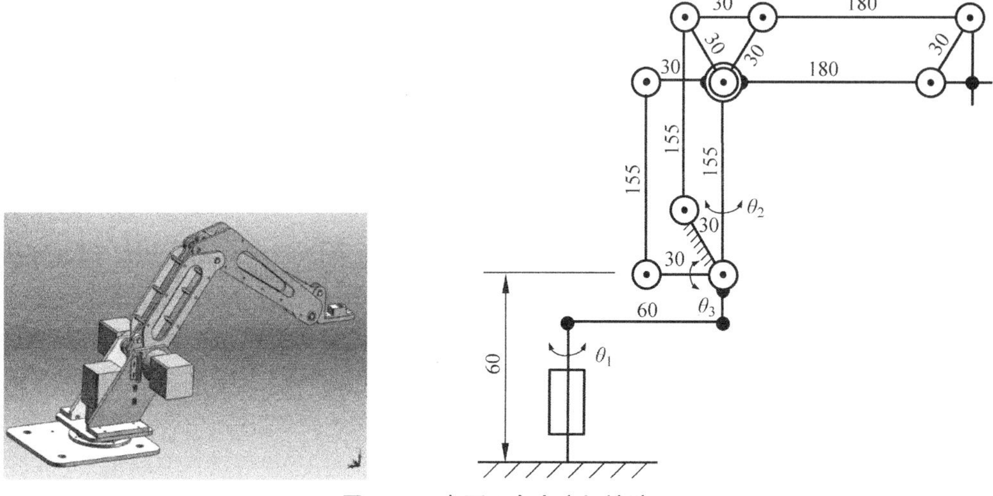

图 8.24 桌面 3 自由度机械臂

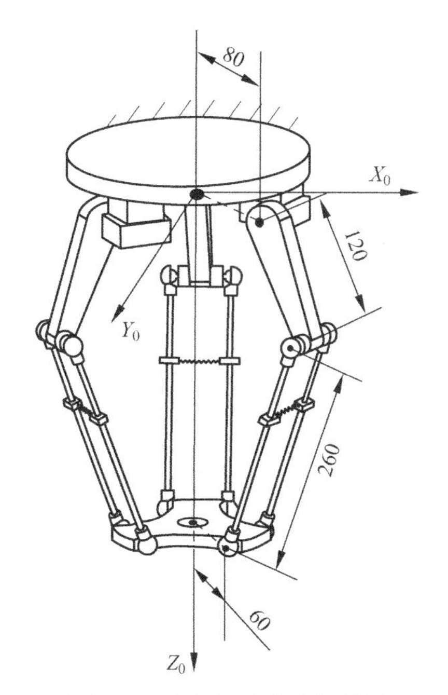

图 8.25 桌面 3 自由度机械臂

实 验 题

扫描二维码可以浏览第 8 章实验的基本内容。

8.1 桌面机械臂通过吸盘抓取物体实例

本章我们将带领大家接触机械臂的应用实例，在第7章中我们可以通过设置机械臂末端的位姿来对机械臂进行运动规划，本实验则在此基础上为机械臂末端加上吸盘工具，从而可以让我们操作机械臂，完成对指定位置物体的抓取。通过本实验，可以帮助我们学习桌面机械臂是如何进行简单的抓取工作的。

8.2 桌面机械臂绘画实例

本实验会带领大家使用机械臂完成一幅简单的画作，在学习中，将帮助大家学习桌面机械臂绘画的基本原理，了解前端控制算法，同时也会详细阐述操作步骤供应用参考。

8.3 桌面机械臂应用激光雕刻实例

本实验将借助第三方软件——微雕大师配合桌面机械臂来完成，我们会学习到激光雕刻的基本原理，更多了解上位机中的G代码指令，同时配合详细的操作步骤，帮助大家完成一幅漂亮的激光雕刻图片。

8.4 桌面机械臂抓取指定颜色物体实例

本实验将引导大家应用Arduino和OpenMV配合桌面机械臂完成对物体的颜色识别。在实验过程中，可以帮助大家初步学习Arduino和OpenMV，同时也会涉及上位机、OpenMV、桌面机械臂分别同Arduino的三方串口通信。本实验会引导学生编写颜色识别程序和控制程序来完成对指定颜色物体的识别，同时也将注明Arduino、OpenMV、上位机和桌面机械臂之间的物理连接方式，帮助学生自己搭建一套可以完成颜色识别的桌面机械臂。

第8章教学课件

后　记

机器人在当今社会正发挥着越来越大的作用。展望未来，机器人一定会成为人类的得力助手与可靠朋友。基于这一广阔的前景，我国的机器人学教育正在快速发展，过去十几年国内众多大学开设机器人学课程，同时机器人工程专业成为高校新工科建设的热点。一些关于机器人学的教材、专著也应运而生。本书着眼于高校新工科机器人学课程，详细讲解了机器人学的相关理论与数学推导。希望本书的广大读者能够在机器人学专业理论方面学有所获。

机器人学科是一门理论与实践结合紧密的学科。为了将机器人学理论应用于实践，在学习本书的基本上，读者还应学习和了解机械臂控制的嵌入式软硬件技术：基于微控制器的桌面机械臂主控系统设计与应用；grbl 和 marlin 等经典开源运动控制系统的架构分析与应用；机器视觉与机械臂的组合应用，机械臂智能生产线；机械臂与人工智能技术的结合等内容。这些内容将带给读者全新的机器人课程学习体验。以此期望不同层次的读者能够在学习相关内容以后有兴趣、有想法、有能力将机器人技术应用到其工作和生活的方方面面。

参考文献

[1] ANGELES J. Fundamentals of robotic mechanical systems: Theory, methods, and algorithms[M]. 2nd ed. New York: Springer, 2003.

[2] BAJD T, MIHEL J M, LENARCIC J, et al. Robotics(Intelligent systems, control and automation: Science and engineering)[M]. New York: Springer, 2010.

[3] CRAIG J J. Introduction to robotics: mechanics and control. [M]. 3rd ed. Delhi: Pearson Education India, 2009.

[4] SAHA S K. Introduction to robotics[M]. New Delhi: Tata McGraw-Hill Education, 2014.

[5] SICILIANO B, SCIAVICCO L, VILLANI L, et al. Robotics: modelling, planning and control[M]. London: Springer Science & Business Media, 2010.

[6] CANUDAS-DE-WIT C, SICILIANO B, BASTION G. Theory of robot control [M]. London: Springer, 1996.

[7] KEVIN M L, FRANK G P. Mechanics, Planning and Control [M]. Cambridge: Cambridge University Press, 2017.

[8] HUNT K H. Kinematic geometry of mechanisms[M]. New York: Oxford University Press, 1978.

[9] TSAI L W, Morgan A P. Solving the Kinematics of the Most General Six-and Five-Degree-of-Freedom Manipulators by Continuation Methods[J]. Journal of Mechanical Design, 1985, 107(2): 189-200.

[10] SHAME I H, RAO G K M. Engineering Mechanics: statics and dymamics [M]. Englewood Lliffs: Prentice-Hall, 1967.

[11] ZHOU. D, XIE M, XUAN P, et al. A teaching method for the theory and application of robot kinematics based on MATLAB and V-RED[J]. 2019, 28(2): 239-253.

[12] IEON. S. grbl wiki[EB/OL]. (2017-5-1)[2020-03-25]. https://github. com/grbl/grbl/wiki.

[13] IALAME. Marlin Firmware[EB/OL]. [2020-03-25]. https://marlinfw. org.

[14] 北京勤牛创智科技有限公司. Mirobot, 6 轴微型工业机械臂[EB/OL]. [2020-03-25]. http://www. wlkata. com/site/index. html.

[15] PEIPER D L. The kinematics of manipulators under computer control[R]. Stanford univ ca dept of computer science, 1968.

[16] XIE M, ZHOU D X, SHI Y, et al. Virtual Experiments Design for Robotics Based on V-REP[J]. IOP Conference Series: Materials Science and Engineering, 2018, 428(1): 1-10.

[17] LUO Z, SHANG J, WEI G, et al. Design and analysis of a bio-inspired module-based robotic arm [J]. Mechanical Sciences. 2016 Aug 12; 7(2): 155-66.

[18] ABB. Robotics Product specification(IRB 6700). [EB/OL][2020-03-25]. https://new. abb. com/products/robotics/industrial-robots/irb-6700.

[19] JAZAR R N. Theory of Applied Robotics: Kinematics, Dynamics, and Control [M]. New York: Springer Publishing Company, Incorporated, 2010.

[20] 涂骁. 基于动力学前馈的工业机器人运动控制关键技术研究[D]. 武汉: 华中科技大学, 2018.

[21] 姚舜. 工业机器人控制器实时多任务软件设计与实现[D]. 南京: 东南大学, 2017.

[22] 田林. 连续小线段前瞻插补算法的设计与实现[D]. 哈尔滨: 哈尔滨工业大学, 2012.

[23] 马飞. 六自由度机器人虚拟实验室系统关键技术的研究[D]. 北京: 中国矿业大学(北京), 2018.

[24] 霍伟. 机器人动力学与控制[M]. 北京：高等教育出版社，2005.
[25] 蒋新松. 机器人学导论[M]. 沈阳：辽宁科学出版社，1994.
[26] 刘极峰，易际明. 机器人技术基础[M]. 北京：高等教育出版社，2006.
[27] 孙迪生，王炎. 机器人控制技术[M]. 北京：机械工业出版社，1997.
[28] 朱长峰. 连续微线段高速加工数控系统路径与速度前瞻规划算法研究[D]. 杭州：浙江大学，2018.
[29] 涂骁. 基于动力学前馈的工业机器人运动控制关键技术研究[D]. 武汉：华中科技大学，2018.